中国近代科普和科学教育研究丛书

霍益萍　金忠明　王伦信　主编

科学家与中国近代科普和科学教育

——以中国科学社为例

霍益萍　侯家选　蒯义峰　刘伟伟　著

科学普及出版社

·北京·

图书在版编目(CIP)数据

科学家与中国近代科普和科学教育:以中国科学社为例/霍益萍等著. —北京:科学普及出版社,2007.9
(中国近代科普和科学教育研究丛书/霍益萍等主编)
ISBN 978-7-110-06680-5

Ⅰ.科… Ⅱ.霍… Ⅲ.①科学普及-史料-中国-近代②科学教育学-史料-中国-近代 Ⅳ.N4-092 G529.5

中国版本图书馆CIP数据核字(2007)第139652号

自2006年4月起本社图书封面均贴有防伪标志,未贴防伪标志的为盗版图书。

科学普及出版社出版

北京市海淀区中关村南大街16号 邮政编码:100081
电话:010-62103210 传真:010-62183872
http://www.kjpbooks.com.cn
北京正道印刷厂印刷
*
开本:787毫米×960毫米 1/16 印张:14 字数:222千字
2007年9月第1版 2009年1月第2次印刷
印数:3801—7800册 定价:25.00元
ISBN 978-7-110-06680-5/N·89

(凡购买本社的图书,如有缺页、倒页、
脱页者,本社发行部负责调换)

本书为《全民科学素质行动计划纲要》起草阶段试点项目——"中国科协青少年科技创新人才培养项目"的终期研究成果。

策划编辑　徐扬科
责任编辑　金　陵　张　玲
责任校对　林　华
责任印制　李春利
封面设计　耕者设计工作室

科教联手的丰硕成果
（序一）

在世界科学技术迅猛发展、知识经济日益勃兴的今天，国家实力的增强、国民财富的增长和人民生活的改善无一不与科技的发展息息相关；科技竞争已成为国与国之间综合国力竞争的焦点。科技竞争关键在人才。它不仅需要数以千万计的专门人才和一大批拔尖创新人才，还需要具备基本科学素质的广大公民作为基础和支撑。在这种大趋势下，重视和强调创新，呼唤和凸显创新人才的价值，关注和着力提高全民科学素养，就成为政府、科技界和教育界乃至社会各界的重要任务。2003 年，经国务院批复同意，中国科协会同中组部、中宣部、教育部、科技部等单位正式启动了《全民科学素质行动计划纲要》（以下简称《纲要》）的制定工作。"科技教育、传播与普及"、"创新人才"、"全民科学素质"这三个有着密切联系的关键词，勾勒出这部《纲要》的中心内容。

作为一项建设创新型国家的基础性社会工程，《纲要》以尽快在整体上大幅度提高全民科学素质，促进经济社会和人的全面发展，为提升自主创新能力和综合国力打下雄厚的人力资源基础为目标，强调了提高未成年人科学素质在创新型国家发展战略中的重要性，突出了中小学科学教育发展的迫切性，特别提出"建立科技界和教育界合作推动科学教育发展的有效机制，动员高等学校、科研院所的科技专家参与中小学科学课程教材建设、教学方法改革和科学教师培训"，强调通过建立"科教合作"的有效机制，从制度上为科学教师的专业发展及中小学科学教育改革的实施提供保障。

俗话说，十年树木，百年树人，国民科学素质的养成是一个滴水穿石、涵养化育的长期任务。它既非三年五载可以完成，又需要从小抓起，从未成年人开始。随着义务教育的普及，未成年人主要的活动时间和地点在学校，负有教书育人职责的教师自然就成为决定未成年人科学素质的关键因素。对于广大教师来说，按照《纲要》的要求，从以往单纯围绕着教材、教参和习题的释疑解惑转向帮助学生"了解必要的科学技术知识，掌握基本的科学方法，树立科学思想，崇尚科学精神，并具有一定的应用它们处理实际问题、参与公共事务的能力"，是一个根本性的转变和有相当难度的自我跨越。科学教师急需来自方方面面的帮助。那些创造并掌握了大量的科学知识，理解科学教育的本质，以科学方法的应用为职业习惯，其工作本身就崇尚、分享和体现着科学精神的科技专家，无疑是科学教师天然的、最好的合作伙伴。

中国科协青少年科技中心长期以来以组织开展青少年科技活动、提高青少年科学素质为己任，在链接青少年科技创新学习活动和社会丰富资源的平台上，一直是一个输送传递有效资源的二传手。在以往 30 年的时间里，中国科协与教育部、科技部等相关部门共同开展了"全国青少年科技创新大赛"、"明天小小科学家奖励活动"、"大手拉小手青少年科技传播行动"等一系列品牌活动。随着时代的变化和全社会对创新人才的呼唤，这样的品牌活动如何从单纯的选拔拓展到从培养到选拔的全程跟进，这是摆在我们面前的重大课题。恰逢《纲要》的起草把"科教合作"作为非常重要的举措提出，中国科协青少年科技中心结合多年的实际工作，在进行了比较广泛的调查研究基础上，试图在科技创新人才培育方面有一些新的突破。2002 年 7 月，开始设计"中国科协青少年科技创新人才培养项目"，2003 年 1 月项目正式启动。

创新人才培养项目的规划和实施凝聚了项目组人员的心血。它的构架是立体的、多方位的、可持续的，具有很大的拓展空间。从首席专家的聘任到实验学校的选定，从参与项目的科学家、大学教师、科研人员团队的组成到项目的阶段性规划，每推进一步都是一次新的尝试。期间，项目组完成了"全国青少年科技创新服务平台"（www. xiaoxiaotong. org）的建设，并在服务平台上专门开辟了为项目服务的"创新研究院"（www. xiaoxiaotong. net）。项目实现了从理论到实践、从实践再到理论的螺旋式发展，服务平台进行了全程跟进服务。

把科技专家引进培训高中科学教师的课堂，看似简单，实非易事。科技专家需要实现从研究人员向培训师角色的转变，科学教师则要经历由一般意义上的教师到做好带领学生实践科技创新的导师的转变。这是两个比较大的转变，仅凭这两个群体自己的力量显然较难完成。作为二传手的中国科协青少年科技中心协调各方力量，发挥各方的优势，建立起科技专家和科学教师之间的纽带和桥梁。"科教合作"从单纯的科学家和科学教师两者之间的合作扩大为科学界和教育界多个相关部门和力量的整合，变成了一个全新的运作系统建构和运作机制的探索。所谓"科教合作"，关键在"合作"，即哪些合作方、多大合作面、什么合作内容和怎样合作等。"中国科协青少年科技创新人才培养项目"用五年的成功实践表明，科技界可以寻找更多与教育界合作的内容，在中小学科技教育改革、青少年科技人才的培养中扮演更重要的角色，发挥更大的作用。这正是这个项目的意义和价值所在。

一个项目的质量完全取决于一支好的团队。"中国科协青少年科技创新人才培养项目"由中国科协青少年科技中心和华东师范大学教育学系、河北大学网络中心、中科之源教育发展有限公司等单位共同合作完成。项目组由务实能干、富有培训经验、充满事业心和责任感的华东师大教育学系霍益萍教授担任执行组长（首席专家），来自不同地区和单位的几十位同志参与。五年中，项目组的同志团结协作、开拓创新，在各实验学校的大力支持下，做了大量开拓性的工作，很好地完成了既定的目标和任务。通过项目的实施，不仅形成了一个胜任高中教师培训的科技专家和学科教学专家团队，推动了学校科技创新活动的蓬勃开展，而且在理论研究方面也有一些新的突破。呈现给读者的这两套丛书就是项目组成员对相关领域内容思考、探索和研究的结果。

《"中国科协青少年科技创新人才培养项目"实验丛书》由《科教合作——高中科学教师培训新探索》、《在项目研究中和学生一起成长——十位教师及其学生的成长日记》两书组成。前者对项目实施情况及成效进行了总结和分析，后者展示了十位教师及其学生成长的心路历程。丛书从整体和个案两个方面将项目提升到一定的高度，展开了讨论和研究，用具体而实在的事例诠释了"科教合作"的意义和作用，具有很大的现实意义和理论价值。

《中国近代科普和科学教育研究丛书》由《中国近代民众科普史》、《中国近代中小学科学教育史》、《中国近代科学教育思想研究》和《科学家与中国近代科普和科学教育——以中国科学社为例》四本书组成。这是结合项目的实施，从历史角度所做的全新的挖掘和研究。它为从事科普事业的同志提供了弥足珍贵的历史借鉴，填补了这方面的一些空白。

　　特别值得提出的是：这两套丛书的作者，不仅有专家教授，有参与过培训的科学教师，还有因跟随霍益萍教授到培训现场实习而愿意从事科普和科学教育研究的研究生。这是项目的额外收获，由此组织起来的队伍无疑将进一步壮大"科教合作"、培育科技创新人才的阵容。

　　"中国科协青少年科技创新人才培养项目"作为《纲要》起草阶段的试点项目已经完成了它的使命。借此机会，向所有参加项目工作的单位、专家和同志，向各实验学校的校长和老师表示诚挚的谢意！在建设国家的进程中，全面落实《纲要》精神和完成"未成年人科学素质行动"的各项任务，仍是我们未来相当长时间的艰巨任务。我深信，"中国科协青少年科技创新人才培养项目"提供的经验和打下的基础，将有助于我们充满信心地走向未来！

牛灵江

2007 年 5 月

科技与教育：中国社会现代化的双子星座
（序二）

教育和科技是当今世界发展的两大基本力量。尤其是进入以知识经济为时代特征的 21 世纪，一个国家的综合实力越来越多地取决于科学技术的创新程度和全体国民的文化素质，换言之，一个国家的腾飞无一例外的需要插上科学和教育的翅膀。中国的科教兴国战略就是基于这样的背景提出的，因此，科学与教育犹如难以分离的双子星座，牵引着中国社会的现代化进程。

尽管如此，这一双子座在中国历史的星空中并非预示着完美的婚姻，常常呈现出对峙的状态，使其投射的光芒忽明忽暗。中国古代科学技术的发展曾取得辉煌的成果，但由于受传统价值观念的影响，科技在官方的正统学校教育中始终难占有一席之地。传统中国推崇教育，基本国策就是教育立国（建国君民，教学为先；化民成俗，其必有学），然而学校教育的内涵则主要包含伦理（修身）和政治（安国）两方面。

从中国的文化传统来看，治理社会的主流思想是儒家学说。儒家学者向来"重义轻利"，推崇"天人合一"，在其认识中不存在一个与主体无关的客观的自然界，这样人们的认识对象自然而然地就指向了作为主体的"人"自身。儒家学者通常进行的认知活动是自我反思而不是对客观事物的认识，强调正心、诚意，由此达于修身齐家乃至治国平天下。荀子说："错人而思天，则失万物之情。"主张要"敬其在己者"而不要"谋其在天者"，明确反对舍弃具体的人事去思考抽象的形上之道。凡此等等，表现出对人文精神和实用理性的浓厚兴趣。在认识客观对象时，儒家要求一切以对人实用为标准，难以为现实政治服务的科学理论和技术被斥为"屠龙之术"。这种倾向体现在教育活动中则表现出强烈的功利主义色彩，也就是"务实"精神，其所务之"实"却只有"治国平天下"而已。

因此即使到了 18 ~ 19 世纪，当西方国家以科学技术为先导开始其工业化进程的时候，古老而骄傲的中华民族还自我封闭地沉浸在天朝大国的美梦之中。19 世纪中叶两次鸦片战争的隆隆炮火开始将中国人震醒。此时知识界的少数精英才逐渐认识到：中国落后了！中国与西方列强的主要差距不仅仅在于后者拥有坚船利炮，更重要的是中国缺少那些隐藏在先进军事武器背后的近代科学与技术。于是 17 世纪来华耶稣会士所带来的"远西奇器"和天文数

5

学知识，才被国人以近代的眼光加以理解，并与国运兴衰的思考结合起来，逐步汇聚成引进西学的呐喊，发展为联袂出国学习先进科技的留学潮，孕育了席卷全国的批判中国传统思想和构建新的民族精神的思想启蒙运动。从这个意义上说，一部中国近代史就是一部西方近代科学技术在中国被接纳、解读、传播和落户的历史。

伴随着西方近代科学知识的传入，在"教育救国"、"科学救国"等社会思潮的影响下，科学与教育（包括学校和社会两方面）逐渐结合起来。中国社会现代化的主题之一即为科学与教育的联姻。在此过程中，科学借助学校教育和社会教育，极大地丰富了中国人的知识观、价值观、人生观和世界观，改变了人们的思想方法；而教育借助科学，使知识传授的内容、形式和方法得到更新。

历史上，不同的科学观或教育观曾经对科学教育产生过不同的影响；对科学本质的不同理解，决定了为什么教、谁来教、教什么、在何处教、如何教、教的结果为何、有何保障措施等问题。中国社会现代化的过程也可视为走出传统的科学与教育分离的歧途，使科技与教育这两股力量整合为一的过程。在这一整合的过程中，科学教育的价值、主体、场所、内容、对象、方式、制度等都发生着巨大的变化。

一、科学教育的价值

中国古代的本土学术中，自然科学并未占有重要地位，科学技术发明总是被视为"形而下"的末流，乃至被贬为"奇技淫巧"而难登大雅之堂。中国古代也没有鼓励科学发展的制度和环境；尽收天下英才的知识分子选拔机制——科举制度也主要以"四书五经"等儒家经典知识或诗赋写作才能为主要标准，不涉及自然科学的内容。明清之际西方传教士利玛窦等人传来的西方文化事实上对中国文化的影响非常有限，而且很快就由于教皇的错误决策及清政府的外交政策而停滞。所以，自明末以来，中国知识分子对在西方兴起的近代科学几乎一无所知。直至清末，官员和知识分子对西方近代科学的认识才体现出由浅及深、由表及里、由现象到本质的渐进过程。对近代科学的认识由"技"上升到"学"的层面，一方面有利于打破中国士绅和各阶层人心中传统的中国中心观；另一方面有助于纠正国人心中对科学长期存在的误解，提升了科学在国人心目中的地位，转变对科学这种"泰西之学"的态度，有利于科学的进一步传播、启蒙。这个过程中，国人逐渐了解西学格致的真实面目，对科学的理解从肤浅外显的"器技"发展到"格致之学"；国人对来自于西方的科学技术的态度也逐渐从轻视、拒斥转向接受和学习。虽然在"夷夏之防"下科学教育和科学传播阻碍重重，科学教育和科学传播的思想还是得到了较大发展。

维新时期的知识分子在前辈思想家认识的基础上，对近代科学的理解已大大加深，开始超越格致之学外在表现的作用，进而把握其内含的深层"命脉"，即严复所言：扼要而谈，不外"于学术则黜伪而崇真，于刑政则屈私以为公"而已。格致之学的命脉是"黜伪而崇真"，即"真"的原则。作为命脉，这个原则已不仅仅与那些"形而下之粗迹"相联系，同时具有某种普遍的价值观意义。这种趋向普遍价值观意义的格致之学已不仅被视为器技之源，而且可以决定社会的安危，"格致之学不先，偏僻之情未去，束教拘虚，生心害政，固无往而不误人家国者"（严复）。清末引入的科学进化论，在被严复等人形而上化为贯穿天人、宰制万物的普遍之道的同时，赋予了它以自然哲学和政治哲学的双重含义。

中日甲午战争后，国人在反思失败的原因时，再次把教育强国作为一项重要政策提出。在维新变法各项政策中，教育占了相当重要的地位。虽然戊戌变法在形式上失败了，但是不久，清政府迫于内外交困的压力而推行"新政"，其在教育方面的举措实际上延续了戊戌维新时所提出的思想和做法。这一时期，通过维新变法和清末"新政"在制度上的改革，如废科举以广学校、颁布新学制等，初步构建了促进科学教育发展的制度环境；已经接受和了解近代科学的新式知识分子所输入的知识和思想也进一步促进了科学教育在学校中的发展；教育学、心理学作为科学知识在学校教育中的引入和引用，也为教育科学化的兴起种下根苗。

晚清时期伴随西方舰炮而入的近代科学文化相对于中国延续了几千年的传统文化而言，具有鲜明的异质性。自甲午战争以后，近代科学在中国的传播过程中，中西文化彼此的浸渗与排斥、抵牾与融合一直没有停歇。对中国科学教育的发展和科学普及的进程来说，近代科学与中国文化融合的过程十分艰难。

在现代化过程中，人们对科学及科学教育价值的认识也在不断深化：科学具有双重价值——既有外在的实用价值，又有内在的精神价值，科学教育于国家，可以救亡图存，促进国家的繁荣富强；于个人，则可以改善生活，使个人获得幸福。科学教育于社会，可以转换人们的思维方式，改变社会思想观念；于个人，可以发达人的精神，促进个体精神的发展。

对科学精神的内涵，科学教育家作了深入探讨。任鸿隽一言以蔽之：科学精神者何？求真理是矣。在任鸿隽看来，科学精神主要就是求真精神，除此以外，他认为最显著的科学精神至少还有五大特征：①崇实。即"凡立一说，当根据事实，归纳群像，而不以称诵陈言，凭虚构造为能。"②贵确。即于事物之观察，当容其真相，"尽其详细底蕴，而不以模棱无畔岸之言自了是也。"③察微。所谓"微",有两个意思:一是微小的事物,常人所不注意的;一是微渺的地方,常人所忽略的。科学家于此,都要明辨密察,不肯以轻心掉过。④慎断。即不轻于下论断,"科学家的态度,是事实不完备,决不轻下断语;迅率得到结论,无论他是如何妥协可爱,决不轻易信奉。"⑤存疑。"慎断的消极方面——或者可以说积极方面——就是存疑。慎断是把最后的判断暂时留着,以待证据的充足,存疑是把所有不可解决的问题,搁置起来,不去曲为解说,或妄费研究。"这五种科学精神"虽不是科学家所独有的,但缺少这五种精神,决不能成科学家。"①

科学知识、科学方法特别是科学精神的传播,使近代意义上的科学观在中国得到确立。新的世界观改变了近代以来中国人视科学为制造器用的技术或为一种新型的社会哲学的片面认识。科学开始影响和支配人们的世界观与人生观。

五四新文化运动催生了近代科学家的集体亮相,促进了科学家自身社会角色意识的群体觉醒。在当时社会的大舞台上,自然科学家们与陈独秀、李大钊等人文、政治学者一道发起了一场伟大的思想启蒙运动,将"赛先生"作为与"德先生"并提的救国良方请进中国。相对于人文学者较多地集中于对中国传统文化和纲常名教的猛烈批判,科学家们则更侧重于对科学真谛的阐述。我国第一代科学家是在纯粹欧美模式的科学教育体制中完成他们的科学家角色化过程的。多年的留学生涯,使他们对建立在资本主义市场体制和西方理性文化传统基础之上的近代科学有着比常人更为深刻和真切的了解,因而也比其他人更能洞见科学的本质。围绕着"什么是真正的科学"这个主题,他们著书立说、唱和阐发,系统地回答了科学的本质,科学的社会功能,科学知识、科学方法和科学精神的关系以及科学的文化意蕴和文化影响等问题。

五四新文化运动以科学与民主为号召,广泛而深远地影响着中国社会历史进程。"民主"是一个与"专制"相对立的概念,中国社会政治传统的本质是专制,而儒家礼教(特别是经汉儒董仲舒改造后的礼教)的特点是"纲常名教",是君对臣、父对子、夫对妻的绝对权威。在这种政治传统和礼教下,处于被统治地位的人没有独立的人格,不允许有独立的认识和见解,不允许对权威有丝毫的怀疑,对事对物只讲"服从"和"接受",而这一切都恰好与科学精神——"探究"与"怀疑"背道而驰。新文化运动呼唤民主,折射到科学教育中就是要求教师和学生都要有独立平等的人格,教师和学生

---

① 任鸿隽.科学智识与科学精神.见:科学救国之梦——任鸿隽文存.上海:上海科技教育出版社,2002.359

都可以对专家、对权威提出质疑，教师应该允许学生通过实验、探究获得真知。如果说专制时代的礼教是禁锢思想的"牢笼"的话，新文化运动提倡"民主"的功绩正在于打破这个无形的"牢笼"，解放师生的思想，让师生不再被权威束缚手脚，敢于"探究"、敢于"怀疑"，而这恰与科学教育的精神相契合。

科学教育家强调的科学教育，包括科学知识的获得、科学方法的掌握、科学精神的养成三部分，其中科学方法的掌握重于科学知识的获得，而其目的又是为了养成科学精神。可以说新文化运动中对"科学"的呐喊，究其实质是对科学教育内涵的深化，这一深化正触及了科学教育的实质。

新文化运动呼唤的"民主"与"科学"解放了科学教育工作者的思想，深化了他们对科学教育内涵的认识，促使他们将关注的焦点转向对科学教育方法的研究和改良，对科学教育中动手和实验的作用——养成探究习惯、培养科学精神的高度重视。中国人接触、认识、了解、传播近代科学的过程，既是一个由"技"向"道"转化的过程，也是不断强化并彰显科学教育价值的过程。从作为近代文化内容的科学在中国传播的过程来看，正体现了这样的特征和发展轨迹。

二、科学教育的主体

在和西方传教士合作翻译"西书"的过程中，涌现出徐寿、徐建寅、华蘅芳、李善兰、管嗣复、张福僖等若干自学成材的科学先驱；在清政府派遣的留美幼童和留欧学生中，成长起日后活跃在工程、电信、制造诸领域的詹天佑、周万鹏、朱宝奎、蔡绍基、郑廷襄、魏瀚、郑清廉、林怡游、罗臻禄、林庆升等一群科技新秀；1896年开始的"留日"大潮则哺育了一批更为年轻懂得"西艺"的学生。这三个层次的新人才构成了中国近代科学家的早期群体，也初步构成了中国近代科学教育及传播事业的主体力量。

与其他国家的科学家一样，中国科学家从一开始出现，就承担着科学世界的探索者，高校科学教育的主事者和科学普及传播潮中的领航者角色，可以说集研究、教学、服务三者于一身。不同的是，中国科学家在担纲上述三种角色时，始终让人感到充溢在其内心的强烈的爱国热情和矢志不渝的科学救国理想。这是中国近代科学家（包括科学教育家）特有的群体特征。这个特征的形成，既是"国家兴亡，匹夫有责"等中国传统文化熏陶的结果，也与内忧外患、国破家穷等民族危机的刺激有关，还得益于他们对科学技术对经济发展和社会进步的作用的认识。因此，近代科学家群体从它形成的那天起，在关注科学发展的同时，也特别关注科学与社会进步的关系、科学与民族素质提高的关系。他们把向国人传播科学和进行科学文化启蒙视为自己的责任，自觉地用自己的学术专长报效祖国。

人，既是科学知识和科学教育的创新者，也是传播者或接受者。科学教育思想的产生和发展同样离不开人的因素。所谓"思想"，即："客观存在反映在人的意识中经过思维活动而产生的结果或形成的观点。"（《汉语大词典》）可见，科学和科学教育的主张必须被人接受，并经过人的大脑思维活动，内化成为自身的观点才可称其为这个（种）人的思想。当持有某种共同思想的人的数量达到一定社会规模时，这种思想就会发展成为一种社会思潮——在一定时期内反映一定数量人的社会政治愿望的思想潮流。

清末科学教育思想的发展，与持有和主张科学教育思想的人的数量增加是密不可分的。中日甲午战争以前，倡导、接受和传播近代科学的新知识分子群体在人数和力量上十分有限。在清末科学教育发展过程中，新旧知识分子的人数比例在不断变化之中，前者不断增加，后者逐渐减少。尤其在科举制度被废除以后，新式学校教育得到空前发展，传统旧学教育不断萎缩，两个群体在力量对比上出现了根本的转化。到1909年，光是新式学堂在校学生的数量就已经达到1639641人[1]。这种人员力量的对比转化，为形成科学教育的主体力量打下了坚实的基础。

近代意义上的科学教育是从西方传入中国的，也就是说，在近代以前中国没有正式的科学教育，也没有科学教师，儒士和"八股取士"制度下的文人都不能担当起科学学科教师的重任。普通中小学的科学教育正式诞生以前，中国的教会学校和洋务学堂虽然培养了一批略通西学的新式知识分子，但只是杯水车薪，无法满足当时社会对科学教师的庞大需求。当时举办新式教育的人物几乎都持有一种看法，那就是欲多设学堂，难处有二，一是"经费巨"，二是"教员少"，而"求师之难，尤甚于筹费"。[2] 所以从兴学之始，清政府就比较关心科学各学科门类教师的引进和培养。所谓"引进"，是指延聘外籍教师。当时各级各类学校曾聘请过多国科学学科教习来我国任教，其中尤以日本教习为多。中日甲午战争后，中国教育取法日本模式，一些新式教育机构几乎都聘请过日本教习。直到20世纪初，其时主办新式教育的政要们大多认为"教习尤以日本为最善"。因此日本教习来华者日益增多，以致高峰期达到五六百人。从整体上看，来华的日籍教师所担任的课程，几乎是中国学堂内全部的"西学"内容。

日本教习在新式学堂中所占比例在1906年后逐年下降。日本教习在中国新式学堂中所占比例下降的原因与他们自身素质和日本国的相关政策有关，

---

① 陈景磐著.中国近代教育史.北京：人民教育出版社，1983，271
② 张之洞，刘坤一.江楚会奏变法第一折.教育世界第10号，1901.10

但中国各种师范学堂的迅速发展培养了许多新式人才，留学学生特别是留日学生回国投入新式教育事业也是其中的重要原因。近代中国留学教育的兴起是近代中国政治、经济、文化等方面发展的必然结果，对近代中国产生了深刻的影响。它是中国近代开明知识分子谋求进步、振兴民族的重要体现，极大地推动了中国近代化进程。近代留学教育对中国近代社会走向近代化所起的推动作用是巨大的，如近代教育家舒新城所说："戊戌以后的中国政治，无时不与留学生发生关系，尤以军事、教育、外交为甚"。[①] 其中尤其是留学归来的科技人才。他们归国后，对中国的科学研究、科学教育、科学传播、科学文化事业起了巨大的推动作用。这些科技人才是中国近代科学事业的发起者和推进者，无论在科学思想还是在科学研究、科技进步、科学传播方面，他们都建立了不可磨灭的功勋。舒新城在论及留学生对近代中国的影响时说："留学生在近世中国文化上确有不可磨灭的贡献。最大者为科学，次为文学，次为哲学。"[②]

"五四"以后大批留学生回国，科学家逐渐成为我国高等学校科技教师队伍的主要来源和基本力量。如1921年时的东南大学共有222名教授，其中外籍教授仅16人，留学归来任教者为127人，占57%多。[③] 再如上海交通大学1917年时有教员37人，其中外籍教师10人；1928年时学校有教员54人，其中无一名外国教习，留学生占29人。[④] 自此我国高校科技师资匮乏和教师队伍结构不合理的历史难题终于得以解决。高等学校科学教育彻底结果了长期以来不得不"借材外域"和受外人操纵的局面。

同时，科学家承担着译介和传播科学知识的职责。参与英国科学家汤姆生（John Arthur Thomson，1861～1933）著作的科普读物《汉译科学大纲》的22位译者都是科学家。他们是：胡明复、秉志、竺可桢、任鸿隽、张巨伯、胡先骕、钱崇澍、陈桢、过探先、陆志韦、胡刚复、唐钺、王琎、孙洪芬、杨肇燫、熊正理、杨铨、徐韦曼、段育华、朱经农、俞凤宾、王岫庐。其中，胡明复、胡先骕、钱崇澍、陆志韦、胡刚复、秉志、任鸿隽、王琎、竺可桢、唐钺、杨铨均为中国科学社社员，大部分都曾留学欧美，在"科学救国"的感召下回国从事科学研究和科学传播工作。与初期科普读物作者以传教士为主体不同，这一时期科普读物作者以科学家和教育家为主。中国出现了第一代科普作家，他们创作了不少优秀的、适合广大青少年和工农大众阅读的科

---

① 舒新城.近代中国留学史.上海：上海文化出版社，1989年影印本.212
② 舒新城.近代中国留学史.上海：上海文化出版社，1989年影印本.212
③ 东南大学史（第一卷）.南京：东南大学出版社，1991.127。
④ 交通大学校史资料汇编第一卷.西安：西安交通大学出版社，1986.194～200

普读物。

科学教育主体力量的不断增长，不仅表现在从事科学教育的人数增多，还表现为科学家队伍的凝聚集结。从国内来说，1913 年詹天佑任会长的中华工程师会成立；1915 年中华医学会成立；1917 年中华农学会成立。而在国外，1915 年，一批富有爱国热忱的美国康奈尔大学中国留学生发起成立了"中国科学社"。1918 年后随着中国科学社搬迁国内和大批留学生陆续学成归国，近代科学家队伍开始形成。[①]

近代科学家通过科学社团来集合科学家的群体力量，从而大大扩展了科学教育的规模和影响力。20 世纪 20 年代以后，随着国内新专业、新学科的建立和科学家人数的增加，各个专业领域科技团体的数量也不断增加。据何志平等人编辑的《中国科学技术团体》一书显示，民国时期（不含革命根据地）共有科学技术团体 117 个，其中 1922～1929 年成立的有 23 个，1930～1939 年成立的有 64 个。[②] 和西方学术团体主要承担"指导、联络、奖励"的学术评议功能不同，中国科技社团的设立宗旨一般为提倡科学研究、开展科学普及和促进科学应用三方面，科普构成了近代科学社团活动的重要组成部分。当时各社团的科普活动一般通过这样一些途径和方式来进行：发行科技刊物；编写科普读物；在报纸上编辑"科学副刊"；举办科学讲演和科学展览；放映科学电影；开展科学调查、考察等。

在我国近代科技期刊中，由科学团体创办的期刊也很多，如中国科学社、中国农学会、中国工程师学会、中国气象学会等都创办了多种期刊，成为我国近代科技期刊的主要创办群体。此外，政府机关也创办了一些科技期刊，但这些期刊的数量相对较少。从时间上来看，1910 年之前，我国的科技期刊大多由出版社、译书局和学堂承办，甚至有些期刊是由个人创办和经营的。1910 年之后，科技期刊的创办者越来越专业化，专业性的学术团体成为科技期刊的主要力量。从创办团体来看，由高校承办的期刊达 100 余种，高校知识分子和科研团体成为我国近代科技期刊的主要创办者。我国科技期刊在 20 世纪 20 年代之后逐渐增加，一个重要的推动因素便是我国高等学校的数量在不断扩充，相应的研究机构在不断增加。

三、科学教育的场所

近代科学教育的核心场所是学校，尤其是高等学校，此外还包括科技馆、图书馆、博物馆、民众教育馆等。学校在推进科学教育方面起着引领作用。

---

① 路甬祥.中国近现代科学的回顾与展望.自然辩证法研究.2002，（8）
② 何志平，等.中国科学技术团体.上海：上海科学普及出版社，1990.3～11

早期教会学校的教学内容中包含了西学课程，天文、物理、动物学、植物学等自然科学等是大多数教会学校课程的组成部分。同时，传教士还编译了许多科学教科书，如狄考文的《笔算数学》、《形学备旨》、《代数备旨》、傅兰雅的《三角数理》、《数理学》、《格致须知》等，1877 年还成立了基督教学校教科书编纂委员会为教会学校编写教科书。可见，教会学校把科学科目列为学校的正式课程，并采用当时相对比较先进的班级授课制组织教学，无疑为中国人自己创办新式学校、开设科学课程并组织教学提供了一个可供模仿的对象。而传教士们为进行科学教育而编纂的科学教科书，则无疑为以后国人编纂教科书提供了参照，甚至被不少学校直接采用作为教科书。

近代中国的高等学校则在科学教育中发挥着中流砥柱的作用。科学家任职高校以后，给高校科学教育的发展带来了极大的活力和蓬勃的生机。由于他们在国外就读名校、师出名门，所学专业分布面很广，接受的又是学科前沿训练，绝大多数人获得了硕士、博士学位，具备了很强的科研能力，因此回国后他们在高校科学教育各领域做了许多开创性的工作：①开出大量新课、创建新兴专业、增设新学科、推动学校系科建设，使高校科技类专业的课程得以充实，学科体系趋于完善；②创建实验室、编写新教材、出版学术刊物，将国外先进的理念、学说、观点、方法和实验手段引进高校；③设置研究机构、培养研究生、瞄准国际先进水平积极开展科学研究，使得各高校科学研究的整体水平大大提高，并引领着近代中国科学教育的发展方向。

近代中小学对科学教育也发挥着重要作用。1878 ~ 1902 年近代学制颁布前的这 24 年是中国近代普通中小学科学教育的起步阶段。这一阶段普通中小学科学教育的特点是非制度化、各自为政，也就是说没有一个统一的学制体系来规范它的运行与发展。尽管如此，这一阶段的科学教育在中国教育发展史上却也具有非凡的意义——它使得中国的科学教育跳出了专业技术教育的窠臼而正式成为普通学校教育的一个重要组成部分。

从 1902 年《壬寅学制》颁布起到 1915 年新文化运动爆发止，中国近代的普通中小学科学教育走过了制度化的发展历程。《癸卯学制》与《壬子癸丑学制》以及一系列学制修订章程的颁布与施行，使中国近代的普通中小学科学教育逐步走上了规范化的发展道路，数学、物理、化学、生物（时称博物）、地理（时称舆地）、手工等课程名正言顺地成了中小学教学的主要内容。科学家们虽然不在中小学任职，但他们对科学教育在中小学生思维、素质和人格培养方面的重要性有着深刻的认识。明确提出科学家应该参与到中学科学教育中去，为中学科学教师提供帮助。具体表现在：科学教育课程的开设、内容的选择、实验的设计、教科书的编撰、教师的培养等方方面面。

从 1915 年新文化运动爆发起，"民主"与"科学"开始成为引领教育变革的两面旗帜。中国近代的普通中小学科学教育作为"科学教育"的一个重要组成部分更是深受影响：科学家、教育家反思以往科学教育中存在的弊端和不足，开始把关注的焦点放在了学生在科学教育中的动手与参与上，开始重视培养学生在科学教育中的主动精神；并提出了科学教育要关注"科学精神"的培养，将中国近代的普通中小学科学教育向前推进了一大步。这一阶段的普通中小学科学教育的另一个显著特点是深受美国科学教育的影响，设计教学法和道尔顿制等在当时来说较为先进的教学方法传入中国，孟禄、推士等美国教育家来华考察科学教育。他们指出了中国科学教育中存在的问题并提出解决的方法，将中国近代普通中小学科学教育的发展推向了一个阶段性的高潮。

科学家在中小学科学教育建设方面所起的作用与其在高等学校有所不同。他们服务于中小学科学教育的经常性工作主要有四种：一是领衔翻译和编写中小学科学教材。当时国内几家著名的教材出版机构，像商务印书馆和中华书局等都聘请了很多科学家领衔编写中小学科学教科书；二是到中小学举行科学讲演和实验表演；三是培训和帮助中小学科学教师；四是积极创办与中学科学学科教学相关的刊物，组织编写各学科"参考书目"和"科学实验目录及其所需之仪器与价目单"，介绍和研讨教学法等。

图书馆、博物馆、民众教育馆和科学馆都是近代出现的重要的公共文化教育场馆，它的出现既促进了科学教育事业的发展，也是这种发展的必然结果。其中科学馆更以向民众普及科学知识作为其常规工作，表现出更高的专业性。近代除了这四类场馆外，讲演所、民众学校、展览室等也与科学教育和科学传播事业有一定的关系。

近代图书馆的诞生和发展显然对推动科普教育（科学教育）事业有积极的影响。图书馆的内在特点决定了它对科普教育的影响，主要表现为购置相关书籍提供读者阅览。此外，近代图书馆也有办图片展览、巡回书库、邮寄借书等尝试，尽管不是专门为科普而举办，但不失为图书馆推行科普的有效方式。

博物院通过备购自然科学和应用技术的各类图书、器具以及矿质、动植物标本等，与科普教育事业发生了紧密联系。如张謇的南通博物苑设有自然和教育两部，展出各种动植物和矿石，带有科普的功能。在近代博物馆中有不少博物馆特意设置"科学部"、"物理、化学、生物组"之类的部门，收藏相应的图书、器具和标本加以陈列、展示和宣传。

民众教育馆是南京国民政府成立后才出现的新兴事业，其前身可以追溯到北洋政府时期的通俗教育馆。恰如其名称，民众教育馆是实施各种民众教育的基础设施，是社会教育的机构之一。和博物馆一样，科普教育（科学教育）是其职能的一部分。

科学馆作为社会教育机构的专门的科学馆，则有别于各地涌现的通俗教育馆、民众教育馆、民众学校及中心国民学校内设立的科学馆、科学陈列室、展览室等场馆。科学馆的出现最早在 20 世纪 30 年代初，直到 1941 年，教育部开始注重民众科学教育的推行后，才通令各省市筹建。与博物馆、图书馆和民众教育馆相比，科学馆的推行工作起步最晚，加之抗战结束继之解放战争，科学馆事业发展缓慢，到 1948 年，全国省立科学馆仅有 15 座。尽管如此，科学馆的出现是追求科学大众化的结果，代表着科普工作的专业化发展趋向，对今天的科学馆事业和科普事业有着筚路蓝缕的开创意义。

四、科学教育的内容

"理科"最早是作为一门科目出现在清末的《奏定学堂章程》里，当时它主要是指一般的物理、化学知识。到 1916 年颁布《高等小学校令施行细则》，其中关于理科的内容已经包含了有关动物、植物、自然现象及人体生理卫生等方面的知识，但仍沿用"理科"这一名称。直至 1923 年《新学制小学课程纲要》颁布，才将"理科"改为"自然"。而 1932 年《小学课程标准总纲》的颁布，将社会、自然、卫生三科在初级小学合并为"常识"一科，"常识"才作为课程名称在小学课程设置中正式出现。这些课程名称的变化，反映了近代中国人对科学课程理解的变化。总的来说，这一时期普通中小学科学课程大致包括了算学和自然科学两类。前者主要包括了近代西方数学教育的几大框架，以及结合中国实际在小学开设的珠算。而后者涉及的内容极为广泛，涵盖了物理学、化学、生物学、矿物学、地学等各方面的知识，其内涵较之前有所拓展和延伸。

任鸿隽在 1939 年 6 月发表《科学教育与抗战建国》一文，对科学教育的内容有较为明确的分析。他认为科学教育内容应该包括三种，前两种是学校里的科学教育："第一种是普通理科教程，如数学、物理、化学、生物之类，这些是基本科学知识，每个学生，无论学政治、经济、文学、美术、史地、哲学，都应该学习的。尤其是中小学的理科教程，必须认真教授。"[1] "第二种是技术科目。这里包括农、工、医、水产、水利、蚕桑、交通、无线电等专门学校，以及医院所设之护士学校等言。……其他如工、矿、农、水产等，和医学一般，皆为科学教育之主要内容，非但不可片刻中断，并要随时尽可能加以扩充。"[2] 在专门学校里，培育专门人才的技术科目也是科学教育的内

---

① 任鸿隽.科学教育与抗战建国.教育通讯.1939；（2）：22
② 任鸿隽.科学教育与抗战建国.教育通讯.1939；（2）：22

容。第三种是"社会教育中之科学宣传"。因而，任鸿隽把科学教育的内容归结为中小学的理科教育、专门学校的应用科学教育及"一般科学常识教育"的民众科学教育。可见，科学教育的内容主要指普通学校里的理科教育、专门学校里的应用科学教育以及一般民众的科学常识教育，并不包括广义上的人文社会科学方面的知识内容。

掌握自然科学知识的新兴知识分子开出大量新课、创建新兴专业、增设新学科、推动学校系科建设，使高校科技类专业的课程得以充实，学科体系趋于完善。据统计，1936 年各大学所开课程门类：国立大学中，最少者为同济大学 57 种，最多者为中央大学 579 种；省立大学中，最少者为东北交通大学 74 种，最多者为东北大学 403 种；私立大学中，最少者为南开大学 76 种，最多者为燕京大学 381 种①。从历史来看，长期以来在中国大学占主导地位的一直是以儒家经典为代表的经学体系。从洋务运动开始，这一经学体系随着近代文化的变革而逐渐式微，但其真正的终结则是在近代大学大量开设专业水准和训练方法与世界接轨的新课程之后。

学校之外，其他传播知识的载体涉及的科学内容也相当广泛。如我国近代科技期刊几乎反映了当时西方各国所有相关的科技知识，无论是科技发明、发现的实用知识，还是基础理论，均大量登载。西方重大的科技发明如地圆说、地球中心论、电的发明、达尔文的进化论、相对论、铁路、电报、火的研究、照相、电话、飞机、无线电、电视、原子能和原子弹、电子理论、维生素、原子论、细胞、橡皮等都被当时的科技期刊介绍或研究过。世界各洲介绍、地理基础知识（含地貌、地表和地况的研究和介绍）、数学基础知识、彗星、日食、月食、星球、潮汐、微生物、力学、火山、土壤、地震、天体研究、动植物进化阶段论、神经系统、蛋白质、营养知识等的最新发展也为近代科技期刊所瞩目。

电的发明是近代最重要的科技发明之一，对人类的生活产生了深远的影响，我国近代科技期刊对电的介绍和研究前后持续了 80 多年，是我国近代科技期刊中一个延续最久、介绍最为彻底的主题。从这些论文的内容来看，涉及电的理论和应用等多个层面，包括静电学和静磁学的基本理论、恒温电流的基本规律、电磁感应现象、电磁理论、直流电机、交流电机、发电厂等内容。

从科技知识传播深度来看，专刊和连载无疑是最重要的传播形式，因为连载和专刊可以拓展和扩充问题的范围，留有更多发挥的余地，在知识的传播上更具系统性和完整性，更易引起读者的重视，所以传播的效果就更明显。

---

① 丁编.第一次中国教育年鉴·学校教育统计.上海：开明书店，1934.35

我国近代科技期刊中出现了许多连载的主题，而集中刊载某些专题的专刊也极为常见。作为中国近代深具社会影响力的《科学》杂志，曾出版过大量专刊，在近代科技期刊中可谓是独立不群，体现了编者的独特眼界。其专刊有些还附有编者按语，用简短而浅显的语言阐述专题的时代背景和我国学术界对这些问题的掌握程度，以及这些问题对我国社会发展的实际意义。这些附语成为吸引读者阅读的一个重要提示。

从科技期刊的主题分布来看，我国近代科技期刊较为及时地传播了西方重要的科技成果，而且一些期刊从我国的实际需要出发，适当地刊载一些对我国民众有实际用途的科技知识，体现了我国近代科技期刊在传播科技知识方面的独特作用。

五、科学教育的对象

由于受"德成而上，艺成而下"传统观念的影响，在废除科举制度前，中国知识分子基本都埋头走在科举考试的道路上，几乎没有任何西学根底。到了中国近代，一部分"开眼看世界"的知识分子、西学爱好者接触到科普读物以后，逐渐了解并接受其中所介绍的西方近代基础科学知识。因此，在西方近代科学知识传入中国之初，科学知识读物的受众主要是知识分子精英阶层，如魏源、徐寿、华蘅芳等，且读者极其有限。

随着科举的废除和大量新式学堂的建立，科学知识教育纳入中国的教育体制。传统思想开始有了松动，中国知识阶层逐步建立起科学的观念。学习西学、学习西方科学知识逐渐成为时人新的追求。特别是随着日译本教科书在各级各类学堂的使用，科学读物的受众范围由知识分子精英阶层向学生扩展。从西学东渐的历史进程来看，日本译书的翻译出版基本上完成了近代科学的知识引进阶段[①]。这一时期学校的科学教育及社会上流行的科普读物给予国人基础的科学知识，孕育了五四新文化运动的参与者，并为20世纪初出国的留学生奠定了初步的科学教育基础。

中国初期接受科学启蒙的人士主要是西学爱好者、留学生、新式学堂学生等部分知识分子精英，他们以各种不同的方式接受、理解和传播西方近代科学。在"唤起民众"的呼吁下，一些教育家、开明企业家及有志于科普事业的青年科普作家，积极参与和大力支持科普读物创作。这样，就使科学教育的对象从知识分子、青年学生慢慢扩展到普通民众。如在科普读物传播对象方面，突破了前一阶段的精英知识分子阶层，下移到社会基层，开始面向儿童和民众，而且以民众为最主要对象。

---

① 樊洪业，王扬宗.西学东渐：科学在中国的传播.长沙：湖南科学技术出版社，2000.189

对民众科学教育的关注，是中国社会近代化过程中科学与教育整合的新趋势。自从中国有了新式学堂，科学和教育只是少数人的特权，很少惠及一般民众。五四新文化运动以后，这一问题开始引起了社会的关注。先是出现了一些面向工友、农民的平民学校和通俗演讲，随着 1925 年孙中山"唤起民众"的遗训，将人的近代化，尤其是广大民众的教育问题提高到关系革命成败的高度，进一步突出了民众问题的重要性。1929 年以后，国民政府连续颁布了一系列关于举办民众教育馆和民众学校的规程，将民众教育问题纳入政府视野。与此同时，很多知识分子也认识到：中国要实现现代化，首先要使国民成为现代人；而做一个现代人就必须懂得现代科学技术知识。相当一部分知识分子"脱下西装换上长袍"，由"学术象牙塔"相继沉入乡村和城镇的底层，逐步形成了持续多年的普及科学和职业技术知识的浪潮。如 1931 年夏，著名教育家陶行知联络了一批从英、法、德、美等国留学回国的科学家及部分晓庄师范学校的师生，掀起了"科学下嫁运动"。

30 年代兴起的科学化运动，一个很响亮的口号是"科学大众化"，其目标在科学的普及。与之对应，民众科学教育得到充分重视。因而，在科学教育的分类上就有了学校科学教育与民众科学教育之分。民众科学教育是社会教育的内容。它的对象是工、农、商等界的广大劳动者，与学校中的受教育者不同，他们有其自身的特点。在 1948 年 7 月寿子野所著的《民众科学教育》一书中，对此有比较详细的讨论。他认为，民众科学教育材料（即实施过程中的内容）应该包括三大类，一是自然知识，具体包括日月和地球的运行、星的位置、地球的昼夜、四季的由来、天空中"电象"，等等；二是生活需要类的，包括植物的生长和繁殖、稻麦虫害的防治、家畜的饲养和管理等；三是卫生知能类，包括食物的营养和成分、改进烹饪的方法、住的卫生和保健方法等。[①]

以"民众"、"平民"和"儿童"、"少年"命名的丛书大量出现是最突出的表现。此时期以"少年"或"儿童"命名的丛书共有 23 种，以"民众"或"平民"命名的丛书有 94 种。另外，属于"科学常识/常识丛书"的 13 种科普读物的出现，也是此时期关注民众、提高民众常识性科学知识的重要表现。从万有文库的出版可以看出此时期的科普读物出版呈现出平民化的特点。万有文库"自然科学小丛书"包含全面和丰富的内容，覆盖自然科学各个学科，分成 10 类：科学总论、天文气象、物理学、化学、生物学、动物及人类学、植物学、地质矿物基地理学、其他、科学名人传记。如此丰富的内容以小册子的形式分册出版，而且每本小册子都非常便宜。这样一来，普通的学

---

① 寿子野.民众科学教育.上海：商务印书馆，1948

生和一般社会上的读者，以极其便宜的价格就可以买到一本小册子，学习到丰富的科学知识。所以，后人称"《万有文库》的出版，开创了我国图书出版平民化的新纪元①"。这种平民化的图书出版，无疑极为有利于科学知识更为迅速和更大范围的普及。

民众科学教育表面上与学校科学教育存在迥然相异之处。它不像学校科学教育那样注重自然科学的学科知识分类以及传授，也不同于专门学校的技术科目，更不同于大学校园里科学的基础研究或应用研究；它着眼于广大民众自身特点的与民众生活密切相关的常识性教育，使民众生活更趋科学合理。但是，也应看到，这些科学常识对于学校科学教育来说，又是各学科的基础，两者并无本质差别。

从知识精英、科技读物与青年学生、普通民众的互动中，不难看出科学与教育紧密结合的过程以及新兴知识阶层在传播科技知识、引导学生和民众科学观念方面所发挥的积极作用，正是在这种互动过程中，民众与科技知识之间的距离在缩短，科技的神秘面纱才逐渐被揭开，从而进入到普通民众中间。

六、科学教育的方式

科学教育的方式是科学教育的主体和对象为完成一定知识的传播任务在其共同活动中所采用的各种途径和载体、方法和手段。

近代传播科学知识的载体，主要有新式教科书、科学期刊、科普杂志等。

新式教育兴起后，以求仕入仕为目的而使用的传统经文类教材已不符合时代发展的要求，社会迫切需要"新式教科书"来适应、促进新教育的发展。在这种情况下，学部曾成立编纂处编译教科书，但是由于官僚气息过于浓厚，而且缺乏真正了解新式教科书编纂体例和发展规律的人才，教科书缺乏的问题并没有得到解决。此后，民间各书局已经开始探索编译、出版新式教科书，在科学教科书方面，以商务印书馆、文明书局和几个译书社的成绩较为卓著。

科技期刊是各科技社团进行科普宣传的重要阵地。据统计，1910～1949年我国由各科技社团和高等学校创办的科技期刊达 369 种，其中 1927～1937年间创办的为 190 种。近代科技期刊以破除迷信、普及科学知识和传播科学精神为主旨，所载内容非常广泛，涉及几乎所有的学科，西方近代重人的新发明、新进展一一被介绍进中国。我国近代科技期刊正以其独特的视角，在传播科技知识的过程中培育着科学精神，这也使得近代科技期刊在广义上承担着科学教育的责任。

---

① 商务印书馆一百年（1897～1997）.北京：商务印书馆，1998.334

科普读物是近代各科技团体实施科普教育的又一个重要载体。所谓科普读物，指以广大民众和未成年人为主要受众，以让其了解科学、掌握科学文化知识、改善生活和提高科学素养为目的，以出版社正式出版且独立成册为呈现方式的各种书籍。内容主要与自然知识（包括日月和地球的运行、星的位置、地球的昼夜、四季的由来、天空中的"电象"等），日常生活（包括植物的生长和繁殖、稻麦虫害的防治、家畜的饲养和管理等），卫生知识（包括食物的营养和成分，改进烹饪的方法、住的卫生和保健方法等）有关。

此外，近代还有多种面向民众进行科学知识的推广辅导方式。常见的有：

科学讲演——以浅近的语言，向民众讲解或说明日常生活中的科学知识。按不同的标准，可分为定期讲演（定时间）和临时讲演、固定讲演（定地点）和巡回讲演、室内讲演和露天讲演，以及化装讲演（戏剧表演的形式）。讲演的主要优势是以语言为媒介，让不认识字的民众也可以获得教育。

科学训练班——目的在于养成民众或在校学生初步的科学知识。比如，标本制作班、无线电班、科学游戏班、养蚕班、养蜂班、化学工艺制造班等。

巡回施教——成立巡回施教工作队，到不同的地方、以多样的方式推行民众科学教育。施教地点不固定，水陆交通工具并用，深入乡镇和村庄。施教方式常常选择幻灯、电影、科学游戏等具有"冲击力"的方式。

办理民众学校——原是社会教育事业之一，在实施民众科学教育下的民众学校更侧重通俗科学知识的灌输。

张贴科学画报——针对不识字的民众太多的现状，张贴色彩丰富、线条简单、内容易懂的科学画报，以激发民众对科学的兴趣，灌输科学知识。画报常常要求张贴在民众聚集之地，地方固定，定期张贴和更换。

放映科学电影——以放映科学教育电影的方式向民众灌输科学知识或生产技能。电影的突出优势在于：民众兴趣浓厚，印象深刻、不易遗忘；以视听感观接受信息，不受文字的限制；施教范围广泛，一场电影可供千人观看。

科学广播——以广播的形式推行民众科学教育。广播将受众的听觉范围扩大，受场地、设备、电源的限制相对较小，是最有效的科学宣传工具。科学广播的实施往往与地方电台合作，每星期举行若干次。

设立科学书报阅览处——提供科学报刊、研究报告、科学专著乃至百科全书供人阅览。巡回施教中也会在民众比较集中的小市镇设立临时的科学书报阅览处。

示范表演——这里的"表演"一词相当于今天的"演示"，举办各项"科学表演竞赛"，注重的则是竞赛的示范功能。当时中小学自然科的教学理化生实验仪器的缺少是一个普遍现象，因此，将有限的设备集中起来供学校和民众使用，不失为明智之举。

科学座谈会——旨在集思广益，交换办理科学教育的经验和心得并商讨共同推进科学教育的方法等。办理民众科学教育的人在会上各抒己见，提出研究报告，形成研究结论。

训练实施民众科学教育的人员——招收中学程度的学生及其他合适的人员，通过举办短期培训班或讲习所，使这些学生在学识上、技能上、理想上都受到训练，从而可以投入到实施民众科学教育的工作中。

至于学校中科学教育方法的引入和更新，也是科学家和教育家非常关注的。在教学内容确定的情况下，如何有效地达到教学目标，确保教学内容的完成，科学的教学方法无疑是极为重要的。俞子夷曾指出："教材与教法，仿佛是车上的两轮，飞鸟的双翼，相辅而行，缺一不可。"近代颁布的各个学制都对科学科目的教授方法作过具体的规定，要求格致、理科、博物、理化教学应开设一定的实验课，并配备相应的、合于章程的实验仪器、标本模型图画、专用教室或器具室。

七、科教制度的变革

中国近代科学教育的发展，是与相应的体制变革及构建分不开的。从戊戌变法开始，中国教育界出现了如下一系列重大改革：1898 年创办京师大学堂，中国的国立大学开始了从官吏养成所到为社会各项新事业（包括科技在内）培养高层次人才的转变；1896 年起，政府制定一系列政策鼓励学生到日本和欧美等国留学；1902～1904 年，中国模仿西方正式建立起新式学校制度，西方科学知识合法地进入学校、成为课堂教学的主要内容；1905 年中国宣布废除科举制度，拦腰砍断了知识分子读书做官的传统进身之路。1909 年中国政府接受美国政府退回的"庚子赔款"多余部分，将其用于资助中国青年学生去美国留学，根据双方约定，其中 80% 的学生必须学习自然科学和应用科学，等等。

任何一种思想只有落实到制度层面上才具有更广泛的社会推广效果。中国 20 世纪前半叶，科学教育思想在学制的推动下渐次深入正是一个有力的证明。自近代学制形成以来，"癸卯学制"作为我国近代第一个颁布并实行了的学制，将近代科学规定为重要的学习内容，科学教育于制度上初步确立。《癸卯学制》的颁行既是普通中小学科学教育进入制度化的标志，也是科学学科教师教育进入制度化的标志。在《癸卯学制》中与中学堂平行的初级师范学堂以培养初等、高等小学堂教员为宗旨，与高等学堂平行的优级师范学堂以造就初级师范学堂及中学堂之教员和管理人员为宗旨。在初级和优级师范学堂中都开设了各类科学课程和教学法，特别是优级师范学堂分类科的第三类和第四类特别重视科学教育，几乎是专为培养科学学科教师而开设的。第三类学科开设的科学课程有算学、物理学、化学，除算学外，仅物理学、化学教学时数占全部学科总学时数的比例就达 22.22%，第四类学科开设的科学课程以算学、植物、动物、矿物、生理学为主，除算学外，仅后面四门学科教学时数占全部学科总学时数的比例就达 35.42%。[①] 1906 年 6 月学部又颁布优级师范选科简章，将本科分为通习本科、数学本科、理化本科和博物本科，后三科是为培养专门的科学学科教师而开设的。民国成立后所颁布的《壬子癸丑学制》将师范类分为师范学校和高等师范学校两级，并专为女子设立女子师范学校，其中高等师范学校本科开设了数学物理、物理化学、博物等部。可以说，师范学校特别是师范学校中专门的科学教育门类的设立，为培养科学学科教师提供了基本保障。

中华民国建立后制定的新学制——"壬子癸丑学制"与清末学制相比，进步显而易见，其教育宗旨体现了对科学教育的强调。这说明在科学教育方面，民初的学制与清末学制相比，变化是实质性的，科学教育进一步得到落实。当然，中华民国初年的教育改革仍存在不少问题。在改革旧学制的呼声中诞生的 1922 年"新学制"，对辛亥革命以来科学教育改革的理论和实践进行了总结："一个与中国传统知识体系完全不同的，以驾驭自然力为归旨的充分外向的西方近代知识体系，在中国各级各类的课程设置及课程标准中，完全占了主干地位"[②]，这句话真切道出了 1922 年"新学制"颁布后普通中小学科学教育制度得到了进一步完善。以 1922 年"新学制"颁布为标志，中国逐步确立起科学在学校教育中的地位。这一时期学校科学教育最大的特点是科学教育制度和科学教育法令的完善，给当时的中小学实施科学教育提供了一个良好的制度环境。

1927 年南京国民政府成立后全国趋于统一，教育、科技和文化等领域开始走向制度化和正规化。在文化教育等方面颁布了一系列的政策与法规，这些政策与法规为科学教育的发展进一步创造了政策环境与制度保证。之后的十年是近代各项建设事业蓬勃开展、近代科学和教育事业发展进步最大的历史时期。一系列扶植发展科学技术和科学教育、关注民众教育的政策法规的相继出台，以中央研究院为代表的各类研究机构的先后设立，高等教育事业规模的发展与水平的不断提高，各种科学专业学术社团的竞相设立……这就为科学家贡献其智识以推进科学与社会的发展提供了机会和必备的条件。

如在 1929 年 4 月国民政府公布的《中华民国教育宗旨及其实施方针》中

---

① 郭长江. 中国近现代科学教育变革的文化反思. 华东师范大学教育学系 2003 年博士论文. 58~59

② 李华兴主编. 民国教育史. 上海：上海教育出版社，1997. 168

就有"大学及专门教育，必须注重实用科学，充实学科内容，养成专门知识技能，并切实陶融为国家社会服务之健全品格。""师范教育……必须以最适宜之科学教育及最严格之身心训练，养成一般国民道德，学术上最健全之师资为主要任务"① 的规定。这一时期的中小学科学教育的发展则具有很明显的现代教育意味，与南京国民政府统治下的现代教育制度的基本定型相关。南京国民政府改变了 20 年代美国式的管理模式和教学模式，建立中央集权的教育体制和严格训练的教学模式，构建了一个比较系统、完备的教育法律法规体系。因此，二三十年代教育部重新颁布的中小学各科课程标准，是我国第一次由政府法定的教学大纲，对理化生等课程的设置，教学目标、时间支配、教材大纲和实验均有具体的要求，从形式和内容来看，都比较强调正规和系统。

课程设置是教育变动的"晴雨表"，科学课程设置的变化，比较突出地反映了科学教育的某些倾向。这一阶段，普通中小学课程设置先后经历了 1929年、1932 年、1936 年三次正式调整：1929 年的《中小学课程暂行标准》与科学课程的设置、1932 年的《中小学正式课程标准》与科学课程的设置和 1936年的《修正中小学课程标准》与科学课程的设置。这些调整有利于科学教育在中小学的深入和推进。

南京国民政府教育部颁布的一系列法规章程中，还包括了《民众教育馆章程》、《科学馆规则》等，从而为科普读物在这一时期的传播和发展提供了制度和组织结构的有力保障。正是上述这些社会变化和教育改革措施，从制度、文化、师资、社会环境等方面，为中国科学家及科学教师队伍的形成和崛起，为科学知识、科学方法乃至科学精神的广泛传播提供了必不可少的条件。

八、科学教育的反思

反思中国近代科学教育的历史，不难看到，它涉及科学教育价值、科学教育家、科学教育对象、科学教育内容、科学传播媒介及手段、教育场所及机构、科学教育的制度保障及社会环境等，呈现的是一个彼此铰接、连环互动的复杂状态。其中，价值观念、科学教师、体制保障是科学教育的核心三要素。

近代中国在引进科学的过程中，国人"仅从工具价值的角度认识科学的意义"，把科学作为一种富国强兵的工具，首先关注的是科学与技术的实用价

① 宋恩荣，章咸主编. 中国民国教育法规选编（1912～1949）. 南京：江苏教育出版社，1990. 46

值。从维新运动时期开始，严复等认识到，科学除救亡价值外，对人的思想方面也有塑造价值，到"五四"以后，某些知识分子对科学的精神价值则深信不疑，甚至达到信仰的地步。这两种倾向都有偏颇。

科学史家认为，科学具有三重目的——心理目的、理性目的和社会目的，相应体现为：使科学家得到乐趣并满足其天生的好奇心；发现外面的世界并对它有全面的了解；通过这种了解来增进人类的福利。也许科学的效率很难由科学的心理目的来估量，但心理上的快慰确实在科研过程中起着重要作用。中国的传统科技教育本身具有致命的弱点，它要求科技教育的实用性和功利性（他为性），在一定意义上忽略了理论性，在绝对意义上排斥了娱乐性（自为性）。而理论性和娱乐性（心理目的）是科技教育发展的重要基本条件。就科学教育的价值而言：一方面是实用价值，具有发展生产、满足人们生活需要的作用，而且这种作用会越来越大；另一方面是精神价值，能激发人的情感和想象，在心智的培养上，既可以训练人的独立判断思考能力，又可以促进良好个性品质的形成与发展，影响到人生观。长期以来，科学教育地位的提升是与科学及其现代技术所产生的巨大经济效益相关联。科学从教育的边缘走向教育的中心，其主要推动力在于科学的功利性价值。作为科学成果的表现形式——科学知识成为科学教育传授和学习的重心，而科学活动中所内含的理性精神、求真意识、批判精神、创新意识等精神价值在巨大的功利性价值光环映射之下往往被人们忽视。同时，人们对待科学的非科学态度也是科学教育的精神资源长期被隐蔽的原因之一。近代科学在中国起初是遭到无知的拒斥，被贬为"奇技淫巧"，继而被急功近利地接纳和学习，到了新文化运动前后，在对传统体制及文化的全面批判中，科学又被过度尊崇，甚至被奉为信仰。科学精神所蕴涵的怀疑意识和批判理性就这样在科学艰难的发展过程中难免失落，致使在相当长的一段时间里教育界采用了非科学的态度来对待科学及科学教育。

中国共产党十六届三中全会提出了"坚持以人为本，树立全面、协调、可持续的发展观，促进经济社会和人的全面发展"的科学发展观。科学发展观的提出绝不仅仅针对经济发展中的问题，教育领域的问题也包括在内。教育既有为社会建设服务的义务，也有促进学生身心健康发展的责任。因此，科学教育的改革既要考虑到社会的生产发展的需要，也要重视学生精神世界的发展，这是科学教育改革的必然趋势。可见，树立健全的科学教育价值观是当务之急。

确立科学家和科学教育家的重要社会地位，充分发挥其主体作用，是科学教育能否取得实效的关键所在。学校的科学教师担负着传播科学知识、训练科学方法、培育科学精神的重要职责，需要超越传统的教学观念，去探索新的教学原则，在相互对立的教学观念中求得一种动态的平衡。在教学程序的设计上应遵循计划性与非计划性相结合的原则。科学教育的改革对教师提出了更高的要求，要想成为一名合格的科学教师，就必须具有研究的精神，不仅研究本学科的知识内容，还应研究如何将科学知识、科学方法、科学精神三个维度的内容关联到一起。在有限的教育资源的情况下，还要善于利用课堂以外的科学资源：如充分发挥社会科研人员对科学教育的参谋和指导作用；广泛利用校外自然界的资源，去做实地的研究，了解科学应用的实际，因为校内的科学资源远远满足不了学生探索自然界奥秘的需要；通过多媒体获取必要的信息资源等。

求新、创造是科学的特征之一，同样也是科学教育的重要原则之一。中国传统的教育中一方面主要以伦理道德为着眼点，主要强调自我的学习和修身，一贯主张向古人学习，缺乏重视科学创新的传统；另一方面由于明清以后八股取士在结构和内容上的程式化和空疏无用，导致中国传统教育必然忽视学生的创造性培养。如果作为科学教师，本身缺乏创新精神和创新能力，又如何能培养出富有创造力的新人？社会应整合各种力量，通过职前和职后的各类培训，增强教师的科学素养和教育能力，使之胜任当今教育改革对教师提出的更高要求。

法规和制度建设是科学教育稳定、健康、持久发展的根本保证。历史发展证明，科学教育要受所处时代社会政治力量的影响。政府的政策及实际行动无疑是影响其发展的重要手段，它们是构成科学人才培养和科学知识传播的制度环境与实践土壤。中国近代社会科学教育之所以取得了一定的成效，相当重要的原因是得到了新学校制度的支撑和相应政策法规的保障。反观当前我国普通中小学科学教育，在中西部地区依然存在着经费严重不足、师资与设备缺乏等种种不尽如人意的地方，说到底还是制度设计的盲点和政策法规的薄弱所造成。

领先全球科技教育的美国，为了在21世纪继续保持科技和教育强国的地位，最近又有重大举措——美国国家科学院所属科学委员会、工程学委员会和医学委员会这三个最具权威性的学术组织联合成立了特别委员会。该委员会由科技界、工业界、教育界和政界的重量级人士组成，它向美国国会提交了一份名为《超越风暴》的政策建议，主要包含四个方面的行动计划：第一是人才培养，强化从小学到高中教育的目标和措施，建设中小学优秀教师队伍，视12年制的中小学教育为国家竞争力的根本；第二是加强基础研究，从根本上保证经济长期发展的驱动力；第三是注重高等教育中大学生和研究生的培养，同时建议为在国际上吸引人才而可能采取的移民政策倾向；第四是有关鼓励创新的行动计划，包括政府可在财税方面给予的优惠①。可以预见，《超越风暴》政策建议将通过美国国会的立法程序，最终成为有行政约束力的法案或法规，然后再由美国政府的行政部门以及各地方政府予以实施和推动。号称"最自由的市场经济国家"的美国，在关系国家发展命运的大事上，也要有所作为，但它不能靠行政指令，而是依靠法律行政，这项重大建议可能就是其立法的前奏。事实上，纵观西方发达国家的教育现代化之路，几乎没有不依靠法律制度建设这一根本性举措的，如此的"路径依赖"足为发展中国家借鉴。

2006 年 3 月，我国政府颁布了《全民科学素质行动计划纲要》。这是一个关乎国家长远发展的战略计划，一项建设创新型国家的基础性社会工程。它根据全面建设小康社会和到本世纪中叶达到发达国家水平的发展目标对国民科学素质的要求，立足中国国情，着眼未来，通过政府引导和社会的广泛参与，分阶段、有步骤、滚动式推进，以期尽快在整体上大幅度提高全民科学素质，促进经济社会和人的全面发展，为提升自主创新能力和综合国力、全面建设小康社会和实现现代化建设第三步战略目标打下雄厚的人力资源基础。《纲要》的颁布表明，我们国家也正在走向通过法规和制度建设来保证科学教育和科学传播事业稳定、健康、持久发展的道路。

今天，我们对历史的关注并非要"发思古之幽情"，也不是要在故纸堆中"寻章摘句"聊发"老雕虫"的"技痒"，而是要为当前的科学普及和科学教育发展提供一个历史的视角。本套丛书试图从上述的若干重要方面，透视科学教育发展的历史进程中时人留下的宝贵经验和教训，以便让科学和教育这一双子星座，在中国现代化的伟大征程中，真正散发出迷人的光芒！

霍益萍

2007 年 5 月

---

① 袁传宽. 十年行动，四大方向. 文汇报. 2007 - 3 - 18

目　录

导 论

科学家
——中国近代科学教育和科普的主力军

尽管近代科学——作为一种建立在观察经验和实验基础之上并同数学的逻辑推理相结合的知识体系，以 1543 年哥白尼的《天体运行论》发表为标志——已有几百年的历史，但"科学家"（scientist）作为一个专有名词和职业在欧洲出现，则是 1840 年前后的事情①；作为一支队伍在中国形成，也不过百年的历史。

中国科学家队伍的迟缓出现实际上是近代科学在中国发展缓慢、阻碍重重的一个典型反映。中国曾经为世界贡献过四大发明，直到公元 1400 年前后其科技发展水平还领先于世界。然而，15～17 世纪，当欧洲诸强挟裹着科学革命的狂飙对地球上那些古老文明进行历史性超越的时候，中国却还在其原来的轨道上按部就班地缓缓前行；18～19 世纪，当西方国家以科学技术为先导开始其工业化进程的时候，古老的中华民族还自我封闭地沉浸在天朝大国的美梦之中。19 世纪中叶，两次鸦片战争的隆隆炮火开始将中国人惊醒。此时，知识界的少数精英才逐渐认识到，中国落后了！中国与西方列强的主要差距不仅仅在于后者拥有坚船利炮，更重要的是中国缺少那些隐藏在先进军事武器背后的近代科学与技术。于是，17 世纪来华耶稣会士带来的"远西奇器"和天文数学知识，才开始被国人以近代的眼光加以理解，并与国运兴败的思考结合起来，逐步汇聚成引进"西学"的呐喊，发展为联袂出国学习先进科技的留学潮，孕育了席卷全国的批判中国传统思想和构建新的民族精神的思想启蒙运动。从这个意义上说，一部中国近代史也是一部西方近代科学技术在中国被接纳、解读、传播和落户的历史。

---

① 据《社会科学百科全书》一书所述，英语中的 scientist "科学家"一词于 1840 年前后始现。人们用该词指那些寻求自然中经验规则的人，以区别于哲学家、学者和广义上的知识分子。通常，数学家和逻辑家也被视为科学家，尽管 1890～1910 年数学已不再被视为一门经验科学。（International encyclopedia of the social sciences. New York：The Macmillan Company &? The Free Press. Vol. 14，P107. David L. Sills. (ed.)1972～1979)

一

近代科学技术的引入，带给中国的不仅仅是一些实用知识和技术。中国人从翻译出版的"西书"中认识到，原来西方的强大依靠的是近代科学技术。这是中国历史上没有过的观念，具有启蒙意义，由此导致了新的社会力量的成长。戊戌变法前，在和西方传教士合作翻译"西书"的过程中，涌现出徐寿、徐建寅、华蘅芳、李善兰、管嗣复、张福僖①等若干科学先驱；在清廷派遣的留美幼童和留欧学生中，成长起日后活跃在工程、电信、制造等领域的詹天佑、周万鹏、朱宝奎、蔡绍基、郑廷襄、魏翰、郑清廉、林怡游、罗臻禄、林庆升②等一批科技奠基人；1896 年开始的"留日"大潮则哺育出一批更为年轻懂得"西艺"的开拓者。这三个层次架构的新人才构成了中国近代科学家的基本部队，为中国近代科学事业的发展储备了第一批力量。

戊戌变法也是中国近代历史上的一次思想维新。维新派用集会结社、讨论演讲、办报馆、设学校等方式，造就了以读"西学"、求新知为荣的风尚：知识分子"决然舍旧以图新"、开始研习"西学"者，屡见不鲜；士大夫自发组织了各种学会、社团，著名的像南学会、沪学会、岭南学会、达德学会等，均是各省传播"西学"、研习新知的中心。而专门研究某一自然科学的学会也不在少数。当时，全国各地有农学会 12 个，算学、舆地、测量学会 7 个，译书会 2 个，医学会 9 个。"翻译书籍出版，人人争购，市为之空。……斯时智慧骤开，如万流涌沸，不可遏抑。"③ 面对民族危亡，中国知识分子在接受"物竞天择，适者生存"的进化论思想的同时进一步产生了对"西学"价值的认同感。

接受西学和新学，意味着舍弃旧学和中学，意味着改革。戊戌变法失败后，已经开始的中国传统教育的变革和转轨并未停步：

• 1898 年，创办京师大学堂，这意味着中国的国立大学开始了从官吏养成所到为社会各项新事业（包括科技在内）培养高层次人才的历史转变；

• 1896 年起，清廷制定一系列政策派出学生到日本和欧美等国留学；

• 1902～1904 年，中国模仿西方建立新式学校制度，西方科学知识进入学校，并逐步成为课堂教学的主要内容；

• 1905 年，中国废除科举制度，这意味着拦腰砍断了知识分子读书做官的传统进身之路；

---

① 熊月之.西学东渐与晚清社会.上海：上海人民出版社,1994：10
② 朱有瓛等.中国近代学制史料（第一辑上册）.上海：华东师范大学出版社,1983：415
③ 欧榘甲.论政变为中国不亡之关系.见：戊戌变法（第三册）.北京：人民出版社,1953：156

• 1909 年，清廷接受美国政府退回的部分"庚子赔款"，将其用于资助中国青年去美国留学。根据双方约定，80%的学生须学习自然科学和应用科学。

正是这些社会变化和教育改革措施，从制度、文化、师资、社会环境等方面，为中国科学家队伍的形成和崛起提供了必不可少的条件。

中华民国的建立和孙中山《建国方略》的颁布，使"科学救国"和"实业救国"取代晚清知识分子"政治救国"的理想成为时代的主旋律日益引人注目。当时的中国，大学初办，水平不高，数量有限，高层次的科技人才主要靠国外大学培养。于是，负笈东渡、跨洋求学逐渐在知识分子中演为时尚，赴欧美国家留学的学生人数剧增、队伍不断壮大。留学生成了中国近代科学家队伍的主要来源。

到 19 世纪末，随着科学技术的高歌猛进，整个欧洲知识界都弥漫着"科学万能论"的空气。"科学"成为全智、全能、至善的力量和象征。人们相信有了科学，就会在幸福的大道上向前奔驰。这种对科学所持的乐观主义情绪从西方向东方、向全世界扩散。在这种背景下，民国初期中国的科学家队伍开始集结。从国内来说，1913 年由詹天佑任会长的中华工程师会成立；1915年由伍连德任会长的中华医学会成立；1917 年由陈嵘任会长的中华农学会成立。而在国外，1915 年，一批富有爱国热忱的以美国康乃尔大学中国留学生为主体发起成立了"中国科学社"。1918 年后，随着中国科学社搬迁国内和大批留学生陆续学成归国，中国近代科学家队伍开始形成。[1] 其中，早期杰出代表有李四光、竺可桢、周仁、秉志、茅以升、胡先骕、李书华、侯德榜等。19 世纪 20 年代出国留学，30 年代陆续回国的留学生，优秀代表有童第周、萨本栋、周培源、孟昭英、王淦昌等；还有 19 世纪 40 年代出国留学，到新中国成立后回国参加建设的优秀知识分子。[2] 限于本书叙述的时间，我们这里介绍的主要是 19 世纪 30 年代前的中国近代科学家对中国近代学校科技教育和民众科普的贡献。

和其他国家的科学家一样，中国科学家从一开始出现，就承担着科学世界的探索者、高校科学教育的主力军和科学普及传播链中"第一发球员"的重任。不同的是，中国科学家在担纲上述三种角色时，始终让人感到充溢在他们内心的那种强烈的爱国热情和矢志不渝的科学救国理想。这是中国近代科学家特有的群体特征。这个特征的形成，既是"国家兴亡，匹夫有责"等中国传统文化熏陶的结果，也与内忧外患、国破家穷等民族危机的刺激有关，

---

[1] 路甬祥. 中国近现代科学的回顾与展望. 自然辩证法研究, 2002 (8)

[2] 张建伟. 中国院士. 杭州：浙江文艺出版社, 1996：50~63

还得益于科学技术对经济发展和社会进步的作用的认识。摆在科学家面前的重大而艰巨的任务之一，就是要使千百年来在封建迷信、纲常伦理中听天由命、心智蒙昧的民众了解科学生活的道理，掌握一定的科学知识，养成健强的人格，做一个现代的国民。因此，近代科学家在关注科学发展的同时，也特别关注科学与社会进步的关系、科学与民族素质提高的关系。他们把向国人传播科学和进行科学文化启蒙视为自己的责任，自觉地用自己的学术专长报效国民。

"五四"新文化运动是近代科学家的集体亮相，也是科学家自身社会角色意识的群体觉醒。在当时社会的大舞台上，科学家们和陈独秀、李大钊等人文学者一道发起了一场伟大的思想启蒙运动，将"赛先生"作为与"德先生"并提的救国良方请进中国。相对于人文学者较多地集中于对中国传统文化和纲常名教的猛烈批判，科学家们则更侧重于对科学真谛的阐述。我国第一代科学家大多是在纯粹欧美模式的科学教育体制中完成他们的科学家角色化过程的。[①] 多年的留学生涯，使他们对建立在资本主义市场体制和西方理性文化传统基础之上的近代科学有着比常人更为深刻和真切的了解，因而也比其他人更能洞见科学的本质。围绕着"什么是真正的科学"这个主题，他们著书立说、唱和阐发，系统地回答了科学的本质，科学的社会功能，科学知识、科学方法和科学精神的关系、科学的文化意蕴和文化影响等问题。从其影响来看，"五四"新文化运动可以说是中国近代科学家登上历史舞台后所从事的第一次全方位的科普宣传。

科学家们注意到，虽然当时的中国主动学习西学已几十年，但是国人的科学意识仍旧非常淡薄，不仅科学知识不普及，而且对科学本身有许多误解和偏见。正像梁启超说的那样，这些状况的思想根源在于：一是把科学看得太低、太粗了，只是形而下之的艺或器；二是把科学看得太呆、太窄了，不了解科学的性质，不知道科学本身的精神价值，以为科学就是实业，就是实用；三是把科学看得太势利、太俗了，以为科学将使富者愈富、贫者愈贫，将闹得社会不得安宁。[②] 1914～1918 年第一次世界大战爆发，使战后的欧洲国疲民穷，呈现出一派萧条悲凉的景象。战争的结果使刚刚对科学燃烧起希望的中国人目瞪口呆，惶惑不安。在随后发生的"科玄论战"中，国人一方面把战争的爆发归咎于科学，认为是科学发达造成了物质丰富，并最终引发竞争加剧而导致人类的相互残杀；另一方面则更采信了原来的见解，将中西文化简单地划分为"精神文明"和"物质文明"两大不同的价值体系。

---

① 路甬详. 中国近现代科学的回顾与展望. 自然辩证法研究，2002（8）
② 梁启超. 科学精神与东西文化. 科学，1941（9）：869

针对国人把科学等同于奇制和实业、讥贬为物质的错误观点，科学家做了大量的介绍和说明工作。他们指出：应用是科学的偶然结果，不是科学的当然目的。科学是实验加理性的学问，是一种系统的知识和有条理的学术。科学缘附于物质，而物质不等于科学，物质只是科学的应用；科学受成于方法，而方法也不等于科学，方法只是科学的特性；科学的本原和真谛在于科学精神——求真。它"以事实为基，以试验为稽，以推用为表，以证验为决"；它要求人们依据事实求真理，不虚设玄想，不放言高论，非真不从，非真不信，实事求是，决不盲从迷信。这种文化层面的科学精神，不专属于某一科学，而为一切科学所应有；不独限于科学家，而应体现在平常人的平常处事中。从科学启蒙的目的出发，科学家特别强调科学精神对于中国的重要性："近三十年来，一般人提倡科学救国，以为有物质科学，就有百废俱兴可以救国了，其实这亦正同'中学为体西学为用'一样的错误；因为科学是等于一朵花，这朵从欧美移来的花种植必先具备相当的条件，譬如温度、土壤等等都要合于这种花的气质才能够生长。故要以西洋科学移来中国，就要先问中国是否有培养这种移来的科学的空气。培养科学的空气是什么？就是'科学精神'。科学精神是什么？科学精神就是'只问是非不计利害'。这就是说，只求真理，不管个人的利害。有了这种科学的精神，然后才能够有科学的存在。"[①] 科学家们在宣传和阐述科学的过程中，突出强调了科学的精神价值和文化意义，强调了科学精神和科学方法的普适性，对于几千年来一直生活在封建伦理纲常文化中的中国人来说，无疑是一种思想解放和精神提升。

经过"五四"新文化运动，经过"科玄论战"，科学在中国的地位急速提升。其结果就像胡适在《科学与人生观·序》中所说："近三十年来，有一个名词在国内几乎做到了无上尊严的地位，无论懂与不懂的人，无论守旧和维新的人，都不敢公然地对他表示轻视或戏侮的态度，那名词就是'科学'。"[②] 科学不但是一切知识的源泉，而且还进入到了道德和精神领域。对于科学和科学方法的膜拜，还被推广到社会、文化乃至政治领域。尽管这种唯科学主义的倾向有悖于科学的求真精神和质疑精神，但却是当时批判传统思想和道德文化、扫除民众中的迷信与愚昧、构建新的民族精神所向披靡的利器。随着科学的升温，科学家在中国也逐渐成为一个令人刮目相看的新社会群体。

1927年，南京国民政府成立后全国趋于统一，教育、科技和文化等领域开始走向制度化和正规化。之后的十年是近代各项建设事业蓬勃开展、近代

---

① 竺可桢.利害与是非.科学，1953，19（11）：1701
② 胡适.科学与人生观·序.科学与人生观.上海：上海亚东图书馆，1923：2～3

科学和教育事业发展进步最大的历史时期。一系列扶植发展科学技术和科学教育、关注民众教育的政策法规的出台，以中央研究院为代表的各类研究机构的先后设立，高等教育事业规模的发展与水平的提高，各种科学专业学术社团的相继设立……都为科学家贡献其智识以推进科学与社会的发展提供了机会和必备的条件。而这一时期人们对科学的重要性和价值的认识也有了长足的进步。中华民国第二任教育部部长范源濂评论道："今之世界，科学世界也。交通以科学启之，实业以科学兴之，战争攻守工具以科学成之。故科学不发达者，其过必贫且弱；反之，欲救其国之贫弱者，必于科学是赖；此证以当今各国实事，天或爽者。"。可见，至此科学的意义已无须辩护，它已不证自明、彰显无疑，获得了较广泛的社会认同。科学家开始了职业化发展的道路，并在国民经济文化政治建设的各领域展现才能，贡献才智。

<h2 style="text-align:center">二</h2>

近代科学家登上历史舞台后就在科学教育和科学普及方面发挥了积极的作用。

首先值得一提的是科学家对近代高校科技教育的贡献。中国自从 1862 年设立京师同文馆以来，新式高等教育一直发展缓慢，其中一个主要原因是缺乏师资。清末，为数不多的高等学校中，总教习清一色都由外国人担任，自然科学各专业的教师绝大多数也来自国外。20 世纪初，留学归来的科学家们大多在国外受到过系统的科学训练，不少人获得博士学位。这种专业背景和学习经历使他们具备了在高校任职的资格和条件。另外，由于旧中国实业凋敝、经济不振，于是高等学校很自然地就成为科学家回国后的首选岗位。随着"五四"以后大批留学生回国，科学家逐渐成为我国高等学校科技教师队伍的主要来源和基本力量。如东南大学 1921 年时共有 222 名教授，其中外籍教授仅 16 人，留学归来任教者为 127 人，占 57% 多。[①] 再如上海交通大学 1917 年时有教员 37 人，其中外籍教师 10 人；1928 年时学校有教员 54 人，其中无一名外国教习，留学生占 29 人。[②] 自此，我国高校科技师资匮乏和教师队伍结构不合理的历史难题终于得以解决。高等学校科学教育彻底结束了长期以来不得不"借材外域"和受外人操纵的局面。

科学家任职高校以后，给高校科学教育的发展带来了极大的活力和蓬勃的生机，做了许多开创性的工作。

第一，开出大量新课、创建新兴专业、增设新学科、推动学校系科建设，

---

① 东南大学史（第一卷）.东南大学出版社，1991：127

② 交通大学校史资料汇编（第一卷）.西安：西安交通大学出版社，1986：194～200

似高校科技类专业的课程得以充实，学科体系趋于完善。据统计，1936年时各大学所开课程门类：国立大学中，最少者为同济大学57种，最多者为中央大学579种；省立大学中，最少者为东北交通大学74种，最多者为东北大学403种；私立大学中，最少者为南开大学76种，最多者为燕京大学381种[①]。从历史来看，长期以来在中国大学占主导地位的一直是以儒家经典为代表的经学体系。从洋务运动开始，这一经学体系随着近代文化的变革而逐渐式微，但真正的终结是在近代大学大量开设专业水准和训练方法与世界接轨的新课程之后。这些课程，给中国高校带来了建立在科学基础之上的新的信仰体系，新的指导原则和新的知识结构。[②] 许多科学家因此成为我国科学领域各学科的奠基人。

第二，创建实验室、编写教材、出版学术刊物，将国外先进的理念、学说、观点、方法和实验手段引进高校。自然科学离不开实验，实验是观察和研究自然规律的重要方法，很多重大发现多是直接由实验得来，因此实验室建设是高校开展实验教学和培养学生的前提。许多科学家在这方面投入了大量精力。如20世纪30年代，为了完善北京大学的光谱学实验室，物理学家吴大猷亲自与美国约翰·赫步金斯大学洽购高分辨率凹面大光栅，从密西根大学购置石英水银灯、氢辐射灯等。国立中央大学到抗日战争爆发前，理农工3个学院所拥有实验室达到185间，此外该校图书馆内中外文藏书近20万册，中外文期刊6713种；学校各院系创办的各种学术刊物达20余种。[③] 在高校教材建设方面，国民政府教育部于20世纪30年代设立了"大学用书编辑委员会"，严济慈、曾昭抡、钱崇澍、李四光、顾毓琇、茅以升、刘仙洲、胡庶华、张洪沅、邹树文、沈宗瀚等多位科学家担任委员。很多科学家都积极参与了大学教科书的编写工作。截至1947年，该委员会共收到书稿331部，其中已经出版和正在印刷的理科教材近60部。[④] 著名机械学家刘仙洲将大学教学是否能采用本国教材视作关乎学术是否独立之大事。他一面教学，一面发奋编写教材，先后编写出版了《普通物理》、《画法几何》、《经验计划》、《机械学》、《机械原理》、《热机学》、《热工学》等15本中文教材，成为我国中文版大学机械工程教材的奠基者。[⑤]

第三，设置研究机构、培养研究生、瞄准国际先进水平开展科学研究，使得各高校科学研究的整体水平大大提高。1922年，国内仅有北京大学建立

① 第一次中国教育年鉴（丁编教育统计、第一学校教育统计）.开明书店，1934：35
② 段治文.中国近代科学文化的兴起（1919～1936）.上海：上海人民出版社，2001
③ 霍益萍.近代中国的高等教育.上海：华东师大出版社，1999：217～220
④ 第二次中国教育年鉴（第五编第一章总）.商务印书馆，1948：531～537
⑤ 董树屏等.著名机械学家和机械工程师教育家刘仙洲.中国科技史料，1990，11（3）：40

的一个研究所，而到 1936 年，全国 12 所公私立大学和独立学院共办有文理法商教育农工等研究所 26 个，内设各种专门学部 45 个①。1934～1936 年，全国专科以上学校教员承担理、农、工、医科类研究课题共 743 个（其中已完成 451 个）。② 这一时期，各学校的科研工作取得了突破性进展。以北京大学理科各系为例，地质系：地质学家李四光提出"大陆车阀"自动控制地球自转速度的理论，肯定地球自转速率的变化，是地球表面形象变迁的主因，并开始创建著名的地质力学③；同时通过实地调查，根据所发现的大量冰川遗迹，否定了长期以来国际上一直充斥着的中国内地第四纪无冰川的谬论，奠定了我国第四纪冰川研究的基础。孙云铸教授出版了我国第一部古生物专著。丁文江、葛利普合作的 3 篇论文，在第十六次国际地质学会上宣读。此外，该系还通过历年的实地勘测资料，对贵州一带地层进行综合研究，在构造地质学、岩石学方面取得了一些成果。物理系开展了光谱学、应用光学及光学的精确测定工作等研究。化学系在曾昭抡教授的带领下，在元素有机化学、有机分析方面进行了大量的研究工作，在关于醌、谷酸、溴代物制备、古聂氏反应、烷的作用及分析化学等方面取得了一系列重要成果，受到国内外化学界的重视。数学系的冯祖荀、江泽涵等教授也都有重要著作问世，取得了一些为世瞩目的研究成果④。

高校科研机构的设立与科学家的研究成果，也促进了高校的科学教育。著名科学家杨振宁在谈到他的大学物理学习时说，他那时念的场论比后来在拥有最好的物理系的芝加哥大学念的还要深。⑤ 正是依赖第一代科学家的不懈努力和卓越工作，我国高等学校的科学教育水平普遍提高，在质和量两方面达到了应有的水准，许多学校得以成为名副其实的大学，开始能够承担起培养高等科技人才的重任。很多卓越的科学家同时也成为著名的教育家。如物理学家周培源自 1929 年任清华大学教授起，先后培养了王竹溪、张宗燧、彭桓武、钱三强、何泽慧、杨振宁、王淦昌、钱伟长、李政道、黄昆等众多国

---

① 第二次中国教育年鉴（第五编高等教育·第一章概述）．商务印书馆，1948：574
② 段治文．中国现代科学文化的兴起（1919～1936）．上海：上海人民出版社，2001：144
③ 李四光在科学史上的贡献，莫过于创立了地质力学这一新兴边缘学科。他著有《地质力学概念》一书，认为地壳运动中发生岩石变形是由于地应力作用的结果。1947 年 7 月，他代表中国出席第 18 届国际地质大会，第一次应用他创立的地质力学理论，作了题为《新华夏海之起源》的学术报告，引起了强烈反响。从此，地质力学这一由中国人创立的新学科正式载入史册。（科苑精英：李四光．洪恩在线：http://www.hongen.com/edu/kxdt/kyjy/ke012401.htm）
④ 北京大学校史（1898～1949）．上海：上海教育出版社，1981：208～210
⑤ 杨振宁．近代科学进入中国的回顾与前瞻．任定友主编．北大"赛先生"讲坛．上海：上海科技教育出版社，2005：12

际级著名学者和知名科学家[①]。地质学家孙云铸任职北京大学期间，培养了不少人才，他的学生中后来成为中国科学院地学部委员（现称院士）的就有 20人[②]。名牌大学和名师的出现，造就了我国高等教育育人的较高起点。从那时起，我国科学家的成长路径发生了变化，他们基本都选择先在国内完成大学学业，然后再到国外深造。近代高校终于成为自主培养和输送新生代科学家的主要阵地。

其次要介绍的是科学家在近代中学科学教育中所发挥的作用。自 1902 和1904 年《壬寅学制》和《癸卯学制》颁布以后，中国建立起近代学校制度，数学、物理、化学、生物（时称博物）、地理（时称舆地）、手工等课程名正言顺地成了中小学教学的主要内容。科学家们虽然不在中小学任职，但他们对科学教育在中小学生思维、素质和人格培养方面的重要性却有着深刻的认识。"所谓科学教育，其目的是用教育方法直接培养富有科学精神与知识的国民，间接促进中国的科学化。"[③] 他们明确提出科学家应该参与到中学科学教育中去，为中学科学教师提供帮助。

理所当然地，科学家在中学科学教育建设方面所起的作用和他们在高等学校不同。对他们来说，服务于中小学科学教育的经常性工作主要有四种。

一是领衔翻译和编写中小学科学教材。当时国内几家著名的教材出版机构，像商务印书馆和中华书局等都聘请了很多科学家领衔编写中小学科学教科书。中国科学社的骨干成员任鸿隽、朱经农、唐钺、竺可桢、段育华等曾于 1922 年被商务编译所分别延聘为理化部部长、哲学教育部部长、总编辑部编辑、史地部部长和算学部部长；胡明复、胡刚复、杨铨、秉志等则被聘为馆外特约编辑。中华学艺社的主要社员郑贞文、周昌寿、杨端六、江铁等也先后在商务编译所任职；该社在 1934 年前，还受国立编译馆委托，主编初中理科教科书，先后共编写算术、代数、几何、物理、化学、动物、植物、生理卫生等 8 种。[④] 中国第一本中学教科书《动物学》就是由著名动物学家张孟闻撰写，书中引用的例证、图解都是国产实物，并注拉丁文名称。[⑤]

二是到中小学举行科学讲演和实验表演。如中华自然科学社的总社和青岛、西北、遵义、成都等分社都经常开展这样的活动，有的分社每周都要派社员到中学去进行理化和生物的实验表演，极受各校师生欢迎。[②]

---

① 叶松庆.著名物理学家周培源教授.中国科技史料，18（1）：56

② 于光.著名地质学家和地质教育家孙云铸教授.中国科技史料，16（2）：48

③ 任鸿隽.科学教育与抗战救国.教育通讯，1939，2（12）

④ 沈其益等.中华自然科学社简史.见：何志平等.中国科学技术团体.上海：上海科学普及出版社，1990：144

⑤ 叶履平.张孟闻教授与动物科学事业.中国科技史料，14（3）：56

三是培训和帮助中小学科学教师。科学家深知科学教育的关键在教师，从 19 世纪 20 年代开始，他们就积极组织了培训中小学科学教师的工作。如 1926 年暑期的科学教员培训中，担任物理学科的培训专家有丁燮林（北京大学教授）、张贻惠（北京师范大学教授）、叶企孙（清华学校教授）、梅贻琦（清华学校教授）等；化学学科的培训专家有杨光弼（清华学校教授）、张准（东南大学教授）、徐善祥（长沙雅礼大学教授）、邱宗岳（南开大学教授）等；生物学科的培训专家有李顺卿（北京师范大学教授）、胡先骕（东南大学教授）等。① 科学家主持的中小学教师培训，有其非常鲜明的特色，符合科学教育的特点和规律。它以帮助中小学教师真正懂得科学，提高其科学素养和课堂教学及实验能力为目的；课程内容针对性很强，着重培养教师们的实验能力、对教材的理解能力和对教学方法的研究；教学方式活泼生动，除了听专家讲演和做实验外，教师还必须参加各种讨论会，自由地交流和发表意见。

四是积极创办与中学科学学科教学相关的刊物，组织编写各学科"参考书目"和"科学实验目录及其所需之仪器与价目单"，介绍和研讨教学法等。如中国物理学会在 1936 年特别设立"物理教学委员会"，由魏雪仁任委员长，郑衍芬、张绍忠、胡刚复、叶企孙、倪尚达、裘维裕、杨肇濂、李书华、丁绪宝等为委员。该委员会对于中学物理教材及设备标准，曾加以讨论并贡献许多意见。② 再如北平各大学教授鉴于中学科学教育之不发达，特发起组织中等科学教育协进会，推举曾昭抡、樊际昌、张景钺等 5 人为负责人，拟通过发行刊物，辅助中学科学教书中之不足，并灌输中学学生科学知识。③ 又如中国数学会 1937 年召开例会时，会员冯祖荀、赵进仪、熊迪之等会员都认为现在中等学校对于数学课程教学多不重实际，而且因敷衍会考，教学上更多偏废，有失数学之效能，亟宜设法纠正，于是决定推选 9 人组织"中等学校数学教学问题讨论会"，负责讨论研究数学教学与教材问题和整理数学名词。④

由于受"读经"教育传统的影响，加之科学教师程度不高、理科设备不善、教材课本不良等原因，当时的中小学科学教育存在很多问题：教师一味地依赖教科书，太注重讲述而无启发或讨论，学生们几乎没有动手做实验的经验，只是单纯地记诵科学定理和课本知识。1922 年 6 月，陶行知主持的中华教育改进社邀请美国科学教育家、俄亥俄大学推士（G. R. Tuiss）教授来华考察科学教育。他先后到达 10 个省、24 座城市，考察过 190 所不同类型的学

① 科学教员暑期研究会.科学，11（2）
② 中国物理学会四年之工作.科学，20（10）
③ 北平中学科学教育协进会.科学，21（4）
④ 中国数学会研究中等数学教学法.科学，21（3）（6）

校，从事讲演、研讨会等不同形式的学术宣讲活动共 176 次。① 每至一校，他便与当地教师和教育团体聚会讨论，对各学校科学教育的教学方法、教师训练、课程、教室、仪器等多有批评与建议。推士对中小学科学教育的批评和另一位美国教育家孟禄关于"中国各级教育之成绩以中学校为最不良，中学校各科目当中，又以科学为最不良"的结论，在当时的中国第一次引发了关于中小学科学教育改革的热烈讨论。这场讨论引起了科学家对中小学科学教育的关注，也让他们感到了中小学科学教育问题的严重性。从那以后，中国科学家特有的社会责任一直驱使他们关注和参与中小学科学教育的讨论。20世纪 20～40 年代，科学家一方面经常到中学去进行科学讲演和实验表演，与校长教师座谈，另一方面则在各种教育杂志和他们自己的学术刊物上发表文章，表明他们对中小学科学教育的观点和意见。他们认为："科学于教育上之重要，不在于物质上之智识而在其研究事物之方法；尤不在研究事物之方法，而在其所与心能之训练。科学方法者，首分别其类，次乃辨明其关系，以发现其通律。习于是者，其心尝注重事实，执因求果而不为感情所蔽、私见所移。所谓科学的心能者，此之谓也。此等心能，凡从事三数年自然物理科学之研究，能知科学之真精神，而不徒事记忆模仿者，皆能习得之。"② 科学家们提出：科学教育的根本目的是培养学生的科学态度和科学精神，以完善他们的人格；教材是为学生服务的，而不是用来限制学生的需要的，教师上课首先应该关注的是学生而不是教材的页数；③ 科学教育一定要建立在实验的基础之上，注重学生的动手实验和实地研究，光讲授不动手是违背科学精神的；教师在教授某一问题时应引导学生与其实际生活相联系，以激发学生对科学的兴趣，不能就书本论书本④。这些真知灼见，抓住了科学教育的根本，时至今日依然有启迪意义和针对性。

在西方，科学家面向公众举行各种通俗的科学讲演和开展科普宣传，肇始于 1799 年的英国皇家研究院。古希腊时代遗风所及的欧洲学术传统，使得西方的科学家，无论是戴维、法拉第还是拉瓦锡，开展科学研究首先源于满足自己探索自然界奥秘的兴趣。他们将理解世界视为一种心智上的享受，进而贡献于科学和服务于大众科普。和西方同行这种平和的心态相反，特殊的国情和特定的时代使中国科学家从一开始就把科普和救国联系在一起。他们大多热情洋溢地加入到科普的行列，是把科普提升到拯救和改变国家与民族

① 王伦信. 五四新文化运动时期我国学校科学教育的境况与改革使命——推士《中国之科学与教育》述评. 华东师范大学学报（教科版），2005（1）

② 任鸿隽. 科学与教育. 科学，1（12）：1343

③ 刘恩兰. 地理教学法的趋向与地理教学者的当前任务. 科学，18（2）：145

④ 郑宗海. 科学教授改进商榷. 科学，4（2）：115

命运的高度，看成是救亡图强的重要举措，视之为自己的当然责任。"科学普及是科学工作者的重要任务之一。只有把科学研究和科学普及相互结合，才是一个完整的科学工作者。"著名科普作家高士其的这段话反映了科学家在科普问题上的自觉意识。在整个近代，科普超出了其自身的范围和价值，被赋予了政治功能和社会启蒙意义，带有了科普主体强烈的情感色彩。科学家们不辞辛苦、不计报酬，用各种方式，积极开展科学宣传和普及工作，在"科学大众化"和"大众科学化"这个领域里发挥了不可替代的作用。

近代科学家开展科普有多种方式。其中最主要的方式是通过科学社团来进行。这种方式便于集合科学家的群体力量，一般来说，其影响和规模都比较大。20 世纪 20 年代以后，随着国内新专业新学科的建立和科学家人数的增加，各个专业领域科技团体的数量也不断增加。据何志平先生等人编辑的《中国科学技术团体》一书显示，民国时期（不含革命根据地）共有科学技术团体 117 个，其中 1922～1929 年成立的有 23 个，1930～1939 年成立的有 64 个。① 和西方学术团体主要承担"指导、联络、奖励"的学术评议功能不同，中国科技社团的设立宗旨一般为提倡科学研究、开展科学普及和促进科学应用等三方面，很少有学术评议的功能。科普构成了近代科学社团活动的重要组成部分，正如科学家沈其益所说，"我们有一种简单的想法，以为我国科学不发达，是由于懂得科学的人太少，以致国家的科学文化很难提高；要提高必须作好普及工作；科学普及了，广大人民掌握科学知识了，利用科学发展生产，从而提高社会的科学文化、生产和人民的生活水平。因此决定走科学大众化的道路，从事普及科学运动。"②

当时各社团的科普活动一般通过这样一些途径和方式来进行：发行科技刊物；编写科普读物；在报纸上编辑"科学副刊"；举办科学讲演和科学展览；放映科学电影；开展科学调查考察等。如成立于 1916 年的丙辰学社（1923 年改名中华学艺社），其《社章》（1931 年）规定：以研究真理、昌明学艺、交换知识、促进文化为宗旨，对于有关科学文化之事业皆量力次第兴办。其社务包括研究学术、刊布图书、发行论文专集及杂志、举行讲演、设图书馆和博物陈列所等。1931 年，该社"为努力普及科学知识于民众，由社员陆志鸿君拟具计划，组织民主科学普及委员会，聘定社员 13 至 21 人，办理民众科学杂志，举行公开科学演讲，摄制关于科学工业农业之电灯或幻灯影片公开放映，及设立民众科学实验室于重要地方之学艺中学内。"①

---

① 何志平等.中国科学技术团体.上海：上海科学普及出版社，1990：3～11、118～119、116

② 沈其益等.中华自然科学社简史.见：何志平等.中国科学技术团体.上海：上海科学普及出版社，1990：141

科技期刊是各科技社团进行科普宣传的重要阵地。据统计，1910～1949年我国由各科技社团和高等学校创办的科技期刊达 369 种，其中 1927～1937年创办的为 190 种。[①] 近代科技期刊以破除迷信、普及科学知识和传播科学精神为主旨，所载内容非常广泛，涉及几乎所有的学科，西方近代重大的新发明新进展一一被介绍进中国，其中像进化论、元素周期表、相对论、电的发明和应用等都占有较多的篇幅。如电的发明和应用，从 1872 年第一篇介绍电报的文章问世以后，到 1930 年共刊载关于电的论文 1343 篇。[②] 为系统介绍各门知识，不少刊物还出版各种专号。除传播最新的科学知识外，一些刊物还非常注意读者的接受能力和关注兴趣，努力贴近读者，实现双方的互动。如成立于 1927 年的中华自然科学社于 1932 年创办《科学世界》，以中小学教师和中学生为对象，内容丰富易懂，方式活泼生动，设有"科学疑问解答"专栏，组织科学家回答读者的问题。该刊物仅第 1～4 卷的"科学疑问解答"总索引就有 27 页之多。[③]

科普读物是各科技团体实施科普教育的又一个重要载体。所谓科普读物，指以广大民众和未成年人为主要受众，以让其了解科学、掌握科学文化知识、改善生活和提高科学素养为目的，以出版社正式出版且独立成册为呈现方式的各种书籍。内容主要与自然知识（包括日月和地球的运行、星的位置、地球的昼夜、四季的由来、天空中的"电象"等）、日常生活（包括植物的生长和繁殖、稻麦虫害的防治、家畜的饲养和管理等）、卫生知识（包括食物的营养和成分、改进烹饪的方法、居住的卫生和保健方法等）有关。据统计，从 1840～1949 年，中国共出版各类科普读物 1312 种，其中科学家登上历史舞台后的 30 年间出版的达 943 种，占总数的 71.8%。[④] 很多丛书以"民众"、"平民"、"儿童"、"少年"、"常识"、"浅说"命名，内容通俗易懂、有趣生动，深受民众和青少年的欢迎。如《科学发达略史》、《种树的方法》、《地震浅说》等都先后再版 8～9 次，《科学的家庭》自 1927 年出版后到 1938 年已出第 6 版，位居"常识丛书"出版版次数量之首。在近代所有科普读物中影响最大的，要数《科学大纲》中译本。《科学大纲》（The Outline of Science）是英国生物学家、博物学家兼科普作家汤姆生（John Arthur Thomson，1861～1933）主编的 4 卷本科普巨著，第一卷 1922 年 8 月问世后，2 个月里便重印 8次。1923～1924 年商务印书馆组织胡明复、胡先骕、钱崇澍、陆志韦、胡刚

---

① 唐颖. 中国近代科技期刊和科技传播. 2006 年华东师大研究生硕士学位论文: 7、29、49～55

② 唐颖. 中国近代科技期刊和科技传播. 2006 年华东师大研究生硕士学位论文: 20

③ 沈其益等. 中华自然科学社简史. 见: 何志平等. 中国科学技术团体. 上海: 上海科学普及出版社, 1990: 142

④ 王春秋. 中国近代科普读物（1840～1949）. 2007 年华东师大教育学系硕士学位论文

复、秉志、任鸿隽、竺可桢、唐钺和杨铨等22位科学家将其译成中文后，改名为《汉译科学大纲》陆续出版。全书共四册38章，不仅介绍了天文学、地质学、海洋生物学、达尔文进化论、物理学、微生物学、生理学、博物学、心理学、生物学、化学、气象学、应用科学、航空学、人种学、健康学等学科知识，并且分节讨论了科学的目的、态度、方法、范围、分类和限度、科学与感情、科学与宗教、科学与哲学、科学与生活等科学思想，被称为自然科学的"百科全书"。此书的翻译和出版，在当时被视为中国近代科学传播和普及的一大盛举，造成了很大的影响，启迪了许多年轻人，包括毛泽东。在众多科普作家中，最令人景仰和感动的是高士其。著名的科普作家高士其在全身接近瘫痪、不能握笔写字，甚至口述能力被剥夺的情况下，为了将科学普及于大众，改变愚昧落后的社会现实，以顽强的毅力和不屈的意志著述数百万字，用他所学的生物学和化学知识，用生动活泼的语言、尖锐形象的比喻和栩栩如生的人物形象创作了大量优秀的科普作品，成为中国科普界的旗帜和泰斗！

科学家个人通过撰写文章来实施科普教育，是另一种最为常见的科普方式。让写惯学术论文的科学家来写科普文章，将科学的新成果、新发现，从抽象、精深的专业语言转化为通俗易懂、为社会大众所接受的生动语言，的确不是易事。所幸的是不少科学家有较好的国文功底，写得一手好文章，在这方面游刃有余，贡献非凡。其中的佼佼者有高士其、竺可桢、茅以升、贾祖璋、袁翰青、张孟闻、沈其益、夏康农、温济泽等一大批人。早在20世纪30年代，动物学家张孟闻就先后撰写了《大王爷》、《桃花流水鲫鱼肥》、《龙》、《关于书的话》等多篇通俗性科普文章。他在《科学大众》上发表的《青草池塘处处蛙》一文，以散文的形式写成，文笔潇洒活泼、兴趣盎然，又不失科学的准确性，得到科普协会同仁的欣赏①。竺可桢也在科普工作中做了许多工作，科普也是他毕生用力的一个重要方面。他认为，科学研究的提高与普及互为因果，相辅相成，越是高级研究人员越应带头向群众进行科普宣传。他一生所著的300多篇论文著作中，一半以上为科普作品。这些作品内容涉及地理、气象、生物、天文、医学、航空、历史上的科学家等许多方面。他善于运用准确、浅显、简练、生动的语言和喜闻乐道的事例来宣扬科学精神，破除迷信和无知，说明科学与国家文明的关系。他早年撰写的《论早婚及姻属嫁娶之害》、《空中航行之历史》、《彗星》等优秀科普文章，不仅在当时产生了较大影响，今日看来仍不失为科普方面的上乘之作。

对民众问题的关注，是南京国民政府成立后科学和教育方面的一个新趋

① 叶履平.张孟闻教授与动物科学事业.中国科技史料，14（3）：55～56

势。近代自从有了新教育以后，科学和教育始终只是少数人的特权，很少惠及一般百姓。"五四"运动以后，这一问题开始引起了社会的关注。先是出现了一些面向工友、农民的平民学校和通俗演讲，接着 1925 年孙中山"唤起民众"的遗训，将人的近代化，尤其是广大民众的教育问题提高到关系革命成败的高度，突出了民众问题的重要性。1929 年以后，国民政府连续颁布了一系列关于举办民众教育馆和民众学校的规程，将民众教育问题纳入政府视野。与此同时，很多知识分子也认识到：中国要实现现代化，首先要使国民成为现代人；而做一个现代人就必须懂得现代科学技术知识。他们"脱下西装换上长袍"，相率走入乡村和城镇，逐步形成了一次持续多年的普及科学和职业技术知识的浪潮。1931 年夏，著名教育家陶行知联络了一批从英、法、德、美等国留学回国的科学家及部分晓庄师范学校的师生，掀起了"科学下嫁运动"。其目的就是要让科学技术像日、月、风、光、空气一样普及，到处都有，使社会上的农夫、裁缝、商人、工人都能享受和运用，即使是拾煤渣的老妈子，也应掌握科学技术知识，并运用知识去改造环境，使之"听我们的调度"。陶行知的"科学下嫁运动"得到了中国科学社诸位社员的大力支持，他曾致函中国科学社，表达了一位教育家希望在办学过程中与科学家"发生更密切之关系"的强烈愿望。①

1932 年 11 月，陈立夫等社会名流发起成立"中国科学化运动协会"。他们认为中国社会出现"贫和陋"，民众出现"愚和拙"，原因"在科学知识的浅薄，在科学知识只有国内绝对少数的科学家所领有而未尝普遍社会化，未尝在社会发生过强烈的力量"。该协会高举"科学社会化，社会科学化"的旗帜，以"无机会受教育的民众"为运动的主要对象，至 1937 年会员人数达 2179 人，并在全国各地设 11 处分会，试图"集合了许多研究自然科学和实用科学的人，想把科学知识送到民间去，使它成为一般人民的共同智慧，更希冀这种知识散播到民间之后，能够发生强烈的力量，来延续我们已经到了生死关头的民族寿命，复兴我们日渐衰败的中华文化"。② 1932 ~ 1938 年，该协会不仅坚持编辑出版会刊《科学的中国》，出版通俗科学杂志，而且举办科学

---

① 时任晓庄学校校长的陶行知在信中说："自蒙贵社生物研究所秉农山先生悉心指示方针，张宗汉、方炳文两先生，时加襄助，获益实多！敝校在此短时间内，能将生物学输入乡村小学，以润泽村儿苦涩职生活，并保护其固有之科学兴趣，皆贵社诸先生不倦教诲之力也！今为促进乡村科学化起见，深愿与贵社发生更密切之关系，以收合作之效，如蒙赞同，不胜盼切！至如何合作方式为最适当而有效力，亦望不吝指教。窃尝思之，科学化运动，比如大江之流，贵社为不竭大源。敝校不敏，愿引此水灌溉两岸，使石田尽化膏腴，以为民福。谨举所见，恭候卓裁！示复。此致中国科学社。"（《行知书信集》第 133 ~ 134 页）

② 中国科学化运动协会发起旨趣书. 见：何志平等. 中国科学技术团体. 上海：上海科学普及出版社，1990：165 ~ 166

化广播讲演、举办通俗科学展览、创办民众学校、设立高初中毕业会考数理化奖金、举办大中小学科学讲演竞赛和科学玩具巡回展览等，做了许多切实的普及科学的工作。① 上述这些声势较大的科学教育普及运动虽由教育家或社会名流发起，但从中可以看到许多科学家的身影，前者如秉志、高士其，后者如顾毓琇、严济慈、曾昭抡、沈宗汉等，他们在其中发挥了骨干作用。可见，积极参与社会各界人士组织的各种推进科学普及的活动，是近代科学家参与科普的第三种方式。

第四种值得一提的方式，就是科学家带领和组织他们的同事和学生用所学到的知识为农民、为基层服务。如由秉志、胡先骕领导的东南大学农科在20世纪20年代就提出为农民服务、为农村服务的办学主张。秉志等科学家鼓励和带领学生组织农村巡回讲演团和举办展览会，向农民宣讲普及科学兴农知识，推广优良品种、优良农具、高产技术、防除病虫害方法及药剂等。该校农科还多次派教职工到农村去协同地方消除螟害蝗害，帮助农民减少损失；同时还发放优良棉种、麦种和稻种，帮助农民提高农作物产量。②

中国近代科学家怀着科学救国的理想，千方百计地将科学普及为老百姓都能获益的知识，十分真诚地做了很多值得肯定、令人敬佩的工作，其精神难能可贵。虽然他们开展科普活动的形式和西方国家很相近，但是由于中国近代教育不普及、民众对科学存有种种误解以及中国传统文化对"学以致用"的推崇，近代科学家科普的内容却与西方国家有些不同。一则因为科普的起点较低，故科学家介绍的内容基本属于科学技术方面的"ABC"；二则为了吸引民众，使其能在生产和生活上得到好处后产生接触科学的欲望，科学家的科普主要偏重于"送技术"，而相对忽视"送科学"。故而，民众还是习惯于从实用角度来理解科学，科普依然被简单地理解为具体科学知识和技术成果的普及。科学家本意特别希望传播的是最为宝贵的科学精神，但为了吸引民众又不得不将科普的重点落在与国计民生和当地经济密切联系的实用知识上。科学家的主观和客观、科普的求真和实用被迫发生分离。这是中国科普从近代以来就存在的特有现象。

三

1937年抗日战争全面爆发。刚刚发展起来的中国科技和教育事业被无情地推进战火：京津地区、华东、华中和华南的大部分科教机构遭到严重破坏，房屋被烧、仪器被毁，重要的工厂和科研机构、高等学校被迫在艰苦跋涉中

---

① 彭光华.中国科学化运动协会的创建、活动及其历史地位.中国科技史料，13（1）：60～70
② 霍益萍.近代中国的高等教育.上海：华东师大出版社，1999：156

向内地迁移，成批的青年流亡失学，相当多的教师颠沛流离、失业甚至冻饿而死。抗战八年，使我国丧失了一批科学家，并影响到几代科学家的事业。①日本帝国主义的入侵对于中国科学和教育事业是灾难性，甚至是毁灭性的摧残。

在极其困难的条件下，为保存祖国的学术文化，为求民族的生存发展，广大科学家备尝艰辛、卧薪尝胆、同仇敌忾。他们迅速将自己的研究方向调整到战争需要的国防科技领域，以自己的学术专长参与抗战，在军事技术、武器弹药、水利工程、公路研究、材料试验、气象等方面作出了新的贡献。如中华自然科学社在抗战期间组织编写了《国防抗战丛书》，其中有《弹道学概论》、《火药》、《飞机原理》、《军事气象学大纲》、《国境筑城及要塞工程》、《军用轻便铁路工程》、《军用急造道路工程》、《交通之破坏、修复及遮断》、《枪炮射击学概论》、《军马及家畜之防毒》和《军中卫生》11 种书籍正式出版。②

内迁到西南地区的高等学校，当时是科学家比较集中的地方。战争打乱了科学家的生活和工作，也改变着科学家。他们内心的爱国情感被再次激发和升华，表现出不畏强暴、不怕困难、昂扬向上、穷而益奋的精神状态。由于高水平师资和高水平生源的汇集以及爱国主义的激励，西南联大、浙江大学等成为在特殊环境之下成功办学的典范。那里的科学家一面以顽强的毅力克服着战争给自己及其家庭生活带来的困难，一面针对图书仪器缺乏和实验条件手段不足的现状，利用一切条件专心研究、弦歌不绝。他们带领学生在昏暗的油灯下写作，在漏雨的破庙中做实验，在堆满杂物的走廊里绘图，在山坡上和农田旁开学术讨论会。强烈的爱国主义感情被诉诸笔端，化成铅字，开放出一朵朵绚丽的学术研究之花。1944 年 11 月，英国驻华考察团团长、剑桥大学著名教授李约瑟到竺可桢任校长的浙江大学参观，对在如此困难条件下所开展的科学研究水平之高、气氛之浓，表示惊叹。他在文章中写道："在重庆和贵阳之间有一个叫遵义的小城市里，可以找到浙江大学。它是中国最好的四所大学之一"，"在湄潭可以看到科学研究活动的一派繁忙紧张的情景"。他列举了一些教师的研究工作，指出有些具有相当高的水平，充满激情地把浙江大学称为"东方的剑桥"。③

科学家们在学校教育方面的另一个变化是，在国难当头民族危机十分严

① 路甬祥. 中国近现代科学的回顾与展望. 自然辩证法研究，2002（8）
② 沈其益等. 中华自然科学社简史. 见：何志平等. 中国科学技术团体. 上海：上海科学普及出版社，1990：143
③ 霍益萍. 近代中国的高等教育. 上海：华东师大出版社，1999：240

重的时候，他们比以往更加注重对学生的思想品德和人格精神的培养。在他们看来，高等学校不能以培养一个合格的科学家或工程师为自己的全部目的，首先是要让学生成为一个具有强烈的爱国心，"以使中华民族成为一个不能灭亡与不可灭亡之民族为职志"的社会栋梁。他们要求学生把自己的学习和拯救民族的命运联系起来，带领学生参与当地的农业生产，兴办养殖场和茶场、传授养蚕缫丝、选种育种、蔬菜种植、防治病虫害等技术，在向民众普及先进生产技术的活动中赋予了教育学生"亲民"、"爱民"和以天下为己任的新内容。

和前一时期相比，抗战期间科学家的科普工作有所变化。首先，根据战争的需要，这一时期的科普内容主要侧重在举办战时技术训练班和通俗军事科学讲习班；组织战时科学问题讨论会和战时科学服务团；向民众介绍各种军事技术和防空、防毒、防疫、救护等专门知识等。其次，科普的主要阵地也从东部转移到西南地区。如当时的西部科学院联络内地 13 个学术机关，于 1943 年筹办西部博物馆，内设生物、农林、医药卫生等 6 个陈列室，在 1944 ~ 1949 年接待参观人员达 36 万人次。① 另外，战前比较经常性的工作，如发行科普刊物和编写科普读物等因经费困难和交通不便等原因而受阻，使用较多的科普方式主要是定期和不定期的科学讲演和放映科学电影。尤其是科学讲演，或在公共场所直接面向民众，或由学校出面组织学生参与，或通过中央和地方的广播电台，或借助各省的民众教育馆，因其灵活方便而得以较多地进行。

这一时期，在科普教育活动方面最值得一提的是设在大后方的"科学馆"。早在 1928 年，郑贞文、竺可桢和秉志 3 人以"自然科学专家委员"资格出席第一次全国教育会议时，就提出了关于"各省应办科学馆"的提案。1933 年，福建和山西两省率先设立科学馆。20 世纪 40 年代，南京国民政府教育部意识到这类机构是实施民众科学教育的新阵地，遂于 1940 年和 1946 年先后颁布《省市立科学馆规程》和《科学馆规则》加以推行，② 还要求各省市都要设立一所或数所科学馆，其宗旨在于推行通俗科学教育并辅导学校科学教育。截止到 1948 年，全国各地共建科学馆 15 座，其中甘肃科学教育馆是办得比较成功和有影响的一所。该馆设在兰州，初由中英庚款董事会所设，1944 年改隶教育部，改名甘肃省立科学馆。1940 年 11 月起，北京大学著名化学家袁翰青奉命执掌该馆。袁翰青把建馆宗旨确定为普及民众科学教育，馆内设研究、展览和推广 3 个组，经常性工作有三类：增进民族科学知识；改进学校科学教学；调查研究西北科

---

① 赵宇晓等. 中国西部科学院. 中国科技史料，12（2）：81
② 宋恩荣. 中华民国教育法规选编（1912~1949）. 南京：江苏教育出版社，1990：573

学资源。在袁翰青的带领下，该馆开展了内容丰富、手段多样的科普活动。如，每两周一次编印科学副刊，每月两次编缮科学壁报，组织电化教育巡回工作队放映科技电影，每星期馆员轮流赴甘肃电台主持"广播科学业谈"，设立科学陈列厅，开放科学图书阅览，举办通俗科学讲演，解答科学疑问，在民族地区举办医疗卫生方面的巡回施教，设立中心实验室供中等及专科以上学校学生做理科实验，制造科学仪器及标本模型和编印科学挂图，举办教师讲习会培训科学教师，开展植物昆虫和地质等调查……① 袁翰青认为，科学离不开普及，普及离不开科学，科学研究和科学普及应相辅相成。他不仅自己带头并组织甘肃科学馆的工作人员撰写了大量的科普文章，还邀请国内外知名专家到兰州做学术报告。1941 年，为配合当时由中央研究院天文研究所所长、著名天文学家张钰哲率领的中国日全食观测西北队在甘肃临洮进行的中国境内有史以来第一次日全食科学观测活动，在袁翰青的精心策划和支持下，该馆在当地放映科学影片，举办科普讲演和日食图片展览，在兰州和临洮掀起了一次宣传科学知识、破除愚昧迷信的科学普及高潮。② 袁翰青在甘肃科学教育馆卓有成效的工作，使其名字得以永远地镌刻在中国科普史的丰碑上。正是有了袁翰青这样的科学家，人们在硝烟弥漫的战火背后依然看到了科普的星星之火，而那正是我们民族的希望！

　　抗战结束后，刚刚脱离战火的中国又被推进了内战。蒋介石政府的倒行逆施让科学家非常失望；而战争中帝国主义国家"把科学技术作为战神身上的甲胄和手中所握的利剑"的事实则让科学家对科学面临的危机有了更多的思考。他们认识到：科学之花的绽放取决于社会环境，而中国恰恰缺乏科学生存的所需要的空气、土壤和环境，因此科学工作者在开展科学研究的同时，要着力建造科学工作所必需的环境，要从根基上做起。建设科学生长的环境，这是中国科学工作者为使自己争取有用武之地所必须完成的一个特有的任务。这里所说的"环境建设"，一是指科学工作者应该作为一支中坚力量、承担推进中国民主化的责任；二是指科学工作者必须团结起来，保证科学的进步能依照健全的轨道，不为武力主义和金钱主义所误用；三是科学家要继续努力，使"科学不复仅是少数学院中的学者和有闲暇的人的思索对象而渐渐成为一般人民生活中各方面所不可缺少的成分；科学自社会的一个角落的存在而渐渐渗透入全体社会而成为一种整个的骨架。"③

　　对科学和社会进步问题的关注，是中国科学家的传统。如果说在抗战以

① 第二次中国教育年鉴.商务印书馆，1948：1130～1132
② 中国科普事业的开拓者——袁翰青.上海科普网，2006－3－20
③ 组织中国科学者协会缘起.见：何志平等.中国科学技术团体.上海：上海科学普及出版社，1990：203～206

前，这种关注还着力在怎样通过科学去启迪民众和促进社会各项事业的进步，那么在抗战以后，这一关注则立足于怎样通过改革贪污腐败、特务横行、残酷压迫人民的不民主统治和建立独立自由民主的新中国，来为科学争取生存发展的社会条件。从科学为社会到社会为科学，说明科学家经过两次战乱，在中国这个"缺乏科学空气"的国度中对科学与社会进步关系这一问题有了逐步全面和清晰的认识。

上述观点在科技界获得了广泛认同。1945 年，由 111 名著名科学家联名发起的"中国科学工作者协会"成立。作为解放战争时期最大、最有影响的科学家团体，该协会以联络科学工作者致力科学建国工作为宗旨，一方面着力维护科学工作者权利，争取改善工作条件和保证生活，另一方面则把促进科学教育的普及和技术知识的社会服务作为自己的任务。[①] 中国科学工作者协会的建立，不仅第一次使全国的科学家有了统一的组织，而且也使这一时期的科普呈现出合作联手和声势浩大的新态势。如，1947 年中国科学社与中华自然科学社、中国天文学会等 7 团体召开联合年会之际，共同举办了科学书籍杂志展览和中国自制科学仪器展览。展览会场多达 24 区，分布于南京全市，展出了国内外在生物、物理、化学、工程等方面的科学发明成果及科学进展概况，引起社会各界的普遍重视和广泛关注。[②] 1948 年，中国科学社、中华自然科学社等 10 个团体在南京召开联合年会的时候，曾联合举办大型科学展览会，观众多达 30 万人次。[①]1946 年，中国科学工作者协会在重庆举行新科学技术专题座谈会和大型讲演会，仅参与"原子弹"一场讲演的听众就有上千人。[①]1945 年后，各地的报纸都办起了科学副刊、如上海《文汇报》的《新科学》副刊、南京《新民报》的《科学》副刊、南京《中央日报》的《农业与工业》、杭州《浙江青年》的《自然科学讲座》、长沙《力报》的《科学建设》、兰州《甘肃日报》的《科学生活》、贵阳《中央日报》的《科学副刊》等。科学副刊在各地呈百花齐放态势。同时，这一时期随着大批科学家复员回到上海、南京、北京等大城市，这些地区的科普期刊也陆续恢复正常发行。

利用无线电广播播送科学教育节目是这一时期科学普及活动的一个新载体。早在 1935 年后民国政府就开始提倡教育播音，并在教育部成立教育播音委员会，但因人力物力所限，推行不力。1937 年抗日战争爆发后，民国政府感到更有推行教育播音的必要，通饬各省一律设置电化教育服务处。到 1943

① 中国科学工作者协会总章.见：何志平等.中国科学技术团体.上海：上海科学普及出版社，1990：208

② 任鸿隽.七科学团体联合年会的意义.科学，29（9）：257

年全国相继有 18 个省市建立了此类机构①。1945 年 8 月 11 日，教育部再次颁布《教育部教育播音办法》予以着力推行。② "办法"规定由教育部延聘各科专家与中央广播电台合作，每周 3 次，每节 15 分钟，开展教育播音工作。在教育广播节目中，面对中学生的"科学演讲"和面向民众的"科学常识"是其中的重要内容，分别占 51.4% 和 44.4%。③ 为电台撰写科学方面内容的广播稿也是科学家的一项工作。如，自从教育播音开播以后，中华自然科学社总社每周都要派人到中央广播电台做科学讲演；抗战胜利后，该社总社编辑的《科学新闻》每周发稿一次，交中央广播电台向全国广播，并供全国各大报纸选载，从 1946 年 6 月到 1948 年年底未曾间断。④

开展科学教育和科学普及，一直是中国近代科学家服务社会的主要途径和与民众交流沟通的重要方式。近代中国多灾多难，充满屈辱和痛苦。由于连年战乱以及日本帝国主义的侵略和掠夺，政治的腐败和经济的落后，我国的科技和教育都受到极大的破坏。旧中国不但工业落后，而且科学基础也很薄弱。近代科学家人数不多，但富有社会责任感的科学家始终将发展科学教育和开展科学普及视为自己责无旁贷的使命。他们怀着科学救国的理想走上科学之路，为科学在中国的传播，为中国科学事业的奠基和发展做出了宝贵的贡献，终于使古老的中国渐渐从蒙昧的荒野中升腾起科学理性的光辉。

四

在近代众多科技社团中，历史较长、影响较大的有中国工程师学会、中国科学社、中华学艺社、中华自然科学社和中国科学工作者协会 5 个社团，②其中尤以中国科学社为最。

中国科学社是由一批爱国的留美学生发起成立，以发展科学为唯一职责的学术团体。中国科学社成立之时，距辛亥革命不过 4 年，离废除八股科举制度仅有 10 年。当时，国内袁世凯的帝制运动闹得社会乌烟瘴气，学术界大多留恋于古代文学，学科学的人寥寥可数，可称为科学研究机关的只有一个地质调查所，可称为专门学术团体的只有中国工程师学会等一两个学会。就国外来说，正处第一次世界大战爆发、欧洲列强之间进行你死我活争斗的时候。

1914 年 6 月 10 日，在美国康乃尔大学的一群中国留学生，会聚到学校的大同俱乐部纵论天下大事。他们一方面深感于现代科学技术的重要作用，"百

① 陈洪杰.中国近代科普教育：社团、场馆和技术.2006 年华东师范大学硕士学位论文：62～63
② 宋恩荣.中华民国教育法规选编（1912～1949）.南京：江苏教育出版社，1990：594
③ 陈洪杰.中国近代科普教育：社团、场馆和技术.2006 年华东师范大学硕士学位论文：64
④ 何志平等.中国科学技术团体.上海：上海科学普及出版社，1990：143、78

年以来，欧美两洲声明文物之盛，震铄前古。翔厥来原，受科学之赐为多"；另一方面，更为当时祖国的积贫积弱和科学技术的落后而忧虑不安。他们认识到："世界强国，其民权国力之发展，必与其学术思想之进步为平行线，而学术荒芜之国无幸焉，历史俱在，其例固俯拾皆是也。"① 因而，只有依靠现代科学技术，才能救亡图存，振兴中华民族。他们希望从实做起，寻找一条为国家和民族振兴贡献个人绵薄之力的实际途径，于是决定协同合作，共同创办一份科学刊物在国内发行，以"提倡科学，促进实业"。

因为要发行科学杂志，他们就组织科学社。事实上，最初的科学社并非正式科技社团组织。它取一种公司形式，要求入社者交股金 5 元，作为刊行《科学》的资本。自从科学社发起后，入社者颇为活跃，不到几个月，社员已到了 70 余人，股金征集到 500 余元，同时杂志的稿件也凑足到足印 3 期的数目。这样，一份名为《科学》的杂志便于 1915 年 1 月在神州大陆与国人见面了。其发起人为胡达（后改名胡明复）、赵元任、周仁、秉志、章元善、过先探、金邦正、杨铨和任鸿隽。其宗旨为："提倡科学、鼓吹实业、审定名词、传播知识。"

《科学》杂志发行后不久，社员们便感到要谋求中国科学的发达，单单发行一种杂志是不够的，因此有改组学会的建议。1915 年 10 月 25 日，经全体社员讨论表决通过，中国科学社正式成立，同时选任鸿隽（社长）、赵元任（书记）、胡明复（会计）、秉志、周仁 5 人为第一届董事会董事（科学社迁回中国后，董事会改组为理事会，董事会则另聘社会名流组成），杨铨为编辑部部长。其宗旨改为："联络同志，共图中国科学之发达。"社员分六类：普通社员、永久社员、特设员、仲社员、赞助社员、名誉社员；其组织机构设有董事会与理事会、分社与社友会、分股委员会。1918 年，中国科学社迁回中国后，先在大同学院，后在南京东南大学借了一间房屋成立办事处。1919年，由南京社员王伯秋等创议和社会上有力人士的赞助，向北洋政府的财政部请求，得南京成贤街文德里官房一所为固定社所。其经费来源主要有两类：一类为经常费用，主要来自：社费、捐款、事业的收入、基金的收入；另一类为永久基金。

作为近代最大的科学团体，中国科学社成立后便异军突起，在科学和教育领域大展身手。1922 年，为更好地推动科学发展，中国科学社在南通开年会时进行了改组。一是修改了宗旨，重新确定宗旨为："联络同志，研究学术，共图中国科学之发达"；二是将原先的核心机构董事会易名为理事会，职权不变，而另外成立一个名誉机构——董事会。此董事会邀请社会中德高望

① 《科学》发刊词.科学,1915,1（1）

重的贤达人员担任，一方面是凭借他们在社会上的威望增加中国科学社在社会上的知名度，扩大生存空间；另一方面凭借他们的影响力募集资金，以增强中国科学社的经济实力。第一届董事会的成员有马相伯、张謇、蔡元培、汪兆铭、熊希龄、梁启超、严修、范源濂、胡敦复等9人。

经过此次改组和以后的不断努力，中国科学社的组织机构逐渐完善，事业范围日渐扩大。从1915年到1949年，中国科学社先后举办过以下各项事业（见表1）①。

表1　中国科学社举办的多项事业表

项目	工作	具体内容和活动
出版物	《科学》月刊	1915~1950年共发行32卷；其目的是传播科学，促进科学研究，建立学术权威。主要由国内中等以上的学校、图书馆、学术机关、职业团体等订阅
	《科学画报》	1933年创办，共发行15卷；其目的是面向青年学生和民众普及科学知识。颇受各界欢迎，销量最高时曾达到2万份以上
	论文专刊	每次年会后将社员宣读的论文汇集刊印，从1922年到1947年共刊行"汇刊"9卷
	科学画报丛书	出版《科学画报》丛书，到1950年已达46种，包括：杨孝述编译的《电》、《少年电器制作法》、《物理游戏》、《力学图说》、《热学图说》；王常编写的《化学游戏》、《科学魔术》、《少年化学实验》；秉志编写的《科学呼声》、《海绵》；于渊曾译的《船》；杨臣勋编写的《世界工程奇迹》；黄立译的《城市防空》；何达编写的《现代棉纺织图说》；于星海译的《大众天气学》；李赋京著《普通解剖生理学》等。《科学小工艺丛书》主要有：《废物利用》、《玩具制造》、《小工艺化学方剂》、《家常巧作》、《土木工艺》、《电机工艺》、《机械工艺》、《农艺》、《绘图与照相》、《化学工艺》等
	科学丛书	先后出版的个人著作有：赵元任，《中西星名考》；任鸿隽，《科学概论》；鲍鉴清，《显微镜的动物学实验》；顾世楫，《空气湿度测定指南》；吴伟士，《显微镜理论》；钟心煊，《中国木本植物目录》；章之汶，《植棉学》；谢家荣，《地质学》；蔡宾牟，《物理常数》；李俨，《中国数学史料》；张昌绍，《中药研究史料》；罗英，《中国桥梁史料》等。集体写作的有：《科学通论》、《中国科学二十年》、《科学的南京》、《科学名人传》、《科学的民族复兴》等

---

① 主要材料来源：（1）任鸿隽.中国科学社社史简述；（2）科学；（3）科学画报；（4）范铁权体制与观念的现代转型

科学家与中国近代科普和科学教育

项目	工作	具体内容和活动
出版物	科学译丛	组织翻译西方科学理论及应用的书籍，主要有：汪胡桢、顾世楫合译《水利工程学》（上、下）；陈世璋译《人体知识》；蔡宾牟、叶叔眉合译《俄国物理史纲》（上、下）；任鸿隽、吴学周、李珩合译《科学与科学思想发展史》；任鸿隽译《大宇宙与小宇宙》、《爱因斯坦与相对论》、《最近百年化学的进展》等。其中影响最大的有编译英国著名生物学家约翰·阿瑟·汤姆生 1922 年问世的 4 卷本巨著《科学大纲》等
图书馆	明复图书馆	1929 年建于上海，因纪念胡明复命名，收藏大量中外文科学图书、杂志和学报供公众阅读，其中不乏珍品
生物研究所	采集	集有 200 科 1300 余属及 8000 种标本。所有标本都经过详细鉴定、叙述，并加以系统分类，然后做成论文对外发表或与国内外学术机关交换刊物
	出版	1925～1942 年，动物组共 16 卷，植物组共 12 卷，研究专刊 2 本
年会	讨论社务和交流学术	从 1926 年开始，每年轮流在各省市举行年会一次，到 1948 年共举行 26 次
	宣传科学	利用年会社员云集之际，以当地团体或当时感兴趣的问题或科学的新发现为讲题，向当地的公众讲演，旨在开通风气与宣传科学
演讲	定期演讲	每年举行一次或数次，或安排在春秋季，每次数讲。选择一定题目，约请有专门研究的科学家作系统陈述
	非定期演讲	年会时由与会社员作演讲；随时请来访的国外著名科学家到社演讲；和其他社团联合举行科学演讲
展览	面向公众宣传科学	利用南京生物所陈列的大量动、植物标本，经常举行展览；另外如明复图书馆正式开馆时，举行的中国版本展览会；与其他社团联合举办的各种展览等
奖金	鼓励青年科学家研究	高君伟女士纪念奖金 考古奖金 爱迪生电工奖金 何育杰物理奖金 裴可桴、汾龄父子科学著述奖金 范太夫人奖金

项目	工作	具体内容和活动
参加国内教育活动	科学名词审查	1916 年设名词讨论会；1922 年以后参加江苏教育会、中华医学会等团体组织的名词审查会；止于 1934 年每年开年会时都进行科学名词审查工作，积累了不少有用材料，为国民政府成立国立编译馆统一译名工作提供了相当一部分工作基础
	科学教育	设有改良科学教育委员会；开展教科书调查；与中华教育改进社、罗马驻华医社、清华学校等联合发起"科学教员暑期研究会"，开展培训科学教师和研究教法等工作；组织科学教材和参考书籍等编写，如先后组织人员编译了 4 套大学用的科学教本：《中国科学社丛书》（6 册）、《中国科学社科学文库》（4 册）、《中国科学社工程丛书·实用土木工程学》（65 册）、《中国科学社工程丛书·电工技术丛书》（11 册）
	科学咨询	1930 年设立科学咨询处，凡各界提出的需要咨询的问题，视其性质，分别送由各专家社员拟具答案，随时在《科学》或《科学画报》上发表
参加国际科学会议		1927 年中央研究院成立之前，许多国际科学会议均由中国科学社派代表出席参加
设立科学图书仪器公司		1929 年设立，不以营利为目的，专业印制科技图书，并为学校制造价廉物美的实验设备仪器。因出品精良，同时训练出了许多排印复杂算式及科学公式的能手，为出版界所称道

在政局动荡、战乱频仍的年代，一个民间私人学术团体能为科学在中国的发展作出如此巨大的贡献，实属不易。除此以外，中国科学社还是"国内科学会社中成立最早者，亦系我国一切学术团体历史最久、成绩最著者之一"[①]。从 1915 年发起到 1960 年解散，中国科学社的社务活动坚持了近半个世纪，是旧中国存在时间最长的学术团体；她在 1949 年拥有社员 3776 人，是当时人数最多的科技社团。

中国科学社的社员中相当一部分人是我国近代自然科学各学科的奠基者和领军人物，如李四光、竺可桢、周仁、严济慈、周培源、茅以升、杨杏佛、胡明复、胡刚复、丁文江、翁文灏、曾昭抡、叶企孙、丁燮林、茅以升、唐钺、邹秉文、卢于道、秉志等。众多优秀科学家的聚集，使她成为近代科技界最具权威性的科学家组织，在南京国民政府成立以前，甚至充当起国家学术代表的角色。

中国科学社还带动了当时各专门学会和中央研究院的成长。如地质学会

（1922 年成立）、中国天文学会（1922 年）、中国气象学会（1924 年）、中国物理学会（1932 年）、中国化学会（1932 年）、中国植物学会（1933 年）、中国地理学会（1934 年）、中国动物学会（1934 年）、中国数学会（1935 年）等各专门学会的发起人或主要领导都是中国科学社的成员。1928 年，国民政府设立中央研究院，其筹备、建立乃至发展也与中国科学社有着千丝万缕的联系。如蔡元培任院长期间，4 位总干事中有 3 位（任鸿隽、杨铨、丁文江）为科学社成员，15 位所长中有 13 位（任鸿隽、丁燮林、王琎、庄长恭、周仁、李四光、高鲁、余青松、竺可桢、傅斯年、唐钺、杨瑞六、王家楫）为科学社成员，另外主要研究人员如胡适、翁文灏、赵元任、胡刚复、秉志等也都是科学社的成员。中国科学的成员还为南京高等师范学校（于 1921 年扩建为东南大学）、大同大学、北京大学、清华大学等国内著名高校的发展作出了重要贡献。

由此可见，中国科学社是我国 20 世纪上半叶一个影响最大的科学家团体。以中国科学社为个案来深入分析近代科学家对中国近代科学教育和科普的贡献和影响，无疑是有典型意义的。

第一编

中国科学社与近代科普教育

中国科学社以"科学救国"为信念，以"传播科学"和"振兴中国科学"为宗旨，在其存在的46年里，始终坚持信念，遵守宗旨，致力于从事传播科学和发展科学的活动。在政局动荡，国将不保，民不聊生的艰苦时局里，中国科学社将"科学"的种子带回了中国，并竭力让其在中国生根、发芽、开花、结果。

一、中国科学社的科普思想

中国科学社在传播科学的过程中，倡导、阐释和提炼了许多关于面向大众开展科普教育的主张与观点。为更好地理解他们的科普思想，这里首先对该社成员的特点作一简要的介绍。

（一）社员特点分析

1915年10月25日改组后，中国科学社的学会性质吸引了许多从事和有志于从事科学技术研究的社员，从而使其成为真正意义上的近代科学学术团体。从推进中国近代的科学普及事业发展这一角度来看，中国科学社社员整体上呈现出三大特点。

1. 多学科高层次的专业背景

改组后的中国科学社"总章"明确规定了中国科学社社员的类别和入社资格。其中，社员分5种，即社员、特社员、仲社员、赞助社员和名誉社员。① 除了"赞助社员"是捐资入社外，其他社员皆以是否从事科学事业、赞同科学社宗旨为入社的首要前提；即使对入社资格要求最低的仲社员来说，至少也必须是具备中学3年以上（或同等）学历、并希望日后从事科学事业的学生。中国科学社对社员入社的学业程度和学术水平的严格规定，保证了该社作为学术团体的纯粹和层次，有利于吸纳当时中国的一流学者和优秀人才。而这，是其能有效开展传播科学知识、普及科学教育活动的重要条件。

与同时期的其他科学社团相比，中国科学社的特色在于她主要由留美学

---

① 中国科学社社友录.科学，2（1）

生组成，留日、留欧的社员在其中占较小的比例。中国科学社的历任社长任鸿隽、竺可桢、翁文灏、王琎等都是留美学生，理事会的理事如赵元任、胡明复、秉志、周仁、邹秉文、过探先、裘维裕、郑宗海、张子高、胡先骕、叶企孙、钱崇澍、吴有训、茅以升、杨铨、杨孝述、袁翰青等也都是留美学生。

从近代中国留学生的总体情况来看，与留日、留欧学生相比，归国的留美学生有着十分明显的群体特点。首先，他们有良好的学术基础。一般来说，他们在出国前一般在国内都接受过新式教育，或上过中学堂，或进过高等学堂，出国留学后又就读名校，师出名门，接受了系统的高等教育，具有扎实、深厚的专业知识。如中国科学社的第一任理事胡明复，中学在南洋公学就读，之后考上南京高等商业学堂，在出国留学前，他已经接触并学习了自然科学课程。而后他赴美留学，先后在康乃尔大学、哈佛大学学习数学，接受了系统扎实的专业训练并获得博士学位。其次，留学学生所学的专业分布很广。根据《科学》第二卷第 1 期刊登的《中国科学社社友录》中的介绍，我们可以看出该社社员在国外学习的专业涉及农、矿、冶金、化学工程、机械工程、哲学、商业、气象、普通科学、文学、生物、教育、心理等许多学科，主要涉及理工实业等相关学科。再者，留美学生一般都有较高的学历，很多人获得博士或硕士学位。据统计，1925 年前归国的清华庚款留美学生中，获得学士、硕士、博士学位者为 68% 以上；其中不少人后来成为我国自然科学技术各个领域的开拓者和奠基人，成为世界著名的科学家。①

正是因为有一些高层次的科学家组成了中国科学社的核心，执掌着中国科学社科学传播事业的船舵；有一大批多学科、高层次、经过系统科学训练的社员，中国科学社在科学传播方面具备了前代所未有的规模和力量。他们对科学的理解和解读以及对科普重要性的认识，不仅决定了中国科学社科学传播的内容和科学普及的观念，而且直接影响着科学普及的效果。

2. 坚定的"科学救国"信念

晚清之季，"师夷之长技以制夷"和"维新救亡"的失败，促使许多有志之士负笈海外，探求救国新路。1909 年，中国第一批庚款留学生赴美求学。在异国他乡，他们亲历了科学所铸就的高度发达的西方文明。这一时期，整个西方国家已经普遍完成第一次工业革命，第二次工业革命正在全面展开。

---

① 1908 年，美国国会决定退还部分庚子赔款帮助中国培养留学生。1909 年清廷决定：从是年起，最初 4 年，中国每年派遣 100 名学生赴美留学，自第 5 年起，每年至少派 50 名。派遣学生中的 80% 学习农工商等实业，20% 肄习法政、理财、师范等专业. 霍益萍. 近代中国的高等教育. 上海：上海华东师范大学出版社，1999：136

科学技术的进步构成第二次工业革命的全部基础，几乎波及所有的工业部门，促使世界经济体系基本形成，资本主义民主政治制度进一步完善，代议制建立，选举权扩大，轮流执政的政党制度及文官制度建立，社会保障制度开始实施……①第二次工业革命使西方各国政治、经济、文化等方面发生极大的进步和根本的变革，社会繁荣，国力大增。借助第二次工业革命的推动，美国的经济在1860~1913年获得了巨大的发展，并于1913年一跃而为西方资本主义国家头号经济强国。而同时期的中国，仍以一家一户的小农经济为主，生产方式主要是手工劳动，仅在东南部主要的港口城市有一些近代工业。旧中国的贫穷衰败与西方国家的欣欣向荣之间的巨大差距，对中国留学生心灵和思想的冲击不言而喻。

在美求学期间，留美学生亲眼目睹和真切感受了"科学"的作用：汽车代替了脚力，蒸汽轮船代替了划桨木船，电力点燃了黑暗……科学推进了现代文明，它不仅改善了民众的生活，改变着社会的方方面面，更创造了强大的国力。通过对中美两国社会的深入考察，留美学生逐渐形成了"中国最缺莫过于科学"的看法。他们认为科学可用以"正德、利用、厚生，"在改善人民生活、增强国家实力和文明道德建设等方面都有巨大的作用，进而坚信只有科学才能救国。在"科学救国"信念的指引下，这些怀有强烈责任感和历史使命感的海外学子决定尽一己之力，向国人传播科学，发展中国科学，以求挽救中国落后衰败的危局，重建国家的光明前景。

他们首先以编辑出版《科学》杂志作为向国人传播科学的阵地。为了《科学》月刊能顺利刊行，中国科学社的社员完全靠白手起家，艰苦创业。尤其是几位发起人，除了各人要负责准备文稿外，每人每月还要节省出学费3元或5元，作为《科学》的印刷费。在《科学》月刊发行的前几年，整个《科学》月刊的印刷与发行费用完全依赖社员的年费和特别捐来支付，月刊中的所有用稿皆由社员们免费撰写。从中国科学社社员为《科学》杂志的刊行所作的诸种努力中，我们可以看出他们内心对"科学救国"的坚定信仰和执著追求。

这里尤其需要提到的是作为中国科学社发起人之一的胡明复。他曾就读于康乃尔大学和哈佛大学，获得数学博士学位。作为中国第一位毕业于哈佛大学的数学博士，他本来完全有希望成为一位知名的科学家，但他却心甘情愿地选择了在中国科学社担任会计兼校对员的工作。他说过："我们不幸生在现在的中国，只可做点提倡和鼓吹科学研究的劳动……中国的科学将来果真

---

① 高海林等主编.世界通史·近代史卷.郑州：河南大学出版社，2004：256

能与西方并驾齐驱、造福人类，便是今日努力科学社的一般无名小工的报酬。"① 他整天忙于校阅、编辑《科学》月刊来稿、管理社内财务，十年如一日做这些枯燥而又繁复的工作，直到不幸溺水身亡。

胡明复是中国科学社的一个典型代表，而在中国科学社，像胡明复、像科学社发起人任鸿隽等一大批科学家，都是"科学救国"信念的坚定奉行者。"我们可以说欲求我国被人看作平等国家，必须先提高文化程度；欲提高文化程度，必首先提倡科学。故现代文明国家，即科学的国家！我们甘心落伍灭亡则已，否则欲求自强，欲求自力更生，欲求迎头赶上，再进言之，欲洗雪国耻以图自强，以达到民族复兴的地位，非在我们这数千年龙钟老国中输入科学之血不为功！"② 正是秉持这种信念，中国科学社同仁在随后几十年里不辞辛劳地努力工作、无私奉献，在旧中国的科学荒漠中开垦出了一方绿洲。

3. 以科普为自己的当然之责

中国科学社的同仁们认为，一个国家、一个民族的科学化，决不是只要有研究科学的专家就可以了，它还取决于这个国家全体国民的科学化。科学素养是国民素养的重要组成部分，需要通过持续而广泛的民众科普教育才能形成，因而开展面向民众的科普教育是国家和民族科学化的基础性工作。在中国这样一个教育异常不普及的社会里，民众缺少接受正规科学教育的条件。要改变国贫民愚的状况，就必须有人能挺身而出来担任科学的提倡和推广工作，那么以科学研究为业的科学家责无旁贷。

通过对国外科学发展史的研究，中国科学社发现，很多著名的科学家都一身兼二任，既研究科学又推广科学。如著名的英国科学家赫胥黎，他本人毕生从事科学研究并取得了伟大的成就，是科学巨匠；另一方面他在忙碌之余，在家中举办科学讲座，在夜里为工人作演讲。到他家听讲的人常常是济济一堂。当时的英国，宗教蒙昧盛行，科学研究为人诟病。赫胥黎不畏责难、矢志不渝地大力开展向民众普及科学的工作，为英国科学的发展和科学传播风气的形成做出了不可磨灭的贡献。又如物理学家 John Tyndall，作为一流的研究专家，经常把科学的专门知识用通俗的语言普及给普通民众。还有斯宾塞，他认为科学是人生时时刻刻都需要的知识，为此写了大量普及科学的书，不仅使英美国家的人受到影响，甚至让全欧洲的人通过他的科普书籍都认识到科学的珍贵。科学推广的过程在使民众受益的同时，可以让更多的人对科学有兴趣、走进科学研究的队伍。像法拉第和戴维这两位著名的科学家，本

---

① 周光召. 前辈科学家的精神风范给我们以激励和鞭策. 科学网，http://www.sciencetimes.com.cn/col40/col104/article.html？id=51948

② 卢于道. 科学的国家与科学的国民. 科学画报，3（12）

来是工人，由于偶然聆听了科学家的通俗科学演讲而对科学产生了兴趣，后来都成了著名的科学家。

中国科学社把促进科学发展的功臣分为研究科学的人与辅助科学发展的人两类，① 并指出把这两类人决然分开或对立，或认为研究科学的人不应该辅助和倡导科学，或以为辅助和提倡科学的人必不能够研究科学的观念是错误的。在中国科学社同仁看来，科学家，作为科学知识的生产者，最适合承担提倡和推广科学的责任。科学家如能致力于科学的提倡与推广事业，必然驾轻就熟、事半功倍，对于推进科学、开启民智有重大的社会意义。针对一些科学家过于闭关自守，整天埋头于实验室、工场，专心于原子、电子，很少参加社会活动，甚至对于科学发明在社会上产生的影响也不加以考虑的现象，有社员提出："科学家应当联合政治家、教育家、新闻家等同负决定如何利用科学发明的责任；一方面以科学家的地位，不必问影响之何若，继续研究以寻求真理为己任，并尽量增进人工的效率；一方面以社会一分子的地位，抱定'天下兴亡，匹夫有责'的志向，尽力于善用智能，促进建设，以至善为归。"②

当时国内受过系统的科学训练的人很少，而中国科学社内聚集了国内科学界最有影响力的一批科学家。作为有着强烈的科学救国信念的知识精英，他们对自己应该承担的使命有深刻的认识："我们是中华民国的国民，我们希望祖国现代化，我们必须要使祖国科学化。使中国除地大物博之上，再加以科学繁盛。欲达到此目的，非先使国民科学化不可。欲全体国民科学化，就得先从自己科学化起！"③ 在中国科学社同仁看来，开展科学研究和传播科学是一事之两面，互为依存，互相推动。作为科学家，开展科学普及是其报效国家和服务社会的主要方式和当然责任，科学家应该义不容辞地作好这项工作。凭着这份自觉的认识和勇敢的担当，20 世纪上半叶中国科学社把一大批科学家团结在她的旗帜下，团结一致，群策群力，通过著书撰文、讲演报告、实验演示、咨询研讨等多种方式，展开了声势浩大的科学普及教育活动。

（二）中国科学社的科学普及思想

虽然中国科学社确立了学会宗旨，建立了完备的组织机构，但是要在一个接触西方近代科学才 80 年、知道科学究竟是什么的人寥若晨星的古老国家里宣传科学，要在贫病交加的国家开启民众的心智，其任务之艰巨可想而知！今日，旧中国积贫积弱的历史早已结束，但中国科学社同仁们在科普方面所

---

① 伏枥.科学之功臣.科学画报，10（12）
② 曹梁夏.科学与社会问题.科学画报，8（7）
③ 卢于道.科学的国家与科学的国民.科学画报，3（12）

做的很多探索，在探索中提出的很多真知灼见却永远地存留了下来。

1. 科普之基在深入理解科学

（1）科学的核心是科学精神："科学是什么？"这是国人自鸦片战争以来不断求索的一个问题。虽然在中国科学社成立之前，西方科学已经在中国开始传播，但究其实质，还局限在某些学科的概念术语的传播。长期以来，国人一直认为科学不过是一种功利的学问，国学与西学的不同就是道常与功利的分别。从历史来看，中国人对来自西洋的"科学"有一个较长的认识、理解和接纳的过程。有研究者认为，"在中国的出版物中，'科学'一词最早见于1897年康有为编录的《日本书目志》中，他列入了《科学入门》与《科学之原理》两本书，是直接将日文汉字变为中文的。然而，什么是科学呢？却长期无人予以界定。除康有为之外，梁启超、严复、蔡元培、鲁迅等都用过'科学'，含义涉及新学、一切学科、自然科学这三个层面。它当时与'格致'一词并行于世，互有包容。可能是出于这个原因，尽管蔡元培本人曾把'科学'理解为自然科学，但他在1912年出任国民政府第一任教育总长时，还只是决定把学校课程科目中的'格致科'改为'理科'（仿日本叫法），而不是采用'科学'。在商务印书馆1915年出版的《辞源》中，'科学'一条的释文是'以一定之对象为研究之范围，而于其间求统一确实之知识者，谓之科学。'这个定义强调了分科之学在于专门知识的系统化和知识的真实性，与其说是在定义'科学'，不如说是在定义'学科'"。从《辞源》在当时的权威地位看，可以反映出当时人们对科学理解的肤浅。"①

中国科学社的社员基本都是留学海外受过系统专业训练的学子，是在纯粹欧美模式的科学教育体制中完成他们的科学家角色化过程的。多年的留学生涯，使他们对近代科学有着比常人更为深刻和真切的了解，因而也比其他人有更深刻和更本质的认识。

在《科学》创刊号中，中国科学社没有给科学下出定义，但从其所列的组稿范围和分类中，我们可以看出他们对"科学知识"的理解：①通论；②物质科学及其应用；③自然科学及其应用；④历史传记；⑤杂俎。其中的物质科学和自然科学，从知识分类的角度做了界定：物质科学（Physical Sciences）包括物理学、化学、天文学、地质学等，自然科学（Natural Sciences）包括动物学、植物学、生理学等。这两方面后来在中国统称自然科学。由此可见，中国科学社从一开始对"科学"内涵的界定就是完全按照美英等国对science的理解，并以此开始了"以传播世界最新科学知识为帜志"的崭新事

---

① 樊洪业. 中国科学社与新文化运动. http://www.kexuemag.com/artdetail.asp? name = 57,2006年8月14日更新

业。"科学"一词在中国的规范化、普及化始于《科学》月刊。①

《科学》创刊后，中国科学社的社员纷纷在这份杂志上撰文阐明"科学"这一概念。他们指出，科学首先是一门有系统的知识，从广义上说知识的分类都是以类划分，那么凡是能够系统有序地解释一种事物并形成知识的，则皆可以称为科学，诸如物质、能量、生命、性、心理等都属科学研究的范畴。

科学方法主要有归纳法和演绎法。归纳法为实验法。要想得到正确的前提，必须从实验开始，通过实验明了各种现象之间的关系，而后就会有假设的产生，最后形成理论。先有实验而后有事实，最后有科学上的公式和理论的发明。归纳法是从感官开始，无感性认识就无归纳，就不会有知识。而演绎法是归纳法的进一步发展，从理论再推导到现象。归纳与演绎相辅相成，这是科学方法的特点。"科学与其他学问不同者，以其施用之六法非其他学问所得有，即偶有之，亦不得尽有。故严格之科学，此六种方法，乃缺一不可。……此六种方法维何。一曰观察（Observation）。即研究一种问题，必须就其现象作澈底精确之审视测度，以求得其真面目。……二曰实验（Experimentation）。系用物理，化学，及其他种种方法，为人工之尝试。……三曰比较（Comparison）。将所得事实作一比较。如生物之某现象，用观察及实验二方法研究之，可得若干事实。由此可作一比较。或用此研究中所获之事实，与其他生物所有者比较，以求其异同。四曰分类（Classification）。由观察，实验，比较，所获之各点，须分别其种类，各成一组，俾不至紊乱。……五曰演绎（deduction）。此推断之方法也。……六曰证实（Verfication）。即将观察，实验，比较，分类，演绎，所得之结果，反复作之，以求其毫无错误。……以上所言即科学之六法。科学唯有此六法，所以与哲学文学及其他所谓社会科学者，不可强同也。此六者之中，除演绎一法外，其余五者之归纳法（inductive method）。"②

科学方法使科学区别于其他的学问，而科学的核心和根本还在于科学的精神。任鸿隽指出，国人学以明道，而西人学以求真。③ 在中国科学社同仁们看来，"求真"是科学的唯一精神。胡复明指出，"精神为方法之髓，而方法则精神之郛也。是以科学之精神，即科学方法之精神。……科学方法之惟一精神，曰'求真'。取广义言之，凡方法之可以致真者，皆得谓之科学的方法；凡理说之合于事变者，皆得谓之科学的理说；凡理论之不根据于事实者，

① 樊洪业. 中国科学社与新文化运动. http://www.kexuemag.com/artdetail.asp？name=57，2006 年 8 月 14 日更新

② 伏枥. 中国文字之科学性质. 科学画报，11（6）

③ 任鸿隽. 论学. 科学，2（5）

或根据于事实而未尽精切者，皆科学所欲去。概言之，曰'立真去伪'。故习于科学而通其精义者，仅知有真理而不肯苟从，非真则不信焉。此种精神，直接影响于人类之思想者，曰排除迷信与妄从。"① 而任鸿隽起初以"崇实"、"贵确"为科学精神的基本内涵，其后对科学精神作了进一步的阐发，指出它有五大特征：一是崇实，二是贵确，三是察微，四是慎断，五是存疑。② 只有具备这些，科学才是真正的科学。

科学是一门致知求真的学问，而实用和功利只是科学的产物和结果。这一论断，彻底地否定了一般人所认为的科学即是实用的物质技术的看法。那么如何理解科学知识的功利作用呢？对此，中国科学社的卢于道作出了这样的解说："科学知识含有两重意义，第一是格物致知，第二是利用厚生。……所谓格物致知，意思就是说用客观的态度，求物质界的知识。其本身的含义，是唯物的，不是唯心的。……各门科学知识的起源，都是由于人类生活上感觉到的需要而起。由生活需要上所引起的问题，经过人类脑子的思索探讨工作，乃成为有系统的科学。科学的内容，就是说明与人类生活有关系的物质界运动法则，科学的形式即成为我们所说的纯粹科学或理论科学。纯粹科学由许多学者勤劳工作而日益发展，结果乃影响于实践生活，使我们日常生活更丰富更进步，这就是所谓'利用厚生'了。"③

在充分交流与讨论的基础上，中国科学社明确指出：科学是有系统的知识，不是一枝一叶的学问；科学的核心是科学精神。科学从根本上来说，是追求真正的知识的学问，是科学精神和科学方法的整体。中国科学社的任务就是要把科学完整地、根本地搬运回国。对此，时任社长的任鸿隽在1916年召开的第一届常年会致辞中作了这样的比方："譬如外国有好花，为吾国所未有。吾人欲享用此花，断非一枝一叶搬运回国所能为力，必得其花及种子及其种植之法而后可。今留学生所学彼此不同，如不组织团体，相互印证，则与一枝一叶运回国中无异；如此则科学精神、科学方法均无移植之望；而吾人所希望之知识界革命，必成虚愿；此科学所以成社也。"④ 这一观点，在此后的几十年里，被不断地提及。抗战胜利结束后，在谈及科学建国问题时，任鸿隽又再次重申："科学是整个的，一枝一叶不能代表全体；科学尤其是根本的，没有根本休想得到果实。因此，在抗战结束建国开始的时候，我们所需要的是科学。绝不是某种特殊的科学而是科学的全体，这全体，包括一切

① 胡明复.科学方法论一：科学方法与精神之大概及其实用.科学，2（7）
② 樊洪业，张九春选编.任鸿隽文存——科学救国之梦.上海：上海科技教育出版社、上海科学技术出版社，2002
③ 卢于道.科学知识的两重意义.科学画报，7（9）
④ 任鸿隽.年会号弁言.科学，3（1）

理论与应用的科学在内。"①

依据以上关于科学的认识，中国科学社指出，应视科学为一种文化。科学的种子就是科学精神，而培植的方法就是科学方法。所谓科学传播，就是传播以科学精神和科学方法为灵魂的科学文化。他们在各种场合反复强调科学精神是科学的精髓，也是科普的核心内容。

（2）科学以道德为依归：科学进入中国，几经挫折，最后才逐渐为国人所知悉。然而，第一次世界大战的爆发，让全世界的人们感到震惊。论及大战爆发的原因，很多人把国际资本主义的冲突归咎于物质文明的过度发达，并因此而迁怒于科学。当时诅咒科学、批评科学的言论一时四起，并于1923年出现了著名的"科玄论战"。对此，中国科学社的绝大多数成员认为其原因在于，当时国事日非，风俗奢靡，工商业一蹶不振，人心消极，国家前景黯淡，以致人们对一切新政新学皆持怀疑态度。但究其原因，根本还在于人们误认为西方所有的东西都是科学本身。

针对当时的"反科学"的思潮，中国科学社的很多成员，诸如秉志、卢于道、杨孝述等人，纷纷在《科学》和《科学画报》上刊登文章，为民众解读科学，发起了针锋相对的论争。在这些文章中，他们指出科学有其自身的价值，科学的价值不因物质文明的有无而有所增减。人类之间的劫掠与屠戮其因在于人类的道德败坏，而不能怪罪科学，国人因噎废食是不足取的。科学为人类所造之福难以估量，但如果人类用之不慎，科学也可以成为毁灭文明的帮凶。科学固然是有权威的知识，但其本身并不具备善恶，为善为恶全凭人类自己的选择。因此，科学其实是一柄两面有锋的刀，一面可以用来劈开一条无限光明的坦途，而另一面也可以把人类引入九幽十八层的地狱。科学知识的应用，既可以为人类增加幸福，也能使人类多灾多难。人类的命运掌握在人类自己手中，爱好和主持科学的人们，应当知道如何谨慎行事，以使人类走向光明的道路。

在对战争与科学的关系作出解释的同时，中国科学社同仁申明"科学为高尚纯洁之学问，事事不能离乎德育"。"科学，系一种仁爱精诚忠恕信义之学术，其精神一以道德为依归，非徒关于智育而已。科学中之伟人其存心极光明正大，富于民胞物与之精神。"②

中国科学社同仁认为，对研究科学的人来说，他们首先要有求是的精神。科学的工作绝不容许有虚伪。是就是，不是就不是，不能存丝毫的自欺欺人之心。所谓"知之为知之，不知为不知"，才是真正的科学精神。研究科学的

① 任鸿隽.我们的科学怎么样了.科学画报，12（5）
② 伏枥.科学之德育.科学画报，11（4）

人沉浸于科学的精神，事事求真知，这其实就是接受一种伟大的道德教育。其次，研究科学的人必须忠于所从事的事业，不犹豫、不惶惑。科学家的研究能获得成功，全在于实心做事，对科学事业忠诚肯挚之至，如珍爱生命一样珍爱科学。这种忠诚肯挚的精神是科学进步不可或缺的重要精神。再者，科学家必须有大公无私的精神，乐于将科研成果公之于众，以利世人。比前三者更为重要的是，科学家必须具备仁爱之心。科学并非只和智育有关。科学以发现真理为目的，以造福人类为效用。科学大家本着仁民爱物的精神，专治所学，潜心研究，为整个人类谋福利。

同样，社会人士也应知道科学不能离开道德，以真正的精神学习科学，在科学中受道德的熏陶。对此，中国科学社做了具体的阐述："科学所给予青年道德上之培养，如上所言，曰公正，曰信实，曰忠挚，曰仁爱，皆人生德育所必需。吾尝于他处论科学之精神有五：曰公，曰忠，曰信，曰勤，曰久，与此篇所言四者多相同。唯此四者系由科学上所受之训育。'勤'与'久'二者系学者应有之态度，与其所以努力，以图所学之精能。与此篇所论，乃互相表里者也。青年学子宜避免使人错误之观念，勿以科学徒系一种技术，勿以此为个人物质享受之阶梯，更宜痛惩科学败类之所为。以科学之精神，力图深造，不徒为此学之专家，亦必成道德之完人也。"①

（3）科学化不是西洋化：从清末到民初，国人对西学的认识随着西学的传播和国人的接纳程度，呈现为"西技"、"西学"、"西政"三个渐进阶段。中华民国初年，先进的知识分子如严复、陈独秀等人对科学于国于民的重要性已有比较深刻的认识。严复在《与外交报主人论教育书》中所说："今吾国之所最患者，非愚乎？非贫乎？非弱乎？则径而言之，凡事之可以愈此愚，疗此贫，起此弱者皆可为。而三者之中，尤以愈愚为最急。"而"愈愚"必假物理科学而为之。1915年9月，陈独秀在《敬告青年》一文中说："近代欧洲之所以优越他族者，科学之兴，其功不在人权说下，若舟车之有两轮焉"，"国人而欲脱蒙昧时代，羞为浅化之民也，则急起直追，当以科学与人权并重。"新文化运动的倡导者将科学和民主结合起来，以其作为批判传统文化和建立新文明的两面旗帜。②

"五四"时期，国内的知识精英给了科学以热情的关注与深切的希望，认为近代西方文明之特色，全在"科学"二字之中。但在当时很多国人眼里，所谓科学化就是吃大菜、穿西装、进西餐，他们很自然地把输入科学简单地理解为把西洋现有的东西搬回家。中国科学社的很多社员认为，这种认识只

---

① 伏枥.科学之德育.科学画报，11（4）
② 陈旭麓.近代中国社会的新陈代谢.上海：上海人民出版社，1992：392～394

能叫西洋化，而不是科学化。"只会坐火车而不知火车为科学之赐，只会洋化要讲究卫生而不知卫生是科学道理，所以这种文化是不能救中国的，西洋化运动是不可能让中华民族复兴的。"①

面对当时国内对科学的种种偏颇认识和担忧，中国科学社认为在提倡科学化之前，首先一定要弄清科学化和西洋化的关系，回答"中国需要何种科学"的问题。他们明确表示，科学化不是西洋化。中国要从西方引进科学，但不是事事向西方模仿，或把西方的物质文明成果买回家，最后让自己完全西方化。"我们努力之主旨，是在民族主义观念之下，求中国复兴，使中国现代化，能立足于二十世纪。而复兴之道，第一步即当充分科学化！科学是世界的，并非西洋的！不过近百年来科学在西洋特别发达罢了。但是要中国科学发达，并不能以充分西洋化为了事。还得自己向两条路去努力，即我们屡次所说的研究工作与普化工作。"②

总之，在中国科学社同仁看来，科学不是西洋独占的，而是可以中西共享的。科学化在中国首先指国家社会生活的科学化，其次是学术思想的科学化，是要用科学的精神来整顿国家和复兴民族。陈岳生在《写在秉任两先生之后》一文中对如何使中国科学化发表了具体的建议："我国的科学不发达，病根甚多，欲图挽救，应全国朝野，一致奋起，痛下决心，本标兼治。……宜向下列五个目标迈进：（一）转移风气，务使人人重视科学而爱好科学，一扫二千年来侈谈文墨的积习。（二）开通民智，务使人人博具科学基本常识，而能欣赏并认识科学新知，随时代以俱进。（三）厚待学者，务使攻治科学之人，不论其工作为吸收，传播，模造，创作，均能享合理的舒适生活，不徒蒙清高的虚名，而有衣食之不周之实。（四）鼓励企业，务使资财的运用，悉数归于科学的生产，专从研究改良以奠百世之基，不从善舞善贾以谋朝夕之利。（五）普及福利，务使现代科学加于人类的恩泽，不徘徊于都市大埠，而遍达于穷乡僻壤，以造成全国科学化的环境，以养成全国科学化的心理。"③因此，所谓的科学化是要引导中国从传统走向近代，是中国社会变革的必经之路和主要内容，它的结果不是也不应该通向西洋化。

2. 走本土化的科普之路

在中国这片有着深厚传统的土地上，儒家思想、封建制度和愚民政策一起生息繁衍了几千年，传统文化和陈规旧习根深蒂固地渗透在中国人的血脉之中。要传播科学，要普及科学，首先必须面对中国积累了几千年的传统文

---

① 卢于道. 中国科学社与二十年来之中国文化运动. 科学画报，3（6）
② 卢于道. 中国之科学化运动. 科学画报，3（24）
③ 陈岳生. 写在秉任两先生之后. 科学画报，12（5）

化。可以说，中国科学社在中国普及科学的过程，实际上也是对几千年封建文化宣战和改造的过程，是根据国情民情不断探索本土化科普之路的过程。

（1）从改造民族心理入手，促进科学传播：从鸦片战争到民国初年，科学在中国的传播已有80年的历史。若更进一步追思慕远，"中国人对西方科学技术的认识与追求大致可以追溯到晚明时期。"① 但在中国科学社成立之前，科学输入中国的步伐非常缓慢，尤其在对科学精神的认识方面一片空白。当时的中国缺乏科学的环境，科学传播的意识非常淡薄，不但多数人不知道科学是什么，就连一个专讲科学的杂志也没有。②

为何提倡科学如此多年，民众对科学的认识仍近于无知？中国科学社从文化和民族心理的角度对此作了分析。他们认为，科学的文化和中国传统文化是两种不同的文化。中国传统文化对科学是不尊重的、轻视的。所谓"形而上者谓之道，形而下者谓之器"，"德成而上，艺成而下"的观念牢不可破。国人普遍认为科学无论如何高深，还是属于艺和器的范畴，终究不如道和德那样超凡入圣。正是这种本土文化的长期浸润，国人对来自西洋的科学，先是排斥与鄙视，后又盲目推崇，但骨子里仍对它不以为然。这种文化心态非常不利于科学在中国的普及。"中国科学不发达，不纯是政治不良；实在是民族性使之如此，中国的民族性妨害了科学的活动，是科学的致命伤！"③

国民性优劣与否的问题暂且置之不论，由于历史和传统的积淀，国民中至少有三种风气在持续影响并阻碍科学的传播。其一是个人主义。传统的家庭教育灌输给子女们的是少管闲事的处世态度。此种积习导致一般的民众国家观念薄弱、公益观念缺乏。而个人主义又容易引发个体的领袖欲与妒忌心，表现在科学技术研究上就是推崇"独得之秘"。其二是自然主义。自然主义的一个特征是崇尚直感，进而表现为崇拜天才，实则是一种逃避实验、畏惧艰苦的心理意识，由此造成国民探索研究精神的衰退。而"整个科学的基础，完全是筑在这实验精神上。更不是畏难含糊、自得其乐的性情，所能为力的。"其三是保守主义。由利己和畏难，而终于走上自满、不进取的保守之路。"保守性使得我们不进取——不永远地进取；同时消极地养成自足无为的风气。"④

简言之，国民的愚昧集中体现为盲从迷信的心理。而普及科学的根本要旨就是要彻底改造民众的这种心理，使他们具有致知求真、探索研究的

① 陈旭麓.近代中国社会的新陈代谢.上海：上海人民出版社，1992：392
② 樊洪业.科学救国之梦——任鸿隽文存.上海：上海科技教育出版社、上海技术出版社，2002：716
③ 何鲁.民族性与科学教育（摘录在中国科学社第十九次年会演讲稿）.科学画报，2（8）
④ 江之蕃.告从事科学的同志们.科学画报，4（12）

精神。中国科学社在这方面做出一系列的努力：其一，尽量将科学所发明的事物，用浅显的文字，明白的图书，向大众传播，力求使他们个个能够读得出，看得懂。让他们晓得某种发明的器用，它的构造是什么样的，所应用的是什么原理。由此，那些宇宙间常见事物与现象，民众从前所认为的神秘现象和迷信传说，都能得到科学的解说，去除神秘的面纱，让以前的"独得之密"成为民众能获得并理解的公开知识。其二，提倡实验和动手的精神，打破中国民众轻视动手的心理。因为"手和脑子决不可离开，彼此合作就可以万能，离开了即各无所能。……我们应当训练儿童运用斧头凿子，更应当训练他们的思想能力和养成他们的良好习惯。我们须使双手能服从脑子的命令，但脑子必须先有运用双手的能力。"① 其三，言传身教，实际指导民众的作业。中国科学社及其成员认为科普宣传者必须深入民间，参加指导工作，使民众得到科学的实际利益和经验。譬如，向农民传授一些关于选种、施肥、捕虫、灌溉等新方法，使他们的收成好一点，他们自然会用科学的方法种田。再如将一些新工具和新方法介绍给工人，使他们的产品更优良，同时还省时省力，他们也会按科学的法子去做。或者更乐观的是，将来如果工作上出现困难，工人们就会按照从科学法子中获得的启发来思考解决办法，这无形中就养成了他们的科学精神与态度，这是改变民众的根本办法。②

（2）切近生活，使科学平民化：长期以来，由于国内传播科学的人数少，学问低，大多没有经过系统的西学学习，本身对西方科学缺乏系统和本质的认识；传播的内容局限在制造、农学、理化等部分学科；传播的方式主要是翻译书籍和发行报刊，不仅存在时间短，而且传播的范围和时间也有限；因此，科学传播的受众主要局限于知识分子和识字青年，绝大多数不识字的普通民众很少有机会和能力阅读科普书籍和报刊。

中国科学社把开展科普的对象确定为普通民众，并认识到民众有自己的观念和语言，自己的行为习惯，自己的思维方式。因此，要让民众在科普中获益，在科普中改变，真正实现科学化，必须用民众喜闻乐见的形式，让科学贴近民众的生活，使之成为民众生活的一部分。

为了实现科学平民化，针对中国民众生活的现状，中国科学社首先将科普锁定在改变民众的日常生活习惯上，认为这是当时最紧要、最迫切，也是最普遍、最容易做到的事情。因为教育不普及，我国民众中文盲不识字者居多。他们的日常生活习惯相当不卫生、不科学。最普遍的表现是民众不知洁

---

① 梅迟.要制造，先设计.科学画报，4（7）
② 程时煃.怎样使民众科学化.科学画报，1（10）

净，日常的衣、食、住三者处处污垢，以致疾病和瘟疫时常发作，人民死亡率多于其他国家，尤其是婴儿死亡率之高令人心悸。另外，如早婚、多妻、裹脚等，也都是延续多年但相当不符合科学的坏习俗。[1] 对此，中国科学社"以养成科学之习惯为号召。俾全国人民皆能获科学常识。自饮食起居，以及为人作事，悉能本乎科学之原则。将旧日习惯观念之不合乎科学者，痛行革除。一旦能达此地步，即民族复兴实现之日也。"[1]

另一个和民众生活休戚相关的问题，就是长期以来占据并控制着民众思想意识的封建迷信。求神拜佛，怪力谶纬，无稽传说等旧习在中国民间很有市场。中国科学社认为要改变这状况，"对症发药的方案，就是普及科学智识。将科学所发明的事物，用浅视的文字，明白的图画，让求智识的大众，个个能够读得出，看得懂。"[2] 也就是说，用民众能够理解的方式，将看似神秘的东西变成公开的智识，让民众自觉意识到其中的玄机和奥秘，自己来做解构迷信与摆脱愚昧的工作。只有这样，民众才能真正接受科学，获得对其生活和人生有用的正确知识。

中国科学社感到，科学难以深入民间还和传播者使用的科普语言有关。民国初年流行的科学术语因各种译音没有统一，使接触科学的人常常茫然不知所谓，从而望文生畏。例如，"毒气"一词本来很好理解，偏偏有些人要用"毒瓦斯"，结果把民众本来懂的东西反而弄不懂了。因而，要民众接受科学，其叙述必须通俗易懂，其用语必须浅近生动。在中国科学社成立之初，中国科学社就注意到了国内科学概念、术语译法不当、繁杂不清的问题，他们花费大量精力，团结国内的科学家，并与当时的教育部合作，共同推进科学名词的审定工作，注意从中国固有的文字和语言中寻找科学名词的组合要素，经过十多年的努力，终于完成了科学进入中国的基础性工作。而这实际上是向中国民众普及科学文化的关键性举措。

民众科学素养的提高还有赖于地方社会政治经济文化的发展。要使国民科学化，需要对其生活的社会环境加以建设，而地方经济文化建设的展开通常是推动民众参与科学应用和科学普及的最好过程。中国科学社建议，地方政府在开展经济文化建设时，应尽量为民众创造与科学的奇异产物接触的机会，从而激起其好奇心与求知欲；通过民众的自主设问求答，科学常识便可自然地进入他们的脑海。这样，民众的科学精神、态度习惯等就可以在地方经济建设的过程中渐渐养成。

中国科学社认为，从长远看，科普的潜在力量是民众自身。要将科学之

[1] 伏枥. 反科学. 科学画报，11（2）
[2] 邹树文. 从误解与迷信说到普及科学. 科学画报，3（20）

血输入到全体中国人身上，需要全体中国人的努力。他们号召所有获得某些科学知识的民众，能用他们理解的语言向他们周围的人做宣传，人人都来做一个科学的传播者。为此，他们向《科学画报》的读者提出了两点建议。"1. 知之行之　读者每读到一篇有用的文字，或卫生方面，或工艺方面，甚至各种科学小玩意儿，立即在可能范围内应用之，实验之。应用及实验之结果，非但足以增加读本报之兴味，以及立时见效之功验，且每每可以借此而引起新发明。诸君不要以为爱迪生、马可尼诸发明家为神圣不可及，彼人也，予亦人也，有为者亦若是。我国专家现在尚不到一万。若本报二万余读者能自己科学化，作科学思想，科学实验，岂非在科学家之队伍内，又增加了三万勇士？2. 知之传之　本报用图画及文字来灌输科学知识，但是有多少不识字之同胞，以及未有见到本报机会者，当然不在少数。所以我们又敢希望读者知道某种科学事实之后，不惮烦地以口传之。以一传十而言，二万读者即可推广至二十万，岂非本报无形中大了十倍的效验么？同样岂不是上面所说科学家之队伍中，又增加了二十万的生力军么？"①

（3）针对受众特点，采取有效的科普手段：在面向民众的科普宣传中，中国科学社同仁很注意分析不同受众群体的特征。他们既关注儿童的成长，又关注女子的教育；既探讨工人的教育，也研究农民的教育，然后针对不同的群体，采取不同的科普教育的方法，取得了卓有成效的效果。中国科学社对各种群体都进行了科普宣传，但相比较来说，中国科学社对科普教育的论述主要集中于阐述儿童的科学教育上。"吾国先哲之论教育也，最注重由儿童入手，可先入为主，蒙以养正者是也。近世各国之教育亦无不同此旨趣"②，中国科学社的同仁深知，民众科学素养的提高是一个长期的过程，而儿童决定着国家的未来。他们把中国科学振兴的希望寄托在健康发展的新生代身上。

在议论到儿童的科学教育时，中国科学社社员认为，科学教育对于受教育的儿童来说首先在于科学精神的培养，而当时国内儿童面临的教育方式与教育环境恰恰是使儿童丧失了探索求知的科学精神。其原因推究起来，简单地说，有几种理由：成人不能利导儿童的好奇心；儿童戴上了迷信的耳朵套；儿童太成人化了；受了文字的毒；正课看得太重；功利的观念太深。③ 他们强调，科学教育必须注意保持儿童对于自然想象和日常事物的好奇心和探究精神。富于好奇心是儿童的天性，而儿童的好奇心与科学家的好奇心并无二致。好奇心是一切科学发明进步的永动机。世界对于儿童来说是一大宇宙奇观，

---

① 卢于道.科学的国家与科学的国民.科学画报，3（12）

② 秉志.儿童科学.科学画报，10（2）

③ 廖世承.儿童与科学（为纪念儿童节说几句话）.科学画报，2（17）

他们对整个世界充满了好奇心。花、鸟、虫、日、月等等小对象在儿童的心里皆是有待研究的问题。因此，大人要启发开导孩子，使孩子的好奇心有增无减。

根据儿童的特点，中国科学社认为儿童科学教育最易着手改进的就是玩具。玩具是儿童的天使，儿童的朋友。对儿童的玩具加以改良，使其能体现科学道理，这样儿童就可以在愉快玩耍中感悟到科学。其次，要为儿童提供富于科学内容的读物。这些读物应有较广的范围，天文、地质、物理、化学、植物、动物甚至农、工、商以及一部分社会科学都可以涉及。其所用的文字越浅近越好，尽可能多用插图，使儿童喜欢它们，以唤起并增强他们的兴趣，从而在阅读后能够留下深刻的印象。它们的印刷应以简洁为主，而价格应尽可能低廉，以便贫寒的儿童可以容易得到。① 为此，中国科学社在其出版的科学普及刊物《科学画报》设置了众多针对儿童的栏目，例如"小玩意儿"、"小工艺"、"家庭化学实验"等等。另外，还出版了一些针对少年儿童动手制作和动手实验的图书：例如《家庭化学实验》、《废物利用》等。

中国科学社同仁非常关注儿童生活环境对其发展的影响。他们强调"儿童所处之环境，宜使之科学化。其父母教师可利用之，以为灌输科学常识之机会。家庭与学校之中，若多得含有科学意义之玩具及读物，其环境已几科学化矣。"①

儿童除在学校接受教师的教育外，大部分时间在家里领受母亲的言传身教。从促进儿童教育出发，妇女也自然地成为中国科学社实施科普的重要对象。中国科学社同仁指出，妇女接受科学教育有很多好处。其一，可以使家庭生活科学化。女子接受诸如数学、物理、化学、生物学、地质学之类的自然科学知识，有助于养成格物致知的精神，形成有条理的思维；通过科学方法的训练，女子的思维可以更有逻辑性、系统性、层次性，这将提高女子待人处世、处理日常生活的能力。另外，妇女掌握必需的科学常识，将使家庭的生活起居合乎卫生的原则②。其二，妇女接受科学教育，可以为儿童的科学化提供帮助。妇女与儿童最为接近，家庭中孩子的看护全靠妇女，幼儿园的老师也多由妇女担任。妇女受到良好的科学训练，其对孩子的看护自然会遵循科学的原则。儿童在其母亲、姐姐和老师的科学教育下，就能养成良好的习惯和健康的身体。其三，妇女受到科学的教育，既可强种，提高其后代素

---

① 秉志. 儿童科学. 科学画报，10（2）
② 秉志. 科学与女子教育（在重庆女子中学演讲）. 科学，18（6）

质,也有望成为自食其力者①。

关于妇女科学教育的工作,中国科学社还提出可根据妇女实际的社会角色,根据其相夫教子和秉持家政的需求,可以"于各门基本及社会科学之外,特别主张其习家政学及医学也。"② 对于少数富裕家庭的妇女,可以鼓励其进学校学习,通过学校教育获得科学知识,并从事科学研究。而对于贫寒之家的妇女,中国科学社呼吁所有"国内热心人士,有科学之专门知识者,宜为妇女编著科学之读物。有资财者,宜设法捐助,俾贫寒之妇女,皆有求习科学之机会。"①

二、科普的主阵地:《科学》和《科学画报》

中国科学社的科普工作,根据其内容和对象的变化,大体可以分为前后两个阶段。第一阶段的重点是传播正确的科学概念,让国内少数有相关知识的人接受科学并树立正确的科学观,以便让科学在中国有立足的空间。到了20世纪20~30年代,随着中国国内科学团体的普遍建立和科学刊物的大量出现,鉴于当时民众对科学的淡漠与误读,配合国家对民众教育的关注和提倡,中国科学社感到,普及工作不能仅局限于知识阶层。对一个国家科学的发展来说,既需要致力于科学研究的人,也需要对科学感兴趣、支持科学的大众和社会,以及社会和大众投资并支持科学发展的环境。于是,中国科学社的科学普及工作进入了侧重对民众进行科普教育的新阶段。作为这两个阶段开展科普宣传的主要阵地,则是中国科学社先后创办的两份刊物:《科学》和《科学画报》。

（一）先锋杂志:《科学》

1915年1月,《科学》诞生在中西文化的交冲要地上海。作为中国科学社的机关刊物,《科学》月刊是当时中国科学社传播科学的唯一阵地。虽然《科学》月刊的定位是要成为与英国的《自然》、美国和日本的《科学》相仿的科学类学术专业期刊,在办刊过程中也力求朝这个方向努力,但实际上它一直承担着普及科学知识的历史重任③。《科学》的刊行,开启了一个科学在中国传播和发展的新时代。

1. 刊物定位

《科学》"创刊号"中有"发刊词"和"例言"两文。"发刊词"主要阐述了科学的强大作用。它首先强调科学与国家的富强有直接的关系;其次说

---

① 伏枥. 妇女科学. 科学画报, 10 (3)
② 秉志. 妇女科学. 科学画报, 10 (3)
③ 杨孝述. 十年回忆. 科学画报, 10 (1)

明科学有助于改进人类的物质生活；进而认为科学可以提高人类的寿命，可以影响人类的智识，并与人类的道德也有莫大的关系。

如果说"发刊词"集中宣传了科学对于一个国家和民族以及民众生活的重要意义，指出未来中国的进步，依靠的不是从故纸堆中爬梳出来的"国故"，而应是科学的话，那么"例言"则从整体上说明了发起《科学》的原因和目的，并规定了《科学》办刊宗旨与内容："文明之国，学必有会，会必有报，以发表其学术研究之进步与新理之发明。故各国学界期报实最近之学术发达史，而当世学者所赖以交通智识者也。同人方在求学时代，发明创造虽病未能，转输贩运未遑多让，爰举所得，就正有道。他日学问进步，蔚为发新创作机关，是同人之所希望也。本杂志虽专以传播世界最新科学知识为职志，然以吾国科学程度方在萌芽，亦不敢过求高深，致解人难索。每一题目皆源本卑近，详细解释，使读者由浅入深，渐得科学上知识，而既具高等专门以上知识者，亦得取材他山，以资参考。为学之道，求真致用两方面当同时并重。本杂志专述科学，归以效实。玄谈虽佳不录，而科学原理之作必取，工械之小亦载，而社会政治之大书，断以科学，不及其他。"①

由上可见，创办《科学》月刊的目的，不但是要传播世界最新科学知识以促进科学的研究，还要发表科学研究结果以建立学术的权威。② 考虑到杂志的创办人均是在读留学生，当时的大部分国人连"科学"是什么都不知道，《科学》很难一下子办成高层次的专业期刊。于是"例言"提出了一个分步推进的设想：第一步，侧重在"转输贩运"，集中传播世界最新的科学知识，定位于"传播"二字上；第二步，等各位社员学问长进、科研成果不断涌现之后，再逐步将《科学》办成一份交流最新研究成果的高水平的科学专业期刊。

2. 内容变化

根据上述刊物定位，随着时代的发展和中国科学社科普的进程，《科学》月刊的内容前后有一些变化。早期因国内几乎没有其他科学期刊，《科学》的侧重点又在"转输贩运"，杂志的科普色彩较浓烈。除了一些学术文章和有关中国科学社的所有消息外，还刊登了许多科普性文章。随着时间的推移，其他科技社团和大学同类期刊相继问世，尤其在《科学画报》创刊以后，《科学》月刊的学术专业特色日益凸现。从刊登的文章内容来看，在 1915–1949年这 30 多年间，《科学》的办刊风格有比较明显的变化，大体可以分为三个

---

① 例言.科学，1（1）

② 樊洪业等.科学救国之梦——任鸿隽文存.上海：上海科学教育出版社、上海科学技术出版社，2002：718

阶段。

第一阶段，宣传科学基础知识。

在《科学》月刊的前3年（1915～1918），所刊文章以宣传科学效用及解释科学原理的为多；从格式来说，首倡横排向右的排版方式，方便了数理化符号、公式、阿拉伯数字等科技信息的表达；同时，为不使"词义之失于章句"，最早引入和使用了标点符号。①

这一阶段《科学》的主要任务是致力于科学基础知识的宣传，力求使科学事业能获得社会的认同与支持。以1915年发刊的第一卷为例，该卷共有署名作者34人，刊载文章130篇，内容主要包括几个方面：一是"通论"，如《说中国无科学原因》、《近世科学的宇宙观》、《战争与科学》、《发现与发明》、《学会与科学》、《科学上的分类》、《科学与工业》、《科学与教育》等文；二是专门介绍某门科学的文章；此外，还有大量译述当时西方出版物的文字。这些文章的重点在准确而规范地传播"科学"概念，使国人头脑中的这一概念从朦胧走向清晰。

第二阶段，推动本土科学研究。

1919年前后，随着中国科学社的社员陆续回国并在国内高等学校和科研机构占据重要岗位、发挥积极作用以后，社员在科学研究方面有了不同程度的进展，科研成果开始涌现。为此，1922年中国科学社发出了"科学往研究路上去"的号召。似乎从第四卷开始（1919～1935历时10余年），《科学》渐渐注意登载国内科学家的研究成果，出现学术性论文逐渐增多的趋势。以第十一卷为例。这一年12期杂志共刊登专业文章80篇，其中有3个专号，"生物化学专号"（第8期）"泛太平洋学术会议专号"（第4期），"天演说专号"（第5期）。1925年，中国科学社年会宣读的学术论文皆刊登在第10期上，其中由中国科学社社员所写的文章占总数的73%。为详细说明其中的内容，现将第十一卷全部12期刊载的文章按类统计如下（见表2）：

表2　《科学》第十一卷12期刊文统计表

类别	通论	算学	天文	物理	化学	地学	生物	工业	工程	飞行
篇数	7	6	4	6	15	9	19	3	2	1
页数	102	184	67	99	294	212	243	31	17	108

---

① 智效民.任鸿隽的科学救国梦. http://www.china.org.cn/chinese/ch－yuwai/229752.htm

类别	矿冶	农林	经济	卫生	附录	杂俎	记事	插图	总计
篇数	1	1	1	5				80	
页数	14	5	40	66	86	130	25	42 帧	1723

从上面的分类统计可见，算学、物理、化学、天文等 14 个专业的文章占全部篇幅的 85%，而具有科学普及性质的通论、杂俎加在一起仅占全卷内容的 13.4%。这和《科学》第一卷主要刊登"通论"性质和介绍国外科技成果的文章形成很大的反差。而且就该卷"杂俎"的内容而言，其中一些文章也需要具有一定的专业知识才能读懂。以十一卷第 9 期"杂俎"为例，其中《机械制冷》、《甘旨柠檬水之研究》、《人之体温与副肾腺之分泌物》、《炭极电弧之辐射》、《氨之凝固》、《新式放热器之发明》、《制造硬钢之新方法》等篇目，介绍了许多国外的新发明和小研究，题名也颇有趣，但从内容看需要一定的专业知识才能理解。显然，这一时期《科学》的受众定位已侧重于具备了一定科学知识基础的学者和大学生。

第三阶段，以学术为重，兼顾其他。

第三阶段（1935~1949）是《科学》杂志正式改版发行的时期。20 世纪 30 年代，随着各专门学会、专门期刊以及大学学报的大量出现，《科学》月刊的内容与宣传形式面临挑战。1934 年下半年，时任山东大学生物系主任的刘咸出任《科学》专职编辑部长。刘咸上任后对《科学》前 18 卷的工作做了总结："十余年来，举凡国内外科学家用国文写作之科学论文，大都载本志发表。计先后登载之各种纯粹及应用文科学文字，及有关科学记事，都二万九千零四十二页，论题以千数计，依其性质，汇别为三十三大类，所以记世界科学之进步，及吾国科学家之贡献。"[①] 刘咸指出，《科学》创刊 20 年来，世界科学发生了天翻地覆的变化，中国虽然国家政局动荡，经济穷困，但科学事业的建设还是有了很大的发展。过去，由于国内科学杂志稀缺，《科学》月刊作为主要的科学传播阵地，不得不兼收并蓄，范围宽广，论题芜杂，文字水平参差不齐，行文不分对象。现在我国科学的发展已经达到"渐趋于高深及专门化"的程度，尤其在地质学、生物学等方面已经可以和近邻日本相媲美。环顾国内，各种专门学会次第成立，各种专门科学期刊也纷纷创刊。王敬熙在评论各种科学期刊时说到"十几年前《科学》或者能称为一种好杂志，近年来《科学》已变成一种不够专门难称通俗的杂志了！"[②]《科学》自然需

---

① 刘咸. 《科学》的改版宗旨与方案. 科学, 1934, 19
② 王敬熙. 论中国今日之科学杂志. 独立评论（第 19 号）, 1932 - 9 - 18

要重新思考自己的杂志定位问题。在新任主编刘咸的主持下,《科学》改版问题进入操作层面。

改版之后的《科学》①,以广播科学知识,提倡科学建设为目的;取材以"能使读者发生科学兴趣、能记述科学进步、能传播科学消息"为标准;内容"力求科学知识之普遍化",使初学者读之不觉深,专门家读之不嫌浅;读者定位在最低程度为中学生,然后是中等学校理科教员,然后是专门学者。改版后的《科学》设有"社论""专著"、"科学思潮"、"科学新闻"、"书报介绍"、"科学通讯"、"科学拾零"等栏目,1936年增加类似论文摘要性质的"研究提要"。总体来看,从第二十卷起(1935~1949),《科学》转向主要发表科学界学者专家在各领域的新贡献新发明和专门研究的文章。

1934年,中国科学社年会决定,由理事会分学科门类聘定编辑。当年被聘的《科学》编辑部成员有国立中央大学地理系教授张其昀、中国科学社生物研究所植物部主任钱崇澍、中央研究院气象研究所技师吕炯、中国科学社总干事杨孝述、中央研究院心理研究所技师卢于道等18人②。他们涵盖了数学、物理、化学、天文、气象、地理、地质、动物、植物、人类学、心理学、药学、建筑学、农学与工程技术等学科门类,是各学科的代表人物,大都"有声于世,可谓及一时之选"。同时,《科学》还在国内主要的科研机构和大学广聘热心科学事业的特约通讯员,每月报告一次该机关的最新动态,诸如研究成果、科学家言行等。至此,《科学》月刊的学术特征已经非常明显,基本上为一份专门的科学期刊。

从《科学》杂志几十年的办刊风格来说,它虽是一份以"传播世界最新科学知识"为宗旨的刊物,但传播的对象主要是知识阶层,而不是一般的普通民众。由于《科学》的读者群和作者都具有各种不同的学科背景,因而,《科学》所登文章视角相对比较宏观,题材比较广泛,在强调内容系统新颖的同时,也注重一定的理论性和学术性。

《科学》杂志的办刊风格使得它的读者群相对比较固定。它的订户主要是国内所有中等以上的学校、图书馆、学术机关、职业团体,销路大约不超过

---

① 1935年8月出版的《科学画报》第三卷第一期的封底页刊载出的出售《科学》杂志的广告有如下内容:"全国科学家/贡献学术界的大本营/国内灌输科学知识的/最大定期刊/月出一册已历十有余年/论述最新颖/资料最丰富/门分类别应有尽有/凡愿追踪近世科学之进步/而免致落伍者不可读。(上述文字为竖排分列,加双划线以区别,笔者按)自二十四年第十九卷起刷新内容改进编辑方法计分社论,专著,科学思潮,科学新闻,书报介绍,科学拾零,各栏文字务求明白晓畅生动有趣担任编撰者皆国内第一流科学家。"

② 参见《科学》1935年第二十卷内封面。

3000 份①。从 1915 年到 1950 年的 35 年间，《科学》共出版 32 卷，刊载论文 3000 余篇，约 2000 余万字。这一成就在近代中国科学研究与传播史上有着重要的意义，以致英国著名科学史家李约瑟曾将其与美国的 Science、英国的 Nature 并称为 Science ABC②。这本中国近代发行时间最长、内容最为丰富的科技学术期刊，是中国科普史上的第一座丰碑。

（二）大众杂志《科学画报》

1. 创办与影响

（1）《科学画报》的诞生："五四"新文化运动以后，中国人张开双臂热烈地欢迎"赛先生"，科学在中国的地位急速提升。与此不对称的是，当时国内非常缺乏适合青年阅读的科学刊物。中国科学社意识到了这个问题。20 世纪 30 年代他们决定把科学普及作为重点工作，花大力气让科学走向民间。怎样实现这个目标呢？社内曾有人主张将《科学》改版，使之成为通识性的科普读物。考虑到《科学》月刊的创办历程与中国科学社社员的专业发展一直紧密结合，在当时国内外学术界已经很有影响，多数社员不愿改变其已有的学术定位，于是中国科学社决定再创办一份刊物——《科学画报》，专门负责向民众传播科学和开展科学普及教育。

《科学画报》的创办，离不开《科学》月刊编辑杨孝述的积极倡导和奔走筹备。1933 年 5 月，曾留学法国的冯执中到中国科学图书仪器公司拜访杨孝述。他向杨先生出示了自己编辑、中外书店出版的《科学知识》一书，并提出愿意为中国科学社创办一份与《科学知识》具有同样性质的通俗科学期刊，条件是允许他同时办一个"科学情报处"。③而时任中国科学社总干事的杨孝述，早在 1931 年就有编辑一份通俗科学周刊的设想，并对该周刊的组织、内容、预算、筹款等均有详细考虑。在看了《科学知识》之后，杨孝述觉得它浅显、新颖、有趣，非常适合民众和青少年阅读，同时感到冯执中的建议和自己的想法不谋而合，于是答应积极促成此事。此后，他一面与科学图书仪器公司的几位董事接洽，一面又与中国科学社的几位理事商量，结果大家都表赞成。当年 6 月，中国科学社举行的理事会上，杨孝述提出"举办民众科学化运动"一案，列举了三项办法：第一是科学影片巡回演讲，第二是发行通俗科学画报，第三是编辑实用科学小丛书。多年后，杨孝述回忆道"那时我感觉到周刊不容易办，还是办月刊，而且要科学通俗化，必须多插

① 樊洪业.科学救国之梦——任鸿隽文存.上海：上海科技教育出版社、上海技术出版社，2002：718

② 任鸿隽.中国科学社社史简述.文史资料选辑（第 15 辑），中华书局，1961

③ 杨孝述.十年回忆.科学画报，10（1）

图，不若就用画报二字较为动听。"[1] 理事会对上述提案进行了认真的讨论，最后欣然同意，一致决定：刊物定名为《科学画报》；刊物由中国科学社编辑，中国科学公司发行；聘社友冯执中担任经理编辑；特约编辑由杨孝述接洽聘请。[2]《科学画报》创刊后，由杨孝述任主编，聘冯执中为经理编辑，知名科学家曹惠群、周仁、卢于道等担任常务编辑，知名科学家秉志、竺可桢、任鸿隽、赵元任、裘维裕、茅以升、汪胡桢、伍献文、柳大纲等是特约撰稿人。靠着杨孝述的积极奔走联络和社中各位同仁的大力支持，筹划了两三年的《科学画报》，终于在 1933 年 8 月 1 日诞生于上海。

（2）《科学画报》的宗旨：《科学画报》面世时，中国科学社社长兼《科学》月刊编辑部部长的王琎（时任中央研究院化学所所长）在"发刊辞"中明确阐明了办刊宗旨："中国科学社此次发刊《科学画报》的宗旨，最主要的就是要把普通科学知识和新闻输送到民间去。我们希望用简单明了的文字和明白有意义的图画或照片，把世界最新科学发明、事实、现象、应用、理论以至于谐谈游戏都介绍给他们。逐渐地把科学变为他们生活的一部分，使他们看科学为容易接近可以眼前利用的数据，而并非神秘不可思议的幻术。古人说'百闻不如一见'，图画与实物最为相近，看了图画，虽不能如与实物相接触之一见，然比较空谈已胜过不少，至少可以说得半见。我们希望这呱呱堕地的《科学画报》，可以做引大众入科学的媒介。不过，本社同人俱别有任务，对此重大使命，还怕能力不够负担。希望国内各界与以赞助和批评，并供给材料，使这小小刊物，由播种而开花而结实，以供大众的收获，这就是同人最馨香祷祝的了。"[1]

由此可见，《科学画报》的定位与《科学》不同。它是一份专门面向大众的通俗科普读物，主要面对普通民众和学生这两个不同的群体，通过"介绍新科学知识"和"补充实用理科教材"，把大众引入科学，将科学变成大众生活的一部分。

（3）《科学画报》的卷期变化：《科学画报》创刊不久就爆发了抗日战争。随着时局的动荡，其卷期也有很大变化。前 4 卷的出版相对正常，每年各出版 24 期，一期不落；每期正文 40 页，一页不少；每月基本能准时出版。这是《科学画报》发展的鼎盛期。

从第五卷（1937.8.1～1939.6.1）起，上海发生了日军侵华、淞沪抗战和上海沦陷等一系列事件，《科学画报》的编辑出版发行面临着相当大的困难。编辑部根据当时的特殊局势竭力运作，历时近两年勉强出完第五卷全卷。

---

① 王季梁. 发刊辞. 科学画报，1（1）
② 杨孝述. 十五年前——回忆本报的诞生. 科学画报，13（9）

实际上，第五卷起就已经由半月刊沦为月刊。之后的第六卷正式改为月刊。据当时《科学画报》总编辑杨孝述女儿杨姮彩的回忆，在抗战最艰苦的岁月里，上海是个孤岛，刊物无法发往内地，但通信尚可，杨先生就把刊物一页页撕下来，作为平信寄给在桂林上学的她，再由她翻印向大后方的读者发行。[①] 第六卷第4期内刊登的《中国科学图书仪器公司邮寄部启事》[②] 印证了她的回忆。随着战事的扩大，《科学画报》要坚持出版已越来越困难。这种生存的艰辛在第十卷有比较集中的反映。该卷第1期第一篇文章即是题为《发刊十年感言》[③] 的社论，里面谈到了诸如交通阻滞，邮递不便，集稿不易，时常停电，纸张缺乏，销数大受影响等许多困难。此后，尽管《科学画报》在困境中坚持出版，但根本无法按原定时间刊出，第十卷只能以10期为全卷。其后的第十一卷仅有9期。

抗战的胜利使《科学画报》有了转机，虽然这种改善随即被内战所扰乱，但总体来说，这一时期的发行渠道比战前畅通，出版环境也有了明显的变化。从第十三卷第7期（1947.7）起，《科学画报》就以"介绍最新科学知识"与"补充实用理科教材"两大主题统领各个版块。第十四卷全部以这种方式排印出版，出齐12期，顺利刊完全卷。1949年5月27日上海解放，政权变革和社会的动乱与治理都体现在《科学画报》第15卷中。第5、6、7三期合刊和第10期起"目录页"中用"1949年"取代"民国卅八年"都是一个简明的例证。

（4）《科学画报》的影响：《科学画报》出版后，立即吸引了很多热爱科学的青年学生和民众的注意，对提高广大群众的科学水平，启发青年爱好科学、投身科学事业起了很大的作用。当今的不少著名学者、教授、科学家，青少年时代都曾受到它的熏陶和启发。在《科学画报》创刊50周年之际，著

---

① 原文出处：丁守和主编.辛亥革命时期期刊介绍（第三集）.北京：人民出版社，1983：1～4.转引自关培红.中国一本历史最久、影响最大的科普期刊——《科学画报》.中国科技史料，1993，14（4）：25

② 第六卷第2期开始在目录页刊出《中国科学图书仪器公司邮寄部启事》。在这一启事中称："国内各地交通阻滞，上海邮政局对于各种印刷品，除认为新闻纸类外，时收时拒，并无把握。至于大包印刷品以及挂号印刷品，不论书籍杂志，目前绝对不能邮寄。内地购书诸君，往往函嘱快邮或挂号，敝公司实难办理。现在书籍杂志只可平寄，或请托贵地大书局代购，由该局整批装箱转运，虽多费时间，亦可达到也。"而后《科学画报》所遭之困难程度进一步加深。第六卷第9期中国科学图书仪器公司邮寄部刊出《中国科学图书仪器公司邮寄部紧要启事》（1940.3.1）"国内各地交通阻滞，上海邮政局对于浙闽赣湘粤桂滇黔川康陕陇等省区，除认为新闻纸类之刊物外，其他印刷品暂不邮寄。上列各省购书诸君请向香港康乐道西田七号正兴公司，皇后大道，会文堂书局，生活书店及启文丝织厂，大道中七十四号美美公司等书局接洽。科学画报请向桂林西成路五号科学印刷厂代定，最为简便妥当。"

③ 云.发刊十年感言.科学画报，10（1）

名科学家茅以升、周培源分别奉送"开路先锋"、"科普先锋"两则祝词,以示庆贺。我国著名的量子化学家、中国科学院上海冶金研究所研究员陈念贻在《〈科学画报〉和我的少年时代》一文中曾说"在我的童年中,最值得回忆的是我与《科学画报》的友情。""我毕生走上研究化学的道路,《科学画报》对我的启蒙作用是很大的。"中国科普研究所研究员李元也曾称:"《科学画报》是我一生的良师益友,也是我的科学启蒙读物,更是我从事科普事业的动力。"①

由于内容丰富生动、语言通俗易懂,加之图文并茂、形式多样,《科学画报》在各地颇受欢迎,发行量最高时一年达 2 万份,甚至超过当时所有的文艺类刊物。② 当时,《科学画报》的销售处遍及全国以及南洋地区,甚至在纽约也设有分销处,成为"一本国内历史最悠久,拥有读者最多的综合性通俗科学刊物。"③

2. 内容与编辑

(1) 取材标准④:《科学画报》之所以能受到民众的热情欢迎,首先应归功于取材标准。有社员曾对《科学画报》的取材标准作过这样的介绍:"本报的口号是'介绍最新科学知识'和'补充实用理科教材'。可以说十五年来一直是循着这个方针。因为科学包含的科目众多,所以本报取材的第一个标准是'齐',在每一期中最好能对物理,化学,生物,医药,航空,机械,农业,天文,地质,地理,生理等等都能讲到一点。第二是'均',根据前几期征求全国读者意见的统计,知道读者们需要的材料范围极广泛,所以取材时各科教材都要并筹兼顾。对于介绍新的见闻与补充基本常识二面也力求不偏不倚。第三是'新',时代是永远进展着,人类的知识——尤其是科学知识的进步更是一日千里。我们若不是追随时代,便成落伍! 近几年来我国在普及科学一点尚未十分成功,至于科学的专门研究上与欧美相距更远。本报既为'科学工作的报导者'和'传播科学的媒介',自当逐月将所得最新的情报传播给每位读者。不要使得我国的民众与欧美的生活在两个不同的时代里!"

"齐"、"均"、"新",是《科学画报》选择刊物内容的 3 个标准。⑤ 齐,强调的是涵盖科学领域各学科门类;均,针对的是读者的多样化需求;新,体现的是刊物自身的追求和品位;三者的运作原则是统筹兼顾。这些标准显

---

① 方炯.《科学画报》年逾花甲科普先锋青春犹驻. 中华读书报, 1998 – 3 – 11. http://www. gmw. cn/01ds/1998 –03/11/GB/189^DS1522. htm

② 卢于道. 十五年来. 科学画报, 13 (9)

③ 卷末语. 科学画报, 15 (12)

④ 同庚. 从科学画报的编辑到发行. 科学画报, 13 (9)

⑤ 基本科学讲话质与能. 科学画报, 14 (1)

然和其他科技类杂志追求专、精、高不同，符合《科学画报》的办刊宗旨和价值定位。

（2）栏目设置：《科学画报》1933年8月创刊后，初为半月刊，每卷有24期；抗战发生后因组稿、编辑与发行都受阻，因而第五卷实际上改为月刊，历时22个月（1937年8月至1939年6月），共出24期；第六卷起《科学画报》决定改为月刊，每卷12期；至1949年12月共发行十五卷232期。[①] 为实现办刊宗旨，《科学画报》先后设置过许多栏目。但因集稿和编辑等方面困难的影响，《科学画报》各期的栏目设置不太一致，较常出现的有"通论"（或称"社论"）、"理科教材"、"科学新闻"、"小玩意"（或称"玩意儿"）、"小工艺"或"家庭小工艺"、"读者信箱"、"妇孺科学读物"、"人生科学"或"生理常识"等栏目。这些栏目内容丰富，版面充实，语言通俗，饶有趣味，每个栏目都追求自己的特色，以适应特定读者群的阅读品味。下面，笔者对其中几个主要栏目的特点和内容作一具体介绍：

"通论"：这个栏目一般邀请中国科学社社员或当时社会上有声望的名人发表其对科学的见解。他们的见解主要围绕着科学原理、科学精神、科学与国家发展、科学与个人人生、科学与日常生活等主题展开阐述，以传播正确的科学观念为指向。其内容切近时局，针对性很强。此外，该栏目中偶尔也会有一些类似科学新闻的内容。

"小工艺"：这个栏目以介绍小手工、小实验为内容，关注读者的活动兴趣。该栏目每期刊载4~5篇介绍科学小常识的简短文章，字数从七八十到二百字左右不等。该栏目的特色是用生动的绘图对科学常识进行说明。借助绘图，读者可按图索骥，根据提示，利用手边的工具，自己动手，解决日常生活中遇到的小问题。从"钓鱼钩解放法"、"自制保温瓶"、"旧草帽刷新法"、"应急的邮票濡湿器"、"捕昆虫作鱼饵"等[②]，我们可以体会到编辑的用意：让科学小常识与读者零距离接触，鼓励读者自己动手学习科学。

"理科教材"：这个栏目旨在为中学生的科学学习提供支持性材料，内容一般都是中学程度的物理、化学、地理、生物等科目的相关知识。但它不是

---

① 新中国成立后，《科学画报》继续由中国科学社编辑出版，1950年4~6月停刊整顿后，至1952年12月出版完第十八卷；1953年1月休刊；1953年2月起由上海市科学技术普及协会编辑出版；1957年7月起上海市科学技术普及协会与上海科学普及出版社共同出版；1958年12月起由上海市科学技术协会编辑；1959年4月起由上海科学技术出版社出版。如以1952年12月为停办时限，那么中国科学社主办的《科学画报》自创刊到停办共计出版18卷，262期（第1~4卷各有24期；第5卷有22期，因第21~22期合刊、第23、24期合刊；第6~9卷各有12期；第10卷有11期，因第7~8期合刊；第11卷仅出9期；第12~14卷各有12期；第15卷仅有10期，因第5~6~7期合刊；第16卷仅出9期；第17卷有12期；第18卷仅出9期，因第8期、第9期皆为双月刊）。

② 《科学画报》，第二卷第20期，"小工艺"一栏。

教科书内容的重复，而是定位在补充当时教科书所缺乏的"实用内容"，重点放在应用中学科学课程的相关知识来解释学生身边的自然现象。这样，抽象枯燥的科学知识和学生的生活环境有了密切的联系，很容易引发学生学习科学的兴趣。由于当时有条件设置实验室、购置实验器材、开展实验教学的中学不多，该栏目还会刊登一些科学实验，并解释这些实验的现象，如关于"雾和它的成因"、"氨的实验"等[1]。该栏目也是图文并茂，刊出的图片中一般还会有对科学名词、专用符号的诠释，并注意所提供知识的科学性以及与学校教学的联络。当时很多中学教师将《科学画报》视为最好的理科课外读本，建议学生购买。[2]

"科学新闻"：这个栏目的特点是内容"博"、"新"、"有趣"、"文字通俗简单"，极富普适性。例如《科学画报》第二卷第 7 期中该栏目的内容有：《打倒旱魃的计划》、《不伤人的杀虫毒药》、《手提 X 光照像仪器》、《用火箭射达月球》，等等。

"读者信箱"：该栏目主要刊登的是科学家对读者来信的答复。参与该栏目问题咨询的科学家最多时有八十余位，人数之多，学术水平之精、社会层次之高，极一时之盛。抗战前，读者信箱收到的来信平均每月多达二百封，提问的读者涉及各个层次、各种职业、来自全国各个地区（甚至还有苏门答腊群岛、香港等地的读者）；所提的问题也是五花八门，无所不有。编辑部按这些问题所属学科分发有关科学家作答。而处理这些问题的专家们，或将其意见公布在"读者信箱"栏目内，或直接回函提问者。以《科学画报》第四卷第 22 期中的"读者信箱"为例，其内容有"柳州读者谢天恩问：桐树林场内的杂草的除法是什么？杂草为黄茅，能否作桐树的肥料？"；"澳门十月初五读者莫东海问：看了贵刊第四卷第十七期的养蜂学一文，颇有兴趣。那国内外有没有好的专门养蜂书籍的出版？何种蜂种为佳，何处有卖，南方地带可宜养蜂？蜂箱以何种样本为标准？"。这两个问题有普遍性，关涉农林生产，将科学家们的作答刊载出来，可以使更多的读者受益。通过这一栏目，科学知识"你来我去"，科学家与大众实现了互动，大众有了一个固定的科学咨询渠道。因而该栏目深受读者的喜爱。

"妇孺科学读物"：该栏目主要面向妇女和儿童介绍一些简单的自然常识、人体知识、卫生常识。其特点是内容简单，文字浅显，便于阅读，易于复述。如《科学画报》第四卷第 6 期的"妇孺科学读物"的两篇文章题目分别为《姜片虫的故事》、《太阳是什么东西做成的？》。

---

[1] 科学画报.2（20），"理科教材"一栏。
[2] 季梁. 本报一年来之回顾. 科学画报，2（1）

"人生科学"与"生理常识":讲的是日常生活中的饮食营养及人体构造等问题,针对的是成人。栏目中所介绍的大部分内容相当通俗易懂。该栏目的特点与"妇孺科学读物"等栏目相似,附有大量的图片,对所讲述的内容有比较直观的描述。

(3)涵盖内容:《科学画报》内容非常丰富生动,涵盖了科学领域的所有学科和专业,要一一描述比较困难。根据前面"《科学画报》卷次变化"部分的介绍,笔者拟以《科学画报》发展历史上比较有代表性的第四卷(1936.8.1～1937.7.16)、第六卷(1939.7.1～1940.6.10)、第十卷(1943.8.1～1944.7)、第十四卷(1948.7.1～1948.12)和第十五卷(1949.1～1949.12)为例,根据最后一期所附录的索引,通过对其栏目设置与收录文章篇数的分析统计,来了解其内容题材的变化。

● 涉及所有科学学科

如前所述,由于战争的影响,就五卷的内容容量来看,从第四卷到第十五卷,[①] 各卷的篇数、页码与栏目数呈现了明显的下降趋势(见表3)。

表3　《科学画报》5卷情况表

卷次	期数	篇目数	各期平均篇数	各期平均页码数	各卷栏目数[②]
第四卷	24	1006	42	42	22
第六卷	12	882	74	61	22
第十卷	11	293	27	55	23
第十四卷	12	364	30	52	19
第十五卷	10	232	23	46	13

尽管如此,就第四、六、十、十四、十五各卷的内容来看,还是涵盖了科学领域众多学科和专业,如科学史、生物学、生理卫生、天文、气象、地学、物理、物理实验、化学、化工、电工、机工、土木工程、矿冶、农业、航空、航海、军备、语言学、医药学、数学、人文史地等。

以《科学画报》第六卷为例,共出12期,[③] 除去广告,目录等,平均每期有61页的篇幅。从统计来看,第六卷先后刊登882篇文章,出现22个主题。各期涉及主题的篇目情况具体见表4。

---

① 第四卷为半月刊,共出24期;第六卷、第十四卷为月刊,共出12期;第十卷为月刊,第78期合刊,实出11期;第十五卷为月刊,第567期合刊,实出10期。

② 此处的"各卷栏目数"依据的是各卷最后一期索引所列出的分类。

③ 各主题及篇目依据《第六卷索引》,《科学画报》,第六卷第12期。

表4　《科学画报》第六卷涉及学科情况表

期数\主题	1	2	3	4	5	6	7	8	9	10	11	12	篇数小计
通论	1	1	1	1	1	1	1	1	2	1	1	2	14
科学史	0	0	1	1	1	1	0	0	1	1	0	0	6
生物学	7	1	8	2	10	3	9	4	6	4	4	3	61
生理卫生	5	5	11	4	6	9	7	7	12	5	7	11	89
天文	4	3	4	2	1	2	2	1	1	1	1	1	23
气象	0	0	1	0	0	0	0	1	0	0	0	1	4
地学	2	0	1	1	1	3	0	0	0	0	0	0	8
物理	10	8	6	4	2	5	2	6	4	4	2	6	59
化学	0	0	0	0	0	0	0	0	0	0	1	2	11
化学工业	5	5	11	5	6	0	3	3	5	7	8	5	63
电工	3	7	0	3	4	3	0	3	3	3	3	3	30
机工	6	9	3	3	4	7	3	5	6	5	6	6	63
土木工程	1	2	0	2	2	2	0	4	2	1	1	1	22
矿冶	2	0	1	2	3	2	0	4	4	2	1	1	22
农业	5	0	1	1	1	1	1	1	4	7	2		30
航空	4	1	0	3	7	4	1	4	5	6	6		38
舟车与航海	4	2	4	4	4	6	6	2	5	3	2		46
军备	3	8	4	10	2	12	2	12	8	8	6	5	80
小工艺	12	11	8	19	8	15	7	13	15	13	15	5	141
玩意儿	4	3	3	1	3	5	4	3	3	4	1		37
杂俎常识	3	0	1	0	2	0	1	0	0	1	0		9
儿童科学实验	6	6	3	0	5	0	0	0	0	0	0		26
合计	87	73	74	71	68	88	58	78	78	72	77	58	882

从表4可以看出，《科学画报》第六卷先后出现22个主题。其中第6期最多涉及了20个主题，第7期最少也有14个主题，其余各期大体在16～19个主题。根据文章出现的数量，从多到少依次排列的主题顺序是（括号内数字为文章篇数）：小工艺（141）、生理卫生（89）、军备（80）、化学工业（63）、机工（63）、生物学（61）、物理（59）、舟车与航海（46）、航空（38）、玩意儿（37）、农业（30）、电工（30）、儿童科学实验（26）、天文（23）、土木工程（22）、矿冶（22）、通论（14）、化学（11）、杂俎常识（9）、地学（8）、科学史（6）、气象（4）。其中，"小工艺"、"生理卫生"和"军备"居于前三位。

• 汇集众多专题文章

《科学画报》的一个重要特色，就是组织各个领域的科学家，围绕某一专题撰写系列科普文章。这些专题以系列文章的形式，分期连载，内容既有与民众的生产生活息息相关的内容，又有科学研究的前沿知识；既有面向大众的内容，也有专为学校理科教学服务的内容。如《科学画报》第四卷中与生物学（还有农业）相关的内容有"医用昆虫学"与"养蜂学"两个专题。前一个专题分 13 期共刊出 22 篇文章；后一个专题分 6 期共刊出 6 篇文章。另一个与化学（还有军备）有关的专题"化学战剂"，分 14 期共刊出 14 篇文章。而《科学画报》第十四卷第 1 期始设的"基本科学讲话"专栏①，在该卷 12 期里先后刊出《质与能》、《空气的压力》、《利用气压做工作》、《空气振动与声音》、《空气与氧化》、《一日不可无此君——水》、《给水与排水》、《热的来源与量度》、《热的传播与量度》、《功与机械》、《光的性质与量度》、《光·透镜·颜色》12 篇文章。其后的第十五卷在"化学·化工"领域集中介绍了几种稀有元素，用简明而生活化的语言标明了所介绍元素的典型特性，可谓一目了然、引人入胜：第 1 期《铟——口香糖般软的金属》；第 2 期《钾——金属的维他命》；第 4 期《氟——最难征服的元素》；第 567 期《钛——明日最重要的金属》；第 8 期《钽——化工界电工届的宠儿》；第 9、10 期分上下篇《磷——给你生命与光的元素》。而该卷在"生物学"领域则有"上海花卉图谱"专题，分八节先后刊于第 3、4、5、6、7、8、9、10、11、12 期，将江南气候下生长着的花卉以图文并茂的方式逐个介绍一番，对于普及植物与园艺知识大有助益。

此外，《科学画报》还有一些尽管未标专题，但却成系列的文章，如第十五卷有一系列的传记文章。这在该卷"索引"里归入"传记·科学史料"里，有第 3 期《范旭东先生》，第 9 期《巴物洛甫百年诞辰纪念》，第 10 期《无线电发明家博博夫传》，第 11 期《米丘林的功绩》，第 12 期《巴斯德②传》、《罗莫诺索夫传》、《白求恩大夫》。尤其要指出的是《范旭东先生》一

---

① 刘佩衡先生在《科学画报》第十四卷第 1 期《基本科学讲话：质与能》一文的开栏语中讲"这栏讲话，也是本报进入出版第十六年的计划之一，虽名之为基本科学讲话，其实叫做基本常识讲话也未尝不可。对象虽以中学生为主，但这点起码常识，也是任何一个生活在这大时代中的人必须要具有的。高小教师以这讲话作为理科的补充教材，想来定可有益于教学。讲话的题材大多取自 Masson 氏的 General Science Made Easy 一章。"

② 细菌学之父法国科学家路易斯·巴斯德（Louis Pasteur）。

文纪念了 1945 年去世的我国酸碱工业的奠基人。① 像这一类型介绍科学家的文章在《科学画报》还有不少。

● 刊登大量精美图画

《科学画报》，顾名思义是以"画"取胜、以"画"为中心的。从创刊之初，《科学画报》的作者与编辑们就非常注意多方收集和尽量刊登图画。他们要做的不仅仅是为文章的内容寻找合适图片来说明文章，更是要将内容与图画精致地结合起来，追求话不离图，图能说话的境界。正如《科学画报》编辑者所说："自己的材料，自己的照片，这一点科画在这十二期里的努力，总算没有白费，我们相信虽未能得到每个读者的好评，但至少已满足部分读者的要求。我们自己呢，却并不以现阶段为满意。譬如说 14 卷 4 期里的'泽被关中的洛惠渠'那篇建设特写里，如果能有一个详细的流域图，那么何处是滚水坝，何处有水闸何处有大渡槽，一目了然，将更可帮助读者的了解与领会。假若再能有一篇讲述有关水利建筑的文字岂不是又可使读者增一些知识吗？同样的，14 卷 8 期里的'我国的第一列流线型火车'那篇文字里也缺少一张剖视图，我们虽千方百计的搜求，但并没能如愿，即使是一张构造蓝图也没弄到手，就科画而言是美中不足，就读者来说，这是一个损失。从下期起，我们在这一方面也当痛下功夫。"②

这一原则在《科学画报》的各卷中得到了体现。如第三卷第 5 期的《上海市体育场之伟大工程》一文中叙述民国时期上海体育场的建筑施工的过程，在该文 6 页的篇幅里，刊载了 36 张工地现场照片，1 张施工设计图，4 张相关表格（如混凝土隔板拆除时间表、工程预算表等等）。第四卷第 1 期中有手绘图 112 张，照片 59 张（其中出现外国人与事物的照片有 32 幅），另有 5 张来自国外电影的剧照。

又如，《科学画报》第三卷第 1 期（该期为儿童年纪念号）中登载了《植物的生活史》与《望远镜》两篇文章。《植物的生活史》③ 开篇先有一首儿歌："深藏在一粒种子的心里，有一个小小的植物在那熟睡着。'醒过来见见天日罢！'，雨点也这么在那叫着。小植物到底被叫醒了，它伸出头来探着

---

① 佩衡在《范旭东先生》一文中写到"化工的巨人，民族工业家，他替中国的基本化学工业建立了基础。……1945 年 10 月 4 日，一颗巨星殒落了，全国震惊，举世哀悼。这位倒下去的巨人，便是化工界的斗士，民族的英雄，久大、永永公司创办人，替中国酸碱工业打下基础的范旭东先生。"而侯德榜先生（范旭东先生纪念奖金第一届受奖人）对其评语是"论范先生之伟大，大家均知范先生创立了极伟大的事业，不知此不过为其伟大之表现，吾人应分析其因素。范先生之伟大因素有五：一、创造能力，二、笃信科学，三、远大眼光，四、坚苦精神，五、私人道德。"（科学画报，15（3））。

② 编者的话. 科学画报，14（12）

③ 老圃. 植物的生活史. 科学画报，3（1）儿童年纪念号

外面是怎么样一个奇怪的世界。"儿歌之后配有"黄豆"、"出芽"、"发育"、"长成"4图，继而是700字左右介绍植物生长的解说词，主要是对4张图的说明。而《望远镜》①一文，配有一图可名之为"地球系行星简图"。该图自上而下分列画着木星、土星、水星、月亮、地球，下配一张外国小朋友站在室外一架长筒望远镜旁的照片。在图片下方、照片右边题诗一首："爸爸有架望远镜，//助我看众星，//只望夜来天气好，//就可见火星，//⋯⋯⋯⋯//木星围在卫星间，//土星有光环；//惟有水星长着翼//让它最好看。"诗中提到的所有行星的特点在图中都一目了然，而且它们与地球的远近距离也呈现出来了。上述两文都充分关注到了儿童认识的特点，将儿歌、打油诗、照片、图画融为一体，而简明的解说词又潜移默化地教导儿童如何看图说话。

即便是被批评插图数量太少②的第十五卷，其第1期共出现手绘图62张，照片35幅。该期《农业的兵工厂》一文介绍农林部病虫药械制造实验总厂时，正文4页共刊载13张照片，分别展现了该厂的厂房、实验室、生产机械、样品、国际友人来访等照片。③同期由刘佩衡先生执笔的《基本科学讲话：磁与静电》一文中，出现了9张手绘图。需要说明的是，《科学画报》中的诸多图片有相当一部分来自于国外；抗战以后，手绘图占了更大的比例。而且手绘图更多的时候是由科学家们亲自绘制。如第三卷第1期《己丑年谈牛》篇尾有作者写的一个附记，其中称"我写这文章，关于统计材料，承农林部中央畜牧实验所缪炎先生抄示；关于插图，承同济大学生物系绘图员汪澄先生代绘，并此道谢。"大量的图画使用，使得《科学画报》图文并茂，好评如潮。

（4）编辑风格：关于《科学画报》的风格，《科学画报》的编辑们有两点共识，即"通俗普遍"和"插图丰富"。用他们的话来说，就是"本报的宗旨既是普及科学，对象又是一般的国民，所以我们要把高深的原子弹的理论用简单普通的话解释出来。把综杂的机械动作用明显清晰的图文分析明白。把繁复工业制造程序用实地的照片逐步的说明。使每个人都懂得科学，喜欢科学，把科学变为每个人生活的一部分。又因为科学是讲实事，求真理，惟有图书照片与事实最接近，在读者们无法亲闻目睹的时候，用照片已是最科学化的报告方式，所以本报题名为'科学画报'，并且随时采用丰富而宝贵的

---

① 白龙.望远镜.科学画报，3（1）儿童年纪念号

② "又有许多读者来信希望增加插图，我们认为这也是必要的，本刊称做画报，理应插图丰富，但为了印刷成本，最近两年来插图确乎比以前减少，虽然在国内各科学杂志中，还是以本刊插图最为丰富。封面本来是三色版的，现已用单色，短时间之内，还只能采用单色，但正文的插图将尽量增加。"（卷末语.科学画报，15（12））

③ 张学祖.农业的兵工厂.科学画报，15（1）

照片。"① 《科学画报》面向一般民众普及科学为办刊宗旨，为了让民众能喜欢这份刊物，通俗普遍、浅显易懂是最重要的。《科学画报》从不刊登高深的专业论文，力求用最浅显的语言文字阐明高深的科学道理；为了说理透彻，帮助理解，文中附有大量的插图、图片、照片。所以，其历年选刊的文稿范围甚广，说理简明，趣味隽永，插图丰富，图注详明，始终如一。其目的是使读者不但易于理解，富于阅读兴趣，且使雅俗共赏，消遣有益。②

为了体现通俗易懂、切近生活的原则，《科学画报》在办刊过程中还始终注意尽量取材本国的文化元素，并注重其内容与民众的日常生活相结合。② 这主要体现为：在解说科学问题时往往联系民众生活中的诸种现象，在阐述科学道理时经常穿插俗语、谚语、古人格言等。比如，将科学知识的意义视为"格物致知"、"利用厚生"；③ 又比如，勉励国民"从自己科学化起"时引用来自《中庸》一书中"欲治其国者必先治其家"的古训；④ 再比如，在谈及如何克服化学实验材料不足的问题时，举了日常生活触手可及的许多用品加以简要说明，启发民众可以从中去收集化学实验器具和化学药品。⑤ 这种做法，缩短了民众与科学的距离，使民众很容易在他原有认识的基础上接受《科学画报》中所讲的内容，从而产生使自己的生活切合于科学的愿望。而用受众熟悉的语言、根据其认知特点来传播科学知识，也是《科学画报》编辑中特别注意的地方。

此外，《科学画报》注意根据时局的发展，及时向读者普及相关的新知。比如抗日战争爆发后，《科学画报》第六卷全年 12 期以"军备"为主题，对战争与科学的问题作了一系列的科学报道。⑥ 抗战结束后，为帮助国内科学教育的发展，《科学画报》第十四卷第一期开始面向中学生开设"基本科学讲话"一栏，其内容可为高小教师提供理科的补充教材，也可作为民众必需之科学常识。

需要指出的是《科学画报》追求通俗、浅显并不等于降低水准。为了保持刊物的高水平，《科学画报》编辑部主要做了三个方面的工作：其一，尽量及时采用中国科学社科学名词讨论会审定科学名词的成果，在科普宣传中使用规范、统一的科学术语。⑦ 其二，广泛收集国内外近期出版的相关杂志，以

① 同庚.从科学画报的编辑到发行.科学画报，13（9）

② 云.发刊十年感言.科学画报，10（1）

③ 卢于道.科学知识的两重意义.科学画报，7（9）

④ 卢于道.科学的国家与科学的国民.科学画报，3（12）

⑤ 锡五.为有志业余化学实验者进一言.科学画报，3（21）

⑥ 又是一年.科学画报，6（12）

⑦ 中国科学社审定名词的活动，在下文有交代，此处不作说明——笔者按。

了解全世界主要地区和领域科学工作进展的情报，并随时翻译国外的最新科技知识，及时在《科学画报》的"科学新闻"一栏中加以报道和反映；其三，组织了一批科学界学养深厚、德高望重的专家为《科学画报》撰稿与答疑；并开设读者信箱和读者联谊会，促进读者与科学专家的交流；认真审阅读者的来稿来信，发现有价值的问题，及时转请国内专门领域的专家作详细的回答。

《科学画报》第十三卷第九期中曾列出一部分经常撰稿和参与解答读者问题的专家名录①，他们中有当时大同大学的前任校长曹惠群、国立台湾大学理学院院长沈义舫、中国科学社生物研究所教授秉志、国立厦门大学教授叶蕴理、国立交大航空工程系主任曹鹤荪、国立交通大学理学院院长丧维裕、中国科学社总干事卢于道、国立浙江大学校长竺可桢、国立医学院院长孟心如、国立河南大学医学院院长李斌京、国立浙江大学理学院院长王季梁、中国科学社总编辑张孟闻、国立上海医学院教授张昌绍、中法药学专修学校曹友芳、国立复旦大学卢邵静容女士、中央电工器材厂工程师杨姮彩女士、天平药厂吴蔚女士、中纺公司第一印染厂工程师王世椿女士、国立交通大学讲师薛鸿达和周文德、两路管理局工程师顾同高、五洲药厂化学师潘德孚、上海自来水公司顾泽南、中华轧铜厂王树良等。从这份名单，我们一方面为这么多德高望重的科学家能够在百忙中经常关心和一份科普刊物而感动，另一方面真正感到他们是《科学画报》能够成功创办的坚强后盾。

3. 艰难的办刊历程②

《科学画报》是在旧中国科学事业并不发达、科学环境比较差的条件下创办起来的一份综合性科普刊物。为办好这份刊物，中国科学社的同仁含辛茹苦，兢兢业业，克服许多困难，走出了一条百折不挠的发行之路。

《科学画报》遇到的第一个困难是经费问题。据杨孝述先生回忆，"当时的问题似乎不在稿子的缺乏，而是在筹款的不容易。筹款办法的第二条说：'集合热心赞助本刊之同志或团体一百五十人为本刊发起人，每人垫资五十元，分七期缴纳，第一个月二十元，其次六个月各五元，俟有相当收入时加利偿还。'意思是即使有同志义务写稿，还得在最先七个月内垫本。可见当时筹款办报的困难。第一个响应这办法的人是中大校长罗志希（家伦）先生。

---

① 同庚. 从科学画报的编辑到发行. 科学画报，13（9）

② 本小节内容，主要根据如下文章整理：(1) 杨孝述. 十年回忆. 科学画报，10（1）；(2) 杨孝述. 十五年前——回忆本报的诞生. 科学画报，13（9）；(3) 卢于道. 十五年来. 科学画报，13（9）；(4) 云. 发刊十年感言. 科学画报，10（1）；(5) 同庚. 从科学画报的编辑到发行. 科学画报，10（9）；(6) 又是一年. 科学画报，6（12）；(7) 卢于道. 中国之科学化运动. 科学画报，3（24）。

我跟他在镇江年会中谈起，他就答应担任四股，计大洋二百元。"① 由此我们可以看到，为了办好刊物，中国科学社同仁不但要在繁忙的工作之余免费撰稿，还要垫付资金，等到刊物办好了才有希望收回垫出的钱款。

《科学画报》面世 3 个月后，担任经理编辑的冯执中苦于事务繁忙坚决请求辞去该刊编辑工作，主编杨孝述只能勉力承担起全部的工作。在杨孝述的努力下，《科学画报》逐步呈现出了良好的发展态势。作为半月刊，坚持 4 年按时出版，一期未脱，撰稿作者逐渐增多，杂志的发行量每期已能销售 2 万余份。① "此种数字倘欲方之外国著名的同样刊物，固尚瞠乎其后，惟在吾们科学落后的国家，有此戋戋之数，虽不足以自豪。然十年来这小小刊物所负绍介科学知识的重大使命，总算还能差强人意，这是值得郑重提出的。"② 1937 年抗日战争爆发后，《科学画报》的维持不得不面对诸多新困难。

1937 年 8 月 1 日《科学画报》第五卷第 1 期出版后，编辑部各位同仁感到再坚持半月刊比较困难，决定从第六卷起索性改为月刊，每月一期。①同时，编辑工作还遇到了更大的困难。

首先是"读者信箱"栏目的被迫取消。"读者信箱"是《科学画报》最有特点的栏目，它从全国各大学及各研究所聘请了 80 多位专家，组成了中国自有杂志以来的空前强大的咨询专家阵容。有了这批专家，《读者信箱》为读者搭建了一个与科学家互动的广阔平台。抗战前，《科学画报》平均每个月都会收到读者的咨询信函 200 件，总编辑一一阅读后，选择其中有价值的转请相关专家提供答案，并用不同方式回复提问者。这种有答有问、有疑可问、为问设文的办刊方式，不仅使《科学画报》内容更有针对性，缩短了与读者的距离，而且通过这种方式使读者对该刊物有了亲切感与认同感，赢得了一批固定的订户，扩大了发行业务。但是，战争开始后，由于高校内迁，所聘的专家大多流离颠沛，行踪无定；加之交通不畅，邮递阻滞，问者既少，答亦不便，于是最有特点的栏目"读者信箱"只能停止。

其次，由于海路的不畅，使得原先通过海运得到的国外科技杂志报纸骤然减少，《科学画报》获取最新国外科技信息的渠道几乎全部丧失。巧妇难为无米之炊，于是"科学新闻"栏目的内容只能一减再减。最后第九、十、十一卷的"科学新闻"一栏，因无法得到国外科技消息只能撤版。

此外，战事的不断扩大，科技专家颠沛流离、四处逃难，使得《科学画报》组稿相当不易；物价的飞涨，使得每方寸图片的制版费用从战前的 6 分钱涨到 1943 年时的 20 元，导致刊物的成本急剧上升。

---

① 杨孝述.十年回忆.科学画报，10（1）

② 云.发刊十年感言.科学画报，10（1）

　　然而，对《科学画报》来说，当时最大的困难莫过于维持杂志的销售量。《科学画报》在抗战前曾出现销售 2 万份的最高纪录。战后销售份数逐年下滑，最后锐减到几千份。① 历经千辛万苦印刷出来的杂志却卖不出去，发挥不了作用，这种痛苦恐怕是最最难以忍受的。连年战乱，物价飞涨，办报成本激增，《科学画报》几乎陷于停办的境地。到了第十四卷时，《科学画报》按月出版的惯例也被打破，② 但编辑部同仁还在坚持。

　　从 1933 年 8 月到 1949 年 12 月，中国科学社克服了无数困难，通过极大的努力，在近 17 年里总共编辑出版了 15 卷 232 期《科学画报》。作为面向大众的科普刊物，《科学画报》始终坚持说理简明，趣味隽永，插图丰富，图注详明。读者中因《科学画报》而引起研究科学的兴趣，从而进窥科学门径的不乏其人，甚至有段时期出现洛阳纸贵，重价征求《科学画报》之事③。对于这样的办刊成就，一方面科学家们感到欣慰，因为他们奋斗了，努力了，另一方面他们觉得很遗憾，很无奈，因为社会对于科学意义及其价值的怀疑态度并没有根本改变。卢于道曾算过这样一笔账"以我国受过中等教育者而言，假如说是二千万人，那末现在销了二万份，不过是一千个人看到一份。如果我们希望每一百个受过中等教育者看到一份，那末亦应当可以销到二十万份。这就是说我们应当再作十倍的努力。因此像今日这么销售情形。我们认为在普及方面还不够满意。"④ 最后，满怀热情和理想的科学家们在竭尽全力以后，带着遗憾选择了放弃。1947 年《科学画报》在出齐第十五卷 12 期全部内容后停刊。此后，该刊物转交给由新中国设立的专门机构编辑。中国科学社创办的《科学画报》的历史画上了句号。

　　回顾《科学画报》艰苦的办刊岁月，中国科学社同仁在艰苦动荡的岁月里，为了向民众普及科学、促进全体国民科学化，为了把《科学画报》办成国内一流的科普刊物，苦心经营，殚精竭虑，不畏困难，百折不挠，走过了一段非常艰难的历程。在《科学画报》的字里行间，科学家们贡献的不仅是他们的学识和才华，还有不计名利、鼎力合作的人格精神和一颗真诚奉献的爱国之心。

---

① 卢于道.十五年来.科学画报，13（9）
② 编者的话.科学画报，14（12）.此处的意思是指《科学画报》第十四卷第 7 期没有在 1938 年 7 月出版，而是拖延至 1938 年 8 月。其后，第 8、9 期，则是在 1938 年 9 月之后出版。
③ 云.发刊十年感言.科学画报，10（1）
④ 卢于道.十五年来.科学画报，13（9）

三、中国科学社的其他科普活动

（一）审定科学名词

在中国科学社成立以前，国内已有的科学名词大多出自清末同文馆等编译人员，部分出自当时出版机构编纂辞典时的编译人员。这些译者大多较少具备相关学科的背景知识，译法各有千秋。

中国科学社同仁意识到，科学名词是学术的符号，译法的精确性直接关系着科学传播的成效。人们不能任意以某种命名为标准，就像人们不能任意创造学术一样。而且，随着时间的流逝，科学在不停地发展，科学名词不但大量增加，也会有所变化，如果没有科技专业人员对科学名词进行系统的翻译、整理、审定和规范，以保证其精确性与统一性，那么传入中国的科学名词只会越来越庞杂。总体上说，如果科学名词不审定、不统一，那么科学传播就无从着手，科学的发展和昌盛就更遥遥无期。基于以上考虑，中国科学社的同仁们一致认为，审定科学名词是促使科学在中国普及的基础性工作。故而，中国科学社成立后立即于 1916 年设立了名词讨论会，启动了这项事关中国科学发展的基础性工作。

1. 制定审定办法

审定科学名词的工作并不简单，包括对外来科学名词的翻译，对前人已采用的名词的讨论、校订和更正，将审定后的科学名词公之于众，说服所有人规范使用等多方面内容。这项工作艰巨而浩繁，非一朝一夕可以完成，也不是一人一馆就能承担，需要大量不同学科的专业人士长时间的协同努力。

为方便审定工作，中国科学社将其社员按照专业分为 12 股，最初确定的各分股股长均是当时国内本学科领域颇有建树之人。他们是分股委员会长矿冶股长孙昌克、物算股长竺可桢、化学股长邱崇彦、工业化学股长侯德榜、机械工程股长杨铨、电机股长欧阳祖绥、土木工程股长郑华、生物股长钟心煊、农林股长邹秉文、农林副股长钱天鹤、医药股长吴旭丹、生计学股长王毓祥和普通股长郑宗海。① 之上设一分股总委员会，审定科学名词的工作就由该委员会全面负责。分股委员会覆盖整个大科学的范围，其下的 12 分股根据学科进行一定的组织分工。这样层层分工，组成一个网络，比较有利于全部科学名词的审定。

关于科学名词审定的整个步骤，中国科学社采纳了社员周铭关于"划一科学名词办法管见"的意见，首先提出两大原则：译名务求精确，必须征求

---

① 中国科学社纪事.科学，2（9）

多数专家的意见；译名应该具有较广泛的适用性，必须由少数通才拟定。①

然后，根据这两个原则，整个名词审定工作步骤分为三步：

第一步征集和翻译名词。由"中国科学社"公举数人，分科目管理此事。首先集中各专业已经翻译的名词，凡没有翻译的要补齐，翻译不当的要订正，与最新学术不符的要修改。接着，各专业总纲而及细目，由粗到精，列出其所有的科学术语。然后，认真讨论翻译每一名词，务求能精确，译一词不嫌其少，尽译之不以为多，一词未善则拟数名不嫌其烦，一字欠妥则讨论数次不嫌其多。最后，通过《科学》将讨论确定的名词逐月登载发布。

第二步在各专业基础上统一整理。对不太通用或者仅限于一个科目而不切合其他科目的名词，从全局出发，以最新学术为准则，以使名词便于理解易于应用为宗旨，按照统一的标准进行选择整理，适合的用，不适合的改正，使所选的名词能总体平衡、标准一致、通篇一气。所有的研究所得，仍借《科学》分科宣布，或由中国科学社特印号外发行。

第三步以第一、第二步的讨论为基础，通过举行大会或者以报刊宣传的方式，最后征集全国科学家的意见作最终的公决。

为使第一步工作能统一规范，中国科学社又制定了具体的工作程序：①凡中国科学社所用的名词，由分股委员会负责审定。凡交给分股委员会审定的译名，必须将其字（词）原语以及知名专家所定的解说原文附上。分股委员会接到需要审定的名词，依学科性质交给各分股长。各分股长与股员审定后，将最后定稿报告分股委员会。各分股长必须将其股内所审定的名词每3个月一次报告总会，由总会记录后交给《科学》杂志编辑刊布。②所有名词一经刊布，社员都须遵从采用。如有更改他名之建议，得等该名词重新审定后才可使用。③非中国科学社社员如有论著译述交中国科学社发表，也应使用分股委员会确定的名词。如采用其他名称，应声明中国科学社有何译名，以便参证；如使用的是中国科学社尚未确定的名词，则由分股委员会斟酌取舍。④所有音译名词，一经分股委员会采用不得更易。⑤所有《科学》等期刊编辑部提交的名词，分股委员会应优先审定。⑥凡社员译著中所用的名词，

---

① 周铭：提出"划一科学名词，非细事也；需才既多，需时亦久。盖学既分科，科更分门，一门之中时或再别为数类；其学术愈精者，则门类亦愈繁。况一门之内，学说既辨宗派，理论更分新旧；童而习之，壮而行之，终其身而不能尽一门一类之涯略。是故以科学范围之广，分科之繁而论之，则译名一事以分工愈细而愈佳。虽然，科学之条理虽繁而层次井然，科目虽多而彼此息息相通。分工既细，需人必多，意见亦必庞杂；苟各科各门之人各是其是，各从其便，则同一名词对于此科称便而不合于他科之用，或在此科为精确于别科为背理：由此观之，各科名辞必须取决于一二人之手方能通篇一气。是以划一名词之办法要端有二：立名务求精确，故必求之多数专家之见；选择须统筹全局，故必集成于少数通才之手。"（划一科学名词办法管见.科学，2（7））

应遵用分股委员会规定的名词。书成之后，将书中名词另列一表送交股长，由分股委员会评定。① 根据上述工作程序和步骤，1916～1922 年中国科学社组织全体社员扎扎实实审定了很多学科专业的大量名词，做了不懈的努力。

2. 确定审定标准

借用中国文字表达来自西方的科学概念，既需要精通科学知识，又需要深厚的文化素养。因而，如何确定一种译名的精确与妥当，需要一个评判标准。中国科学社同仁经过反复讨论，提出了科学名词审定的优劣标准：见名而知其意，是最好的翻译；译名雅致但意义却显示不出来、需借定义来显示的，为次等；连定义也显示不出的，则为最差。为了取得最好的翻译效果，很多科学家开动脑筋，集思广益，对译名反复推敲和讨论，有很多创新和贡献。

下面，特举一个科学名词的审定个案来说明中国科学社在这方面的努力。这是任鸿隽翻译并提交讨论的"1917 年国际通行原子量表报告及原子量表"②（见表5）。

表5　任鸿隽提交的"1917 年国际通行原子量表"

中文名称	符号	中文名称	符号	中文名称	符号	中文名称	符号
铝	Al	砒	As	镆	Eu	锬	Nd
锑	Sb	钡	Ba	氟	F	内气	Neon
氩	A	铋	Bi	镉	Gd	镍	Ni
硼	B	轻	H	镓	Ga	铌	Nt
溴	Br	铟	In	钼	Ge	硝	N
镉	Cd	碘	I	金	Au	养（标准）	O
锴	Cs	铱	Ir	氦	He	矽	Si
钙	Ca	铁	Fe				
炭	C	氪	Kr				
锶	Ce	镧	La				
绿	Cl	铅	Pb				
铬	Cr	锂	Li				
钴	Co	镥	Lu				
镉	Cb	镁	Mg				
铜	Cu	锰	Mn				
铽	Dy	汞	Hg				
铒	Er	钼	Mo				

① 中国科学社总章.科学，2（1）
② 任鸿隽译.千九百十七万国通行原子量表报告及原子量表.科学，3（2）

从上表中的化学元素译名可以看出，任鸿隽在翻译这些名词时，从易于理解和记忆科学名词的目的出发，已经提出了一个翻译标准，即如何做到既简单，又尽可能形象地表达元素的特征。例如，在上表中的 H（氢）、O（氧）、Cl（氯）等元素的译名分别是轻、养、绿。H 在正常温度和气压下是气体，而且是最轻的气体，所以命名为轻；O 是物质燃烧不可缺少的物质，所以定名为养；Cl 是一种绿色有刺激性的气体，因此根据其颜色命名为绿。

这份译稿提交讨论时，有人提出除了要能简单明了地表达各元素的特征外，是否还可考虑中文汉字的造字规律，用部首加特征的方法，这样既好记，又好理解，还方便以后构造新字。这个建议得到一致赞同。于是大家根据化学元素的不同性质，把它们分成三类，分别取汉字中"气"、"石"、"金"三个部首，再用一个部首加上某一元素特征的办法，很快就译出了所有元素的名称。经过这一修改，上述任鸿隽翻译的轻、养、绿三种元素的译名就变成了氢、氧、氯。从此，元素周期表上各元素名称的翻译就有了一条简单易行、而且大家都认同遵循的标准。

3. 推广审定成果

为把国内更多的科学家组织到这项史无前例的大工程中来，中国科学社采取开放的态度，广纳社会各方贤才，竭诚欢迎社外人士一起参与合作。他们在《科学》月刊上公布了合作的意见和联系人的通信地址，并提出了具体的工作要求。同时，他们利用《科学》杂志搭建了一个广阔的平台，一方面把各股关于各科科学名词的讨论和审定结果随时发表，交给公众品头论足；另一方面他们注意和其他学术团体就科学名词的翻译与采用问题开展合作，并在《科学》上刊载其他学会审定的科学名词，如 1917 年《科学》杂志上曾登载中国船学会审定的海军名词表。

当时，以《科学》杂志为阵地，国内相当多的科学家都参与了有关科学名词审定和编译的讨论，其范围涉及有机化学、无机化学、算学、射电、电学、电磁学、名学、心理学、天文、物理、照相术等众多学科。这种讨论，既是学术研究，也是一种科普宣传，让所有参与的人在讨论和交流中获得了有关科学的更多知识和认识。

1922 年，中国科学社又参加了由江苏教育会、中华医学会等团体组织的名词审查会①。这时国内名词审定工作的队伍更加壮大，也积累了很多材料和经验。而 3 个学术团体携手并行完成的关于名词审定的讨论意见及很多审议结果都刊登在《科学》月刊上。

---

① 樊洪业，张久春选编.任鸿隽文存——科学救国之梦.上海：上海科技教育出版社、上海科学技术出版社，2002：741

到了 1934 年，国民政府教育部设立了国立编译馆，自此名词审查的工作交由政府指定机构办理。中国科学社停止了组织科学家审定科学名词的工作，但他们的努力为国家统一开展科学名词审定工作奠定了基础。任鸿隽在《中国科学社社史简述》也曾说到国立编译馆的科学名词的审定，其中大部分都是根据中国科学社以及其他团体已有的成绩。①

可以说，中国科学社既是国内最早开展科学名词审定工作，也是当时对科学名词的审定和统一作出最大贡献的科学社团。他们的工作促进了科学名词的统一和规范，为科学在中国的传播疏通了道路，极大地促进科学在中国的传播和发展。

（二）创办中国科学社图书馆

中国科学社同仁深知图书馆是普及文化、传播科学的重要阵地，面对当时国内尚无专门的科学图书馆、科学书籍严重缺乏的现状，他们从 1916 年就开始筹划设立图书馆。1919 年中国科学社在南京建立一固定的社所后，随即在该社址北楼设立图书馆，馆内收藏的书籍杂志由社员捐献与筹资购买，当时规定只有社员及对图书馆藏书有所贡献之人才可借阅。② 推迟至 1922 年中国科学社图书馆才正式对外开放，不过那时的馆内藏书多为生物科学领域的书报。③ 1929 年中国科学社在上海亚尔培路建立中国科学社图书馆，并向公众开放。为纪念英年早逝的社员胡明复，该馆又称明复图书馆。④ 它选址于人口稠密、经济发展、交通便利、学校林立的上海，对外联系方便，有较大的读者群。经过中国科学社同仁的努力，图书馆藏书逐日增多，服务公众的意识明确，遂成为该社传播科学的又一个重镇。

1. 广集书刊

中国科学社图书馆总章规定，图书馆的职责有五项：筹募经费；收集图书；图书编号并收藏；编纂图书书目提要；管理财务、文牍和管理维护社员捐赠的图书。在上述工作中，征集和收藏更多更精的图书资料与报纸杂志，是前提和首要任务。为了开展好这一工作，把有限的购书经费用于切实急需

① 樊洪业，张久春选编.任鸿隽文存——科学救国之梦.上海：上海科技教育出版社、上海科学技术出版社，2002：741

② 中国科学社记事.科学，1930～1931，15～16 卷各期

③ 樊洪业，张久春选编.任鸿隽文存——科学救国之梦.上海：上海科技教育出版社、上海科学技术出版社，2002：735

④ 中国科学社的明复图书馆于 1931 年在上海开馆。此前 1919 年落座的南京社所处北楼设立了图书馆。因有生物研究所在南京，故南京的图书馆藏书以生物科学为多，上海的明复图书馆则以物理科学为主。抗战胜利后，明复图书馆的藏书渐臻完备，有每年自订的英、美、德、法、日等国杂志140 多种，另有与各国交换的杂志 40 余种，其中有不少有重要学术价值的品种——《科学》和中国科学社 90 周年纪念·背景资料. http://chinsci.blogchina.com/3619681.html

处，中国科学社明复图书馆规定，图书馆在购置书刊前必须进行书目调查，以确保所购书刊的质量。

书目调查工作分为两步进行。首先由图书馆负责制定"调查书目表"，设有科目、类别、书籍名称、作者姓名、书籍出版年月或书报出版日期、页数和价位等内容。然后由各股股长根据图书馆的要求，具体组织书目调查。每股根据专业涵盖范围，下设一或两个主要学科（主科之下视学科情况可再设分支学科），以学科为单位进行调查。调查范围为八类出版物：书籍、政府出版物、当时的期刊、学会出版物、研究所出版物、学校出版物、函授学校出版物和公司报告目录商品名录等。调查结束后，每学科将调查结果汇总后统一填入"调查书目表"，最后由各股股长根据调查结果提出购书意向。"书目调查"虽然增加了分股委员们的工作量，但却能保证中国科学社图书馆所购置的书刊是经过比较和挑选的，是同类书刊中的上品。

同时，中国科学社还鼓励一些社员将其珍藏的科学书籍捐献给图书馆。这既充实了图书馆的藏书，也为更多的人阅览这些珍贵书籍提供机会。例如社员周美权先生捐赠了大批算学书籍；社员金书初先生将其当时价值5万多元的贝壳学图书全部捐赠中国科学社图书馆，使该馆贝壳学方面的馆藏书籍居全亚洲之冠。

此外，中国科学社通过利用其社员广泛的国际国内关系，一方面积极订购国外期刊报纸，另一方面主动与国内外各图书馆及一些国外学术团体合作，相互交换各自的报纸杂志，从而确保国外最新科学知识能源源不断地输入中国，以使国内学习者的科学知识更新能与国外保持同步。1922年前后，该馆开始订购或与国外学社交换的杂志，英、美、德、法、日等国的杂志有140余种，其中1926年订购如美国杂志50种，英国杂志27种，德国杂志15种，法国杂志10种等①，与各国交换所得的杂志有四十余种，还获得了一些外国学社出版的科学书报全份的免费赠送，如：卡耐基学社出版的书籍、斯密松宁学社的书籍报告等②。至于中文书籍，则《古今图书集成》、《农政全书》以及经、史、专集等可供参考者无不广为搜集。到1949年，明复图书馆所藏书籍杂志，中文30000余册；外文20000余册；其中装订成册的外文杂志有7000余册③，成为一个以科技类图书刊物为主要特色的图书馆。

---

① 中国科学社图书馆记载——新到外国杂志. 科学，7（4）：407～409

② 中国科学社图书馆记载. 科学，6（7）：747～757；中国科学社图书馆记载——新到美国卡奈奇学社赠书，（9）：959～975；中国科学社图书馆记载——新到美国卡奈奇学社赠书续记，（10）：1070～1078

③ 樊洪业，张久春选编. 任鸿隽文存——科学救国之梦. 上海：上海科技教育出版社、上海科学技术出版社，2002：735

2. 服务公众

在我国近代，科学图书除少数研究所、大学及规模较大的图书馆有所购置并略有收藏外，其数量与质量都远远不足。另外，管理能力有限，研究机构和大学所收藏的图书一般不向公众开放，学者和学生之外的人想借阅科学图书极不方便。在中国科学社的同仁们看来，图书是治学的工具，贵在能多加利用，不善利用，等于废物，文史哲典籍是如此，现代科学图书尤其如此。图书馆是藏书之所，更是学问之源。图书如果只是收藏，没有服务，充其量只是个藏书楼，就失去了它应有的功能和价值。图书馆必须服务公众，并通过服务使自己成为向公众提供学问的源泉。

有鉴于此，中国科学社积极提倡所有的公私机关都应向公众开放科学图书馆，并建议在某种规范之内采取馆际互借的方法，使社会上一切爱好科学的人士和研究专家，都可充分利用其中的书籍，使无声的书刊能在频繁的借阅中更好地发挥它的作用。

同时，中国科学社感到，虽然该社作为科学家自发组织的纯粹科学团体，其性质是民间私立机构，但根据办社宗旨，为更好地普及科学知识、传播科学文化，其图书馆应该向社会各界开放，以服务公众。中国科学社的明复图书馆建立后，在整个 20 世纪 30 年代一直坚持向公众开放，尤其注重服务在校的大中小学学生。除了平时对学生开放以外，明复图书馆还一度在寒暑假开辟借书日。[1] 为方便读者，中国科学社图书馆的管理人员主动把一些报纸装订成册，编辑外文杂志的索引，出版馆藏图书书目，以供读者阅读时参考。图书馆还规定所有重要书籍，无论该馆能否购置，各分股及图书馆都应根据其所知信息，将该书籍的详细情况记载在"书目提要牌"上，图书馆按规范编列收藏，以备社员的检查和日后的择购之用。

通过中国科学社和明复图书馆工作人员的努力，中国科学社把建立图书馆、为传播科学和普及科学提供学问源泉的设想变成了现实。

（三）经营中国科学图书仪器公司

中国近代科学图书缺乏，除前述各种社会政治经济文化原因外，还因科学书籍中包含了大量的学科公式、图解及科学名词，内容特殊，排版复杂，一般印刷厂缺乏具有相关知识的排版员，造成排印困难。同时，因科学图书读者不多，出版社获利很少，所以很多科学书籍无法出版，难以推广。

而另一方面，由于国内没有生产科学教育所需仪器设备的专门厂家，当时学校科学教育教学实验所需的设备、仪器、标本等都要从国外购进。这种方式一来价格昂贵，二来不适用于中国的情况，而且一旦损坏往往没有配件可用以修理。

从科学教育和科学传播的角度来看，图书和仪器是不可或缺的载体和工具。为此，1929 年中国科学社创办了中国科学图书仪器公司。公司总部设在上海，并在南京、广州、北平、汉口、重庆、杭州等地设分公司。公司的业务包括出版发行科学图书和制造科学仪器两部分，主要承接印刷、编辑、出版、刊行杂志，以及制作仪器、药品、标本、模型、切片等业务。从创办之日起，中国科学图书仪器公司就宣布不以营利为目的，不惜工本印刷科学图书和制造科学仪器，其产品因制作精良，质量上乘，为出版界、工厂、大学及研究机关所称道，曾获中国自制仪器展览会奖状，是当时国内规模最大、设备最好、出品最多的一家公司。它的创立，为科学图书的出版和传播做出了重大贡献，并开创了中国制造科学仪器的历史。

1. 出版发行科学图书

在出版发行科学图书方面，中国科学图书仪器公司主要有出版发行和代销图书两种业务。

出版发行方面，主要是印制和销售中国科学社社员编写和翻译的各种科学书籍。除学术著作外，科普书籍占了相当的比重。表 6、表 7、表 8 是作者根据《中国近代现代丛书目录》整理的由中国科学社图书仪器公司出版发行的部分科普作品的目录[①]。其内容涉及人物传记、家庭起居、天文地理、小工艺和科学小魔术等。

表6　中国科学社"科学画报丛书"19 本（1935～1952）

书名	编译者	出版情况
《力学图说》	杨孝述、杨逢挺编	1949 年初版
《小工艺化学方剂》	科学画报部编	1947 年初版
《少年电器制作法》	杨孝述、王常编	1938 年 6 月初版 1948 年 10 月第 8 版
《化学游戏》	王常编	1935 年初版，1937 年 4 月第 3 版 1941 年 5 月第 5 版
《军队渡河工程》	王寿宝译	1939 年 11 月初版，1947 年第 3 版
《进化遗传与优生》	陆新球编	1949 年初版
《海绵》	秉志著	1949 年初版
《大众天气学》	D·布朗德著，于星海译述	1942 年 11 月初版
《无线电初步》	E. E. Burns 著，孙克铭译	1944 年 9 月初版，1946 年 4 月再版

---

① 中国近代现代丛书目录.上海：上海图书馆编藏，1979

书名	编译者	出版情况
《少年化学实验》	王常编	1939 年 3 月初版，1942 年 7 月再版
《世界工程奇迹》	杨臣勋编	1942 年 12 月初版
《动物奇观》	林化贤编	1943 年初版，1947 年 10 月再版 1952 年 7 月第 4 版
《宇宙奇观》	曹友诚、曹友信编	1940 年 7 月初版，1946 年 5 月再版
《现代棉纺织图说》	何达编	1940 年 10 月初版
《城市防空》	英国 J. TMuerhead 著，黄立之译	1941 年 7 月初版
《普通解剖生理学》	李赋京著	1939 年初版，1947 年 6 月第 3 版
《昆虫通论》	王启虞、张巨伯编	1935 年 4 月初版，1939 年 12 月再版
《医用昆虫学》	吴希澄编	1938 年 2 月初版，1939 年 10 月再版 1950 年 11 月第 4 版
《植病丛谈》	崔伯棠、张巨伯编	1936 年初版，1939 年 12 月再版

表7　中国科学社"科学画报小丛书"15 本（1936 年 12 月～1951 年 10 月）

书名	编译者	出版情况
《少年电器制作法及电之用途》	杨孝述、王常编	1938 年 6 月初版，1941 年 7 月第 5 版 1947 年 1 月第 7 版
《书（关于书的话）》	张孟闻著	1942 年 9 月初版
《电》	英国 W. L. 布拉格著、杨孝述译	1936 年 12 月初版
《科学魔术》	王常编	1940 年初版，1941 年 7 月再版 1949 年 4 月第 4 版
《船——它的起源和发展》	英国太勒. 普著、于渊曾译	1939 年 11 月初版，1947 年 10 月再版
《废物利用》	科学画报编辑部编辑	1941 年 6 月初版，1946 年 4 月再版 1948 年 5 月第 3 版，1949 年 2 月第 4 版
《玩具制造》	杨孝述、王常编	1947 年 8 月再版
《小工艺化学方剂》	科学画报编辑部编辑	1947 年初版
《化学工艺》	科学画报编辑部编辑	1947 年 12 月初版，1948 年 11 月再版
《家常巧作》	科学画报编辑部编辑	1949 年 1 月再版，1950 年 6 月第 3 版
《土木工艺》	科学画报编辑部编辑	1948 年 4 月初版，1949 年 11 月再版
《电机工艺》	科学画报编辑部编辑	1949 年 3 月再版
《机械工艺》	科学画报编辑部编辑	1949 年 2 月初版
《农艺》	科学画报编辑部编辑	1948 年 12 月初版
《绘画与照相》	科学画报编辑部编辑	1948 年 12 月初版，1950 年 2 月再版 1951 年 10 月第 4 版

表8　中国科学社"通俗科学丛书"3本（1941年5月~1947年3月）

书名	编译者	出版情况
《人体知识》	美国 Loganclendening 著，陈聘丞译	1944年9月初版，1947年再版
《简单的科学》	英国 J·赫胥黎、安特莱德著，严希纯译述	1940年4月初版，1941年5月第3版 1947年3月第4版
《地球和人》	英国 J·赫胥黎、安特莱德著，曹友琴、曹友芳译	1942年5月初版

　　我们还从《科学画报》各卷各期的封面等处查阅到了另外一些中国科学图书仪器出版公司出版图书的广告未被《中国近代现代丛书目录》收录。其中，较有影响的如美国著名生物学家尼登教授来华演讲集《人类生物学》、孟心如所著的《军用毒气》和《化学战》、刘芝所著的《实用昆虫采集法》、张其昀等用科学方法介绍南京地质人文环境的《科学的南京》、杨孝述等编写的《家常科学》、曹友信与曹友诚合著的《宇宙奇观》、郭中熙翻译的《洗涤化学》等。此外，还有科学小说《庞大的智星》、《医疗中的奇迹》等。

　　由上可见，中国科学图书仪器公司承印出版的这些科学普及读物主要面对儿童、学生、妇女和民众，内容广泛、取材简单、图文并茂、通俗易懂。如《化学游戏》一书，以化学游戏的形式来普及化学领域的基本知识，书中所有游戏所需的材料均采用家庭日常用品，儿童只要照样去做即可了解化学常识，而教师如采用来做实验，便可取得良好的教学效果。并且，该书物美价廉，全书七十多页，仅售2角，赢得了较多的读者。如《家常科学》一书①，包括书室、家屋、厨房、煤柴间与洗衣室、浴室与饭堂、坐室、缝衣室、衣服室、首饰箱9册，每册售价1角。该书图文并茂，就家常所用之物加以简单而科学的解释，使一般儿童能从切身事物中发生研究科学的兴趣。如《洗涤化学》②一书，主要讲述洗涤用化学制品与药品，如皂、酸、油脂、水、漂白剂、淀粉等的化学性质和应用，以及其与织物纤维之关系。书中对洗涤原理的解说详而不烦，简而不略，对家庭主妇尤其实用。再如《地球和人》，包含地球与气候、地球的构成和历史、生命的化学、土壤、农学、发育和生命等内容。该书原为美国物理学家撰写，译成中文出版后大受舆论好评。

---

　　① 杨孝述，胡珍元编.家常科学.科学画报，7（1）：60（上海中国科学公司出版图书广告）（在《科学画报》第五、六、七卷各期封内有上海中国科学公司出版图书的广告）

　　② 《洗涤化学》，见《科学画报》第七卷第1期，第60页上海中国科学公司出版图书广告。此书为翻译作品，由 A. Harvey 著，郭中熙译。

再如《玩具制造》集中介绍了运动玩具、兵器、竞赛玩具、模型飞机、模型快艇、动物玩具、机械玩具、声光玩具和纸鸢等九类儿童常用玩具的制作方法，该书在介绍完每一类玩具的制作方法后，均附有详图。以上这些书籍，既能使读者感悟到宇宙的美丽和它构造的奇妙，也能使其在日常生活、平常器物中领略到科学的无处不在，并真切地感受到要想聪慧地生活在现代世界，不可不多读这些科学书籍。总之，它们拉近了读者与科学的距离，使他们发现科学近在身边，科学与其生活紧密相连。不少书出版后深受大众的喜爱，一再增印，在引导民众相信科学、接受科学和使用科学方面起了很好的作用。

在印刷科学图书的过程中，中国科学图书仪器公司还训练出了一批排版印刷方面的能手。他们能够熟练排版一些科学公式、科学符号、科学图片等，对提升科学图书印刷出版的质与量起了很大的作用。这些技艺精熟的制版工与高水平的撰稿人，紧密协作，珠联璧合，确保了中国科学图书仪器公司出版的科学图书质量，既使其赢得了读者，也赢得了市场。

在科学仪器代销方面，就是利用中国科学图书仪器公司自己的销售渠道，为其他科技团体出售他们出版的科学书籍。中国科学图书仪器公司成立后，先后代售过下列各机构的各种出版物：中国科学社、中国科学社生物研究所、静生生物调查所、国立中央研究院及其所属各研究所、国立编译馆、中国地质调查所、中国地质学会、中国物理学会、中国地理学会、中国动物学会、中国植物学会、大同大学、中国工程师学会、科学名词审查会等。通过这一业务，国内科学领域的主要机构和主要社团出版的书籍都云集到中国科学图书仪器公司，中国科学图书仪器公司因此成为当时国内出版、发行和销售科学和科普类图书的最大的集散地、中转站和供应商。

2. 制作科学仪器

实验是科学教育的重要一环。作为科学家，中国科学社同仁深知实验在培养大众科学素养中的作用。在他们看来，实验不仅为研究问题搜集事实的途径，而且在培养学习者思维方面，有着阅读科学读物不能替代的作用：实验能引起学习者的兴趣和求知欲，激发人的探究精神；由于实验需解决随时发生的各种问题，可以训练学习者的心智和动手能力；实验还有助于学习者根据实验所得的事实进行归纳并得出结论。并且，经过严格的实验训练，人们慢慢会形成科学思维，对一切事情都持科学的态度，久而久之，就养成了科学思考的习惯。而如果全体国民都能了解科学的道理，躬行实践，为国家和人民谋福利，这就是实现了中国科学社历来所倡导的科学化的本意。① 因而，科学实验即是培养学习者基本科学素养的一个不可或缺的重要环节。

---

① 曹惠群.什么叫科学化.科学画报，1（2）

　　然而，当时各个科研机构的科学实验条件较差，而各级学校的科学实验设备更是稀少。当时大中学校实验室数量很少、仪器设备药品基本依赖外国进口。为改善这种状况，科学仪器图书公司将其另一个主要经营业务确定为制作科学仪器。

　　作为当时中国最现代化的仪器制造企业，中国科学社图书仪器公司设有仪器制造厂、玻璃制造厂、标本模型厂、化学陶瓷厂、进口部等部门。它不仅拥有当时全国唯一的标本模型制造厂，还可以承制特殊仪器的设计和制造业务；不仅能够生产制造，而且依靠中国科学社，聘请了许多懂科学懂技术的科学家与技术人员，共同参与产品的设计和开发。其所生产的仪器设备质量保证、货源充足、定价低廉，成为当时各个大学、中学、研究所以及一些工厂争相购买的产品。下面是中国科学社图书仪器公司当时生产产品类别的一览表（见表9）。

表9　中国科学社图书仪器公司产品表

仪器制造厂	玻璃制造厂	标本模型厂	化学陶瓷厂	进口部
大学用精密物理仪器 中学用实验及示范仪器 工业用仪器 各种夹持及通用仪器 各种天平砝码 测量仪器 侧候仪器 生物仪器 比重计 温度计	各种硬质玻璃仪器（对温度、酸、碱及机械力的抵抗均合乎标准） 各种灯工用软质玻璃 中性玻璃 特殊工业玻璃仪器	各种动植物、矿物标本 各种剥制、浸制骨骼标本 生物切片 生物解剖模型 病理及公共卫生模型 生物仪器 五彩挂图 代制标本	各种坩埚 细孔坩埚 蒸发皿 西控漏斗 瓷板 有柄蒸发皿 瓷艇等	经售欧美名厂出品各种CP及普通化学药剂一万余种 各种科学仪器及工程器械

　　需要说明的是，中国科学图书仪器公司完全按照当时教育部关于中小学科学仪器设备制作的标准来开发产品，并根据学段和课程的要求，将其产品分为初中设备、高中设备和高中完全设备三类，其中高中设备又分实验仪器和示教仪器两种，可拆可合，经济实用，能满足不同学校的不同教学需求。中国科学图书仪器公司的出现，改变了学校科学仪器设备不得不依赖外国、价高量少的局面，其产品遍及各个学科和门类，为国内学校开展科学实验提供了必备的物资条件。

　　（四）科学讲演

　　中国的近代教育起步很晚，发展也比较缓慢，学校主要集中于沿海地区及内陆等经济相对发达的城市。20世纪二三十年代全国文盲人数约占全国总人口的80％。常用的文字科普形式，即出版科普通俗读物、书报之类，仅满足了 20% 的识字人群。对占人口 80% 的不识字群体而言，比较有效的则是非文字的传播形式。中国科学社的同仁们意识到了这一点，于是在创办刊物、出版书籍的同时，还开展了科学演讲，举办了科学展览会等，以尽可能满足非识字群体的科普需要。

科学讲演，就是科学家和民众面对面，针对民众关切的问题，通过语言和对话，直接向平民传播科学。这种方式只要事先稍做准备和安排，对于场地、时间、经费等要求不高，既经济实惠又雅俗共赏，因而成为中国科学社面对公众开展科学普及活动最常用最普遍的方式。按照举办的时间和形式，中国科学社的科学演讲可以分为年会通俗演讲、春秋季演讲和联合通俗演讲三类。

1. 年会通俗演讲

自 1916 年起到 1948 年先后，中国科学社共举行了 26 次年会。这 26 次年会的会址遍及全国各主要大城市及四川、广西、云南等西部地区。每次年会，除了社员之间专业性较强的学术研讨外，中国科学社还会安排与会的社员向当地群众或学生发表通俗科学演讲，宣传科学知识。久而久之，通俗演讲就成为中国科学社年会一项固定的活动内容。

例如，中国科学社第 17 届年会在西安举办，有社员 21 人参加。会议期间，中国科学社安排社员朱其清在当地的民众教育馆演讲"无线电发明之历史及其效用"，边讲解边进行机械演示，"听讲者 500 余人，无不满意"。这次年会的通俗科学演讲引起了一些人对中国科学社和科学的兴趣，当即有 10 余人表示愿意入社。[①] 同样，1933 年中国科学社在四川举行第 18 届年会，有社员 118 人参加，可谓盛极一时。由于到会科学家人数较多，中国科学社就在当地青年会、总商会和川东师范学校 3 处分别举行通俗演讲。结果每处听讲者皆有五六百人，"川中人士对于科学之兴奋，由此可见一斑"。由于听众的强烈要求，中国科学社决定在露天会场再加一场公开演讲，由社员马寿征讲"由中国化学肥料问题说到农村复兴"、陈燕山讲"改进中国棉业之重要"、李永振讲"农业改良"。由于上述 3 个主题内容直接涉及与民众息息相关的农业问题，引起听众极大的兴趣。再如，1935 年 8 月上旬，中国科学社与中国工程师学会、中国化学会、中国地理学会、中国动物学会、中国植物学会、中国化学会 6 个国内科学团体在广西南宁省政府举行联合年会。[②] 与会者 346 人，其中外国会员 13 人。这次年会举办期间，中国科学社社员在广西省府礼堂与省党部等处先后进行的公开演说近 30 场。讲题大多都与广西建设、民众

---

① 范铁权. 评中国科学社的西部活动. 中州学刊, 2004, (1)
② 科学团体举行联合年会之意义. 科学, 19 (7)

生活密切相关。在题为《西南民族与国防建设》的演讲中，刘咸阐释了其发展西部的"三步"主张，获得与会人士的一致赞同。

2. 春季、秋季讲演

中国科学社同仁们注意到当时西方各国都很注重科学演讲，如在英国伦敦基本上每天都会有一个面向大众的普通科学演讲，于是便决定在当时的中国科学社总部南京社所内，每年在春季和秋季分两次举办不定期的科学演讲。演讲者基本上为中国科学社的社员，偶尔有国外专家到访也会邀请他们加盟。而听众主要是工人、农民、家庭主妇等。一些比较受欢迎的通俗科学演讲题目有赵明石主讲的《科学势力》、杨铨主讲的《社会科学》、茅唐臣主讲的《工业与近世文明》、陆志章主讲的《心理学的应用》、吴谷宜主讲的《肺痨病的预防法》、钱天鹤主讲的《农业与近世文明》、濮郎克（德国东普鲁士丹哲克大学机械学教授）主讲的《欧战后的科学应用》。

南京社所春秋两季通俗科学演讲最活跃的时期是 20 世纪 20 年代。当时，中国科学社的各项事业刚刚起步，所组织的春季、秋季演讲，影响很大，听讲者人数颇多，无不满意，非常踊跃。为此，中国科学社理事会还曾推选竺可桢、秉志、王季梁 3 人为演讲委员，由竺可桢任委员长。演讲委员不仅自己带头演讲，还邀请其他社友担任演讲。

随着中国科学社的发展壮大，中国科学社总社要求各地每 20 人以上即成立社友会，每 40 人以上可成立分社。1931 年中国科学社在广州、南京、上海、北京、成都等地先后成立了十多个社友会。中国科学社要求所有的社友会所在地，必须举行演讲以传播科学知识，该地的社员必须参加。按照这个规定，凡设有社友会的城市都会不时地举行此类演讲。如上海社友会与上海市通俗教育馆合作，借该馆大厅，每两星期举行一次公开科学演讲，听众有学生、劳工阶级和居民等，其科学通俗讲演办得有声有色。

3. 联合通俗科学讲演①

抗日战争胜利后，中国革命进入全国解放战争时期。中国科学社的同仁们以为："今后的科学教育，从一般的趋势看是着重应用，在推行上是着重普及。"② 虽然其后全面内战爆发、时局动荡，但他们仍然坚持开展科普宣传。1949 年，中国科学社与中国技术协会、中华基督教青年会联合，借中华基督教青年会的八仙桥会址，于该年 3 月 20 日起，每逢星期日上午，开设通俗科学与工业常识两讲座。讲座以中等文化程度并从事工商业者为对象，主要考虑这些人占市民之多数，其中大多数人因各种原因未能饱受学校教育的缘故。

---

① 于诗鸢.通俗科学讲辞记录序.科学画报，15（4）
② 杨季瑶.最后胜利在今后科学教育上的教训.科学画报，12（1）

为了能吸引这部分听众，组织者对演讲者提出了具体要求："讲材务择切身，讲辞务乐浅显，盖恐枯燥深奥，格格不入，翻将望望然去也。又以历届于彼展览会时，默察所得：其吸力文学不及图表，图表不及模型实物，模型实物又静不如动，无声不如有声，力主以模型，实物，表演，电影，幻灯等助讲，至少辅以图表，俾听众耳目并用，接受知识于兴会淋漓之中，而得收普及教育之效。"① 为组织好此次讲演，3 个团体特别设立了干事会，经过 3 个月的筹备，广泛联系各学界专家，于当年便拟定了 20 场讲演。讲座公开面向民众售票，门票只收最低杂费。讲座之前先发讲座提要，包括讲座的简明大纲或注释，以供听众抉择。为进一步扩大影响，主办方还打算将该讲座的内容整理成文后，分学科在不同刊物上发表。

（五）科普展览

早在建社之初，中国科学社在策划科学普及工作的时候就曾有一个设立博物馆的计划，但因种种原因一直搁置未成。为此，中国科学社转而利用南京社所拥有的科普资源，举办了多次科普展览，其中尤以中国科学社生物研究所利用该所动植物标本等资源进行的生物标本展览最有成效。

生物研究所是 1922 中国科学社自行设立的科研机构。为配合科普宣传，自 1923 年起该所在底楼特辟数间房间作为标本陈列馆，向民众开放。虽然馆内陈列的都是寻常的生物标本，但由于当时国内没有公开的博物馆，民众鲜有参观博物馆的经历，因而生物研究所公开举办的展览，不仅是南京市内的市民，就连路过南京的很多人都会到生物研究所的标本室参观一番。到访者莫不诧异叹服，相互传说，观者盈途。② 参观者的热情使生物研究所的同仁们受到了极大的鼓舞，他们开始注意不断充实标本陈列馆，并拟在标本达到一定规模后，举办正式的科学展览。

其间，最盛大的一次是 1935 年生物研究所为南京市民举办的生物展览会。当年秋季，有记者在报纸上披露，生物研究所与几个学术团体联合组成的海南生物科学采集团采集归来。消息传出，南京中等学校生物教学研究会希望生物所能举行生物展览会，以使南京中等学校的师生和一般社会人员对于国内的动植物有所认识，进而产生兴趣，激发他们进行研究的动机。生物研究所欣然采纳，为南京市民举办了一场规模盛大的生物展览会。

这次生物展览会展出了众多展品。动物标本有昆虫标本、软件动物标本、棘皮动物标本、节肢动物标本、剥制哺乳动物标本、剥制鸟类动物标本等；植物标本有松杉球果标本、经济树木标本、藻类标本、菌类标本、作物病菌

---

① 于诗鸢.通俗科学讲辞记录序.科学画报，15（4）
② 冒荣.科学的播火者——中国科学社述评.南京：南京大学出版社，2002：169

标本等。在动物标本中，有许多是难得一见的生物，例如各种寄生虫、鱿鱼、章鱼、白鳍豚、寄居蟹、藤壶、鹤鹭、苍鹭、鸬鹚等。为便于参观者了解各种展品，生物研究所制作了有关生物的挂图，介绍各种生物的生活史；在陈列展示的每种标本前都放置了标签，并附有简短的说明；一些微小的原生动物还被放到了显微镜架上，使参观者通过显微镜能清楚地看到这些原生动物的细小构造。

此次生物展览会于 1 月 29 号开幕，初定展期 10 天，后因大众要求又延长了 6 天。"在这十六天之内，除非下雪刮大风，每天总是熙来攘往，非凡热闹。前后参观人数，在一万以上。"① 参观的人有学者、中学生物教员、中学生和各界市民。他们有的是南京本地人，有的远道而来；有的人连续几天都来，还有学生在这里抄写笔记；有的人在挂图和陈列的标本前静默看得出神；一些向来和动物学无缘的人，一看到这些陈列物和挂图也产生了浓厚的兴趣，求知之心甚切。在生物所的"留言簿"上，很多参观者提出了希望和建议。有的希望在我们这样科学落后的国家，能有一般科学知识的领袖多利用各种方法来向大众普及科学知识；有的人建议展览会能由生物研究所的人担任解说员给大家讲解；还有人建议标本的说明能再详细一点。② 为此，生物研究所的张孟闻先生在《科学画报》上发表了《中国科学社生物研究所展览会记》一文。在这篇文章中，他就展览中没有详细说明的部分展品和大家没有注意的部分内容又专门作了详细的介绍和说明。

此外，中国科学社还举办过其他类型的展览。如 1931 年上海明复图书馆落成开馆时，曾举办"中国版本展览会"10 天。这个展览会搜集展出了唐人写经、宋元刊本、明《永乐大典》、清《四库全书》等书籍以及现代各种印刷术、装订术的样本。

20 世纪上半叶的中国，山河破碎、风雨飘摇、百业凋敝、民不聊生。面对中国国力贫弱、民众蒙昧的时局，中国科学社成员们从自己的所学出发进行思考，并进而坚信科学可以救国，救国必须依赖科学。中国科学社各位社员坚信科学可以救国，救国必须依赖科学。从 1914 年《科学》创刊到 1949 年，他们筚路蓝缕、不辞辛苦开展了大量的科普活动。"我们是中华民国的国民，我们希望祖国现代化，我们必须要使祖国科学化。使中国除地大物博之上，再加以科学繁盛。欲达到此目的，非先使国民科学化不可。欲全体国民科学化，就得先从自己科学化起！"③ 这种以研究科学和普及科学为己任的情

---

① 冒荣.科学的播火者——中国科学社述评.南京：南京大学出版社，2002：169
② 张孟闻.中国科学社生物研究所展览会记.科学画报，1（19）
③ 卢于道.科学的国家与科学的国民.科学画报，3（12）

怀，深切地表达了对国家、民族和国计民生的关注，洋溢着令人感动的诚挚之情。

中国科学社的科普实践成功地回答了如下两个问题：什么是大众科普？如何进行大众科普？中国科学社的卢于道在《科学的国家与科学的国民》一文中提示了对这两个问题的解答思路。

我们可以说欲求我国被人看作平等国家必须先提高文化程度；欲提高文化程度，必首先提倡科学。故现代文明国家，即科学的国家！我们甘心落伍灭亡则已，否则欲求自强，欲求自力更生，欲求迎头赶上，再进言之，欲洗雪国耻以图自强，以达到民族复兴的地位，非在我们这数千年龙钟老国中输入科学之血不为功！

然而国家是谁的？就是你的，就是我的，就是全体中国人的。科学之血输到哪里去？就是你，我以及全体中国人的身上！

什么是大众科普？就是在全体中国人身上输入科学之血；如何进行大众科普？就是从每个个体自己科学化做起。为了实现这个目标中国科学社开创了多个中国科普史上的"第一"。他们的工作向我们传达了这样一些科普的理念：①科学不远人，人人所能习。即努力让科学成为平常事物，走入百姓生活，消除民众对科学的神秘感与敬畏心。②生活处处皆是科学。即鼓励民众从衣食住行、从身边事物入手去了解和学习科学，明白"个人之生活可以使悉入于科学之轨"。① ③科学研究与科学普及是缺一不可、相辅相成的事业。"高深科学之研究与普通科学知识之推广，皆国家生命之所系。"② 这是一种深刻的洞见。有科学大家而无科学民众，则民众仍将愚昧无知、国家仍将衰落不振。如将科学研究比作国家长青之树，那么科学普及则是培育这些长青树的厚土。④科普乃科学家当然之责。中国科学社号召"科学家应当联合政治家、教育家、新闻家等同负决定如何利用科学发明的责任；一方面以科学家的地位，不必问影响之何若，继续研究以寻求真理为己任，并尽量增进人工的效率；一方面以社会一分子的地位，抱定'天下兴亡匹夫有责'的志向，尽力于善用智能，促进建设，以至善为归。"③ 将科普视为科学家义不容辞的社会责任。

---

① 伏枥. 科学生活. 科学画报，10（9）
② 秉志. 极乐世界. 科学画报，12（5）
③ 曹梁夏. 科学与社会问题. 科学画报，8（7）

第二编

中国科学社与中国近代学校教育

一、中国科学社与近代大学教育

作为一个民间的科学团体，中国科学社没有设置负责大学教育的专门机构，但其社员则主要在大学任职。要揭示中国科学社与中国近代大学的关系，最好的方法是从那些在大学任职的社员入手，对他们逐一作具体分析。然而，由于该社人数众多（至 1949 年已拥有社员 3776 人），要一一梳理，限于资料，比较困难。因而，本文将选取中国科学社中比较有代表性的人物，通过对他们的研究，来展现这一时期中国科学社对我国近代大学教育的影响。从中国科学社的组织建制来看，理事会①是其核心机构，担任理事的社员是中国科学社的积极组织者和参与者，是其对外活动的代表和社员中的骨干力量。为此，笔者将主要以中国科学社理事社员为对象，通过对他们在大学活动的梳理，来展现中国科学社对中国近代大学教育的贡献。

（一）理事社员任职大学情况综述

从 1915 到 1949 年，中国科学社通过选举先后产生过 67 位理事社员。经多方查询，笔者收集到了其中 48 位理事社员的资料，从中可以看出中国科学社与近代大学教育之间的密切联系。首先，我们来看 48 位理事社员在大学任职的基本情况（详见表 10）。②

---

① 中国科学社 1915 年"社章"第 6 章第 22 条规定，董事会为该社的核心机构，其职权为：（1）决定进行方针；（2）增设及组织办事机关；（3）监督各部事务；（4）管理本社财产及银钱出入；（5）选决入社社员，提出特社员、赞助社员、名誉社员；（6）报告本社情形及银钱账目于常年会；（7）推任经理部长、图书部长及各特别委员。会长、书记、会计均有董事会职员互选举出，董事会会长即中国科学社社长。1922 年中国科学社进行改组时，将原来的董事会易名为理事会，职权不变。

② 此表由笔者根据《中国现代科学家传记》和《中国科学技术专家传略》相关内容整理而成。

表10 中国科学社48位理事社员在大学任职简况表

姓 名	学 科	毕业学校及学历	入社后的工作经历
任鸿隽	化学	1916年康奈尔大学学士；1918年哥伦比亚大学化学工程硕士	1920~1922年任北京大学化学系教授，教育部专门教育司司长；1923~1925年任东南大学副校长；1935~1937年任四川大学校长
赵元任	语言学	康奈尔大学学士，哈佛大学哲学博士	1920~1921年任教于清华大学；1925~1929年任清华大学国学研究院导师
胡明复	数学	1914年康乃尔大学文理学士；1917年哈佛大学哲学博士	1918~1927年任大同大学教授，兼任东南大学、南洋大学等校教授；大同大学的实际管理人
秉 志	动物学	1913年康奈尔大学学士；1918年康奈尔大学哲学博士	1920~1937历任南京高等师范学校、东南大学、厦门大学、中央大学生物系主任、教授；1946~1949年任中央大学生物系教授；1946~1952年任复旦大学生物系教授
周 仁	机械工程	1915年康乃尔大学硕士	1917~1919年在南京高等师范学校任教；1922~1927年任上海交通大学教授，1924~1927年兼任教务长；1927年任中央大学教授兼工学院院长
竺可桢	地理学、气象学	1918年哈佛大学气象学博士	1918年任武昌高等师范学校教授；1920年任南京高等师范学校教授；1921~1925年东南大学地学系主任；1926年南开大学地理系教授；1927年任中央大学地学系主任；1936~1949年任浙江大学校长
邹秉文	农学	1915年康乃尔大学农学士	1916年回国任南京金陵大学教授；1917~1921年改任南京高等师范农科教授兼主任；1921~1927年东南大学教授兼农科主任
唐 钺	心理学	1920年哈佛大学哲学博士	1921年回国后任教于北京大学；1926~1929年任教于清华大学；1946年再度任教于清华大学
钱天鹤	农学	1918年康乃尔大学农学硕士	1919~1923年任南京金陵大学农林科教授，兼蚕桑系主任；1925~1927年任浙江公立农业专门学校校长
过探先	农学	1915年康乃尔大学农学学士、硕士	1915~1919年回国任江苏省立第一农业学校校长；1921~1925年任东南大学农科教授，兼农艺系主任、农科副主任、推广系主任；1925~1929年任金陵大学农林科主任

姓名	学科	毕业学校及学历	入社后的工作经历
杨铨	商学	1926 年康奈尔大学学士；1918 年哈佛大学工商管理硕士	1919～1924 年任教于南京高等师范学校及其改组后的东南大学，历任商科主任、校办工场主任
裘维裕	物理学	1919 年麻省理工学院电机科硕士	1923～1927 年任上海南洋大学电机系教授；1928～1948 年任上海交通大学物理系教授、系主任；1930～1950 年先后任交通大学科学学院院长、理学院院长、教务长和教务委员等职
孙洪芬	化学工程	宾州大学硕士	1919 年回国，历任南京高等师范教授、东南大学化学系主任、中央大学理学院院长
郑宗海	教育学	1918 年哥伦比亚大学教育学硕士	1918～1921 南京高等师范学校教授；1921～1925 东南大学教授；1925～1927 年浙江省立杭州女子中学校长；1927～1929 年第四中山大学教育学院院长；1929～1949 年之后长期任教于浙江大学，历任教育系主任、教务长、师范学院院长
王琎	化学	1915 年美国里海大学化学工程学士；1934～1936 年再度出国，获美国明尼苏达大学硕士学位	1915～1927 年先在湖南工业专门学校任教，后任南京高等师范学校数理化学部教授、化学系主任；东南大学教授，并曾任浙江高等工业学校教师；1936～1937 年四川大学化学系教授兼系主任；1937～1952 年在浙江大学任教授兼化学系主任，创建浙江大学师范学院并任院长
张子高	化学	1915 年美国麻省理工学院化学学士	1916 年 9 月～1919 年 7 月南京高等师范学校、东南大学、金陵大学和浙江大学等校教授；1919 年 9 月～1939 年 5 月清华大学化学系教授、系主任、教务长；1939 年月～1941 年 12 月燕京大学客座教授；1942 年 3 月～1945 年 9 月北平中国大学教授、系主任及理学院院长，兼任辅仁大学教授；1945 年 11 月～1952 年 8 月清华大学教授、系主任
丁文江	地质学	1911 年格拉斯哥大学毕业，获得动物学与地质学双毕业文凭	1931～1934 年任北京大学地质系教授

科学家与中国近代科普和科学教育

姓名	学科	毕业学校及学历	入社后的工作经历
胡刚复	物理学	1913 年哈佛大学理学学士；1914 年哈佛大学理学硕士；1918 年哈佛大学哲学博士	1918～1925 年历任南京高等师范学校和东南大学教授、物理系主任；1925～1926 年任上海国立交通大学、同济大学、光华大学和大夏大学教授；1926～1927 年任厦门大学教授、理学院院长；1927～1928 年任国立第四中山大学高等教育处处长、教授、理学院院长；1931～1936 年任交通大学教授；1936～1949 年任浙江大学教授、文理学院院长、理学院院长；1918～1950 年兼任上海私立大同大学教授、理学院院长、工学院院长、校长
胡先骕	植物学	1916 年美国加利福尼亚大学农学院农学学士；1923～1925 年在美国哈佛大学学习，获硕士和植物分类学哲学博士学位	1918～1922 年任南京高等师范学校农林专科教授；1922～1923 年任东南大学农科教授；1925～1928 年任东南大学教授；1928～1932 年兼北京大学和北京师范大学生物学系教授；1932～1940 年兼北京大学、北京师范大学生物学系教授；1940～1944 年任中正大学校长
翁文灏	地质学	1912 年鲁凡大学博士	1924 年兼任北京大学地质系、清华大学地学系教授；1931 年任清华大学代理校务
叶企孙	物理学	1920 年美国芝加哥大学学士；1923 年美国哈佛大学哲学博士	1924～1925 年任东南大学物理系副教授；1925～1941 年任清华大学物理系副教授（1925～1926）、教授（1926～1941）、系主任（1926～1934）、理学院院长（1929～1937）、特种研究所委员会主席（1939～1946）；1938～1941 年任西南联合大学物理系教授；1943～1952 年任清华大学教授、理学院院长（1945～1952）、校务委员会主任委员（1949～1952）；西南联合大学教授（1943～1946）、理学院院长（1945～1946）
胡庶华	铁冶金工程	德国铁冶金工程师	1932～1935 年湖南大学校长 1935～1938 年四川省立重庆大学校长 1939～1940 年西北大学校长；1940～1943 年湖南大学校长；1945～1949 年湖南大学校长
李四光	地质学	1918 英国伯明翰大学自然科学硕士	1920～1937 年任教于北京大学，先后任地质系教授、地质系主任

姓名	学科	毕业学校及学历	入社后的工作经历
丁绪宝	物理学	1922年芝加哥大学硕士	1925~1926年任东北大学物理系教授；1926~1931年被中华教育文化基金会董事会和东北大学合聘为物理学讲座教授；1934~1937年任南京中央大学物理系教授、系主任；1943~1944年先为广西大学物理系教授，后为贵州大学物理系教授兼系主任；1944~1952年任浙江大学物理系教授
伍连德	医学	1899年剑桥大学文学学士；1902年剑桥大学医学士学位；1903年剑桥大学医学博士	1922年受张作霖委托，在沈阳创建东北陆军医院；1926年创办哈尔滨医学专门学校（哈尔滨医科大学前身），任第一任校长
胡　适	哲学文学	1914年康奈尔大学文学学士；1927年哥伦比亚大学哲学博士（补授）	1917年起长期在北京大学任教，历任北京大学教务长（1922）、文学院院长（1931）、校长（1945）；1928~1930年中国公学校长，兼文学院院长
马君武	冶金	1911年德国柏林工艺大学公学博士	1925年任北京工业大学校长；1928~1929年广西大学校长；1930年中国公学校长；1931~1936年广西大学校长；1939~1940年国立广西大学校长
严济慈	物理学	1923年东南大学理学学士；1925年巴黎大学硕士；1927年巴黎大学法国国家科学博士	1927~1928年在上海大同大学、中国公学、暨南大学、南京第四中山大学任物理学、数学教授
钱崇澍	植物学	1910~1916年在美国伊利诺伊大学、芝加哥大学和哈佛大学学习，获植物学学士学位	1916~1918年任南京甲种农业专科学校教授；1919~1928年任金陵大学、东南大学、清华大学、厦门大学教授及北京农业大学教授兼生物系主任；1928~1945年任中国科学社生物研究所研究教授兼植物部主任及四川大学教授兼植物部主任；1945~1949年任复旦大学教授兼农学院院长
吴有训	物理学	1925年美国芝加哥大学哲学博士	1927~1928年受聘为南京第四中央大学副教授兼系主任；1928~1938年任清华大学教授、物理系主任（1934），兼任理学院院长（1937）；1938~1945年任西南联合大学理学院院长，兼清华大学金属研究所所长；1945~1948年任中央大学校长；1949年上海交通大学教授

科学家与中国近代科普和科学教育

姓名	学科	毕业学校及学历	入社后的工作经历
顾毓琇	电机工程	1928 年麻省理工学院博士	1929 年任国立浙江大学工学院电机科主任；1931 年国立中央大学工学院院长，并应邀到金陵大学理学院兼课；1932 年 8 月国立清华大学电机工程系主任，并应邀到北京大学物理系兼课；1933 年任国立清华大学工学院院长；1940 年兼任国立音乐学院首任院长；1944 年 8 月~1945 年 8 月国立中央大学校长；1947 年国立政治大学首任校长，并在中央大学兼课
王家楫	动物学	1928 年美国宾夕法尼亚大学哲学博士	1929~1934 年中国科学社生物研究所研究教授兼任南京中央大学生物系教授
萨本栋	电机工程	1924 年美国斯坦福大学工学学士；1927 年麻省伍斯特工学院理学博士	1928~1937 年任清华大学物理学教授；1937~1945 年任国立厦门大学第一任校长
茅以升	土木工程	1917 年美国康奈尔大学硕士；1919 年美国卡利基理工学院工学博士	1920~1922 年任唐山工业专门学校教授、副主任；1922~1923 年任国立东南大学教授兼工科主任；1924 年任河海工科大学校长；1926 年任交通部唐山大学校长；1927~1930 年任北洋大学教授、北平大学第二工学院院长；1932~1933 年任北洋大学教授；1938~1941 年任唐山工学院院长；1943~1949 年上海交通大学校长
张洪沅	化学工程	1926 年加州理工学院学士；1928 年麻省理工学院硕士；1930 年麻省理工学院博士	1931~1932 年任中央大学化工系教授；1932~1937 年任南开大学化工系教授兼任应用化学研究所副所长；1937~1941 年任四川大学教授、化学系主任、理学院院长、应用化学研究室主任；1942~1950 年任重庆大学校长兼化学工程系主任及应用化学研究室主任
沈宗瀚	农学	1924 年美国佐治亚大学农学硕士；1927 年美国康奈尔大学哲学博士	1927 年归国后任金陵大学副教授、教授、农艺系主任，在校工作长达 11 年
蔡翘	生理学	1925 年芝加哥大学哲学博士	1927~1930 年任教于上海吴淞中央大学医学院；1937 年任教于南京中央大学医学院；1948 年代理中央大学医学院院长
李春昱	地质学	1928 年北京大学学士；1937 年德国柏林大学博士	1939~1941 年兼任重庆大学地质系教授；1941~1942 年兼任中央大学地质系教授

姓名	学科	毕业学校及学历	入社后的工作经历
丁燮林	物理学	1919 年英国伯明翰大学理科硕士	1919～1924 年任北京大学物理系教授兼理预科主任；1924～1926 年任北京大学物理系主任
曾昭抡	化学	1926 年美国麻省理工学院科学博士	1927～1931 年任中央大学化学系教授兼化工系主任；1931～1937 年任北京大学化学系教授兼系主任；1938～1946 年任西南联合大学教授；1949～1951 年任北京大学教务长兼化学系主任
张其昀	地理学	南京高等师范学校毕业	1927～1935 年任教于东南大学（1928 年改名为中央大学），先后被聘为讲师、副教授、教授；1936 年起长期在浙江大学任教，历任文科研究所史地学部副主任、史地学系教育研究室主任、师范学院史地学系主任、浙江大学训导长、文学院院长
吴学周	物理化学	1931 年美国加州理工学院博士	入社后没有在高校任教的经历
袁翰青	化学	1929 年清华大学学士；1932 年美国伊利诺大学哲学博士	1934～1939 年任南京中央大学化学系教授；1945～1950 年任北京大学化学系教授和化工系主任
黄汲青	地质学	1928 年北京大学理学学士；1935 年瑞士浓霞台大学理学博士	1946 年兼任北京大学地质系教授
庄长恭	化学	1921 年芝加哥大学学士；1924 年芝加哥大学博士	1924～1931 年任东北大学教授，化学系主任；1926～1933 年中华教育文化基金董事会科学讲座；1933～1934 年任中央大学理学院院长；1934～1945 年任中华教育文化基金董事会研究教授；1948 年任台湾大学校长
陈省身	数学	1936 年德国汉堡大学科学博士	1937～1943 年任教于西南联合大学
伍献文	动物学	1927 年厦门大学理学学士；1932 年巴黎大学理学博士	1934～1936 年兼任中央大学教授；1936～1937 年兼任中央大学生物系主任
杨孝述	电机工程	1914 年美国康奈尔学士	曾任南京河海工科大学校长，中央大学秘书长兼工学院机械工程科主任，上海交通大学教授、浙江大学教授

从表中可以看出，中国科学社 48 位理事社员中有 47 位曾在高等学校任职，而且除翁文灏、王家楫、李春昱、黄汲青、伍献文 5 人是在大学兼职外，都是全职的大学教员。

从任职学校知名度来看，均是国内著名高校（见表 11）。

表 11　中国科学社 48 位理事社员任职大学统计表

学校	人数	学校	人数
南京东南大学①	31 人	北京大学	12 人
清华大学	9 人	浙江大学	9 人
上海交通大学	6 人		

从学校所在的省份来看，他们主要在北京、上海和江浙沿海地区等地区的高校任职，只有少数理事有在西部地区高校工作的经历②（见表 12）。

表 12　中国科学社 48 位理事社员所在大学及省份统计表

地区	江苏	北京	上海	浙江	四川	福建	天津	东北三省	湖南
人数	33	21	14	10	6	4	3	3	2
地区	广西	江西	湖北	贵州	河北	陕西	台湾	广东	
人数	2	1	1	1	1	1	1	1	

从任职时间来看，超过一半的理事社员将大学作为自己一生工作和活动的主要场所（见表 13）。

表 13　中国科学社 48 位理事社员在大学任职时间统计表

任职年限	人数
超过 20 年（含 20 年）	15 人
超过 10 年（含 10 年）	27 人
在同一所大学任职时间超过 10 年	14 人

从专业背景来看，理事社员中学习自然科学的占绝大部分，达到 43 人（见表 14）。

---

①　东南大学的前身是创办于 1902 年的三江师范学堂。1915 年，三江师范学堂改名南京高等师范学校。1920 年，南京高等师范学校的部分系科组建国立东南大学。1923 年，南京高等师范学校全部并入东南大学。1927 年，东南大学、河海工程大学、江苏法政大学等 9 所江苏境内的公立高校合并成立国立第四中山大学（1928 年初一度改称江苏大学）。1928 年 5 月 16 日，定名国立中央大学。1949 年 4 月，更名为国立南京大学（王运来，楠萱.1952 年前后的南京大学.光明日报，2002－5－22）
②　抗战爆发后，沦陷区高校内迁，学校地点有变化。此表仍按学校原来所在省份统计。

表14 中国科学社48位理事社员专业统计表

学科		人数
物质科学	数学	2
	物理	7
	化学	7
	地质、地理、气象	7
生物科学	生物	5
	医药	2
	农林	4
工程科学	化学工程	2
	机械工程	1
	电机工程	3
	土木工程	1
	矿冶	2
社会科学	教育、心理	2
	商业	1
	文、史、哲	1
	语言	1

此外，从求学国别看，留学美国的有35位，留学欧洲的有12位，国内毕业的只有1位。留学生占了绝对多数，其中留美学生人数超出理事社员总数的一半。从学历层次来看，有7人获学士学位，12人获硕士学位，29人获博士学位，拥有硕士博士学位者达80%。从其在学校担任的职务[1]来看，做过系主任的有28人，做过院长的有17人，做过大学校长的有16人。

由上可知，近代大学是中国科学社理事社员工作和生活的主要场所。无论是综合大学还是专门学校、国立大学或省立院校、公立大学或私立大学，均有中国科学社社员的身影。他们在这里教书育人，办学校、搞研究，把自己生命最宝贵的时段都留在了大学。他们的名字和近代大学的发展紧紧地联系在一起，在中国现代高等教育体制建设中发挥了举足轻重的作用。

（二）理事社员集中任职大学原因分析

中国科学社48位理事社员中有47人在高校任职。出现这种集中任职于大学的现象决非偶然。

中国科学社是近代"科学救国"和"实业救国"思潮的产物。无论是提

---

[1] 此处只算正职，不包括副职和代职。

倡科学还是兴办实业，关键还是在人才，而人才的培养根本在教育。尽管社员个人在救国的具体思路上意见不尽相同，但在重视教育这点上他们的观点非常一致。早在 1914 年，中国科学社的早期社员刘树杞就曾说："吾人今日当实地求学，登峰造极，极各尽其能，他日归国，首当发达祖国之教育，以培植人才于内地，使祖国之学问，可以与欧美相抗衡。"[①] 竺可桢、张子高、胡适等人在讨论中国发展道路时也提出如下建议：①设立国立大学，以救今日中国学者无处寻求高等学问之地；②设立公共藏书楼、博物院；③设立学会。后来，胡适在给其好友许怡荪的信中说得更明确："适以为今日造国之道，首在树人；树人之道，端赖教育。故适近来别无奢望，但求归国后能以一张苦口，一支秀笔从事于社会教育，以百年树人之计也，如是而已"。[②] 胡明复在比较了中国和德国的情况后说，"穷不足虑也，德国今以战败致贫，然其人有学，不数年且恢复原状。中国无学，故长贫。救贫必从教育实业着手"[③]。科学社的社员有如此认识，学校教育自然便首先进入了他们职业选择的范围。

中国科学社社员从国外归来后，从理论上说，可以选择的工作相对比较多，除了大学以外，还可以去科研机构，或兴办实业等。但实际上并非如此。

首先是旧中国科学研究机构的发展非常缓慢。尽管从鸦片战争开始，西方自然科学知识随着列强的炮火传到了中国，国人渐知科学的重要，但科研机构的创建却非常滞后。在中国科学社自己的研究机构"中国科学社生物研究所"成立之前，国内可称为科学研究机构的只有地质调查所，其他的研究机构寥寥，规模小，人员少。直至 1927 年北伐成功，蔡元培受国民政府的委托开始筹建中央研究院，中国的科学研究机构才逐步发展起来。可以说，在中央研究院成立之前，从国外学成归来的留学生几乎没有研究机构可进。中央研究院从 1927 年筹办到 1930 年初，共成立物理、化学、工程、地质、天文、气象、历史语言、心理等九个研究所和一个自然博物馆。中国科学社的部分理事社员如竺可桢、钱天鹤、李四光等人被聘为研究员，从而有了在中央研究院任职的经历。但因经费所限，当时中央研究院 9 个研究所的规模都不大，全院所有专任、兼任、名誉、特约研究员合在一起仅 91 人。由此来看，整个近代国内科研机构能够提供给留学生的机会并不是很多。

其次，近代工业基础落后、百业不兴，也使得毕业于农工商矿交通等专业的理事社员回国后在实业界少有用武之地。民国成立之后，我国的民族资

---

① 谢长法.借鉴与融合：留美学生抗战前教育活动研究.石家庄：河北教育出版社，2001：57
② 中国现代教育家传.长沙：湖南教育出版社，1986：354
③ 中国科学社第四次年会记事.科学，1919，5（1）：107

本主义得到了一定的发展，但与欧美发达国家相比依然相当落后。"因为百业不兴，所以，不仅国内的大学毕业生毕业后不能学以致用，留学生，尤其是习理工科占大多数的留美学生归国后更是常常无用武之地。时人曾这样调侃当时的留美工科学生曰：'他们预想他们回国的时候，一定会有很多资本家在码头上欢迎他们，东有人请他们，西有人请他们……住洋房，生孩子，肚子很大向外挺，嘴里含着雪茄烟，度快乐的日子，那里知道回到中国的时候，一场希望竟成空。'"① 胡庶华由德国学成回国后，发现国内没有一家真正的钢铁厂，东北有一点钢铁工业，却是日本人经营的，只得赋闲在家。周仁获硕士学位之后，为了祖国早日有钢铁，毅然放弃攻读博士学位及美国摩尔公司的重金聘请，启程回国。可当他满怀激情地想到汉冶萍公司服务时，经多方接洽却毫无结果。进企业不易，而自己办实业也难。其中原委如杨铨所说："中国今日以办实业为名者皆持政治势力作后盾，以平民办实业能得效者绝为鲜见。"② 即便找到政治势力，风云变幻的政权转移，也使兴办实业者难以成事。如任鸿隽一度曾得到四川军阀熊克武的支持准备在四川办铁厂和钢厂，可当他与周仁费尽周折将从美国摩尔电炉公司购买的电炉设备运至上海时，四川政局突然发生变化，他所有的努力均因熊克武的失势而泡汤。

与此同时，我国高等教育正进入一个快速发展的历史阶段。中华民国成立后，为了适应社会发展和经济文化建设的需要，政府大力发展高等教育。当时不仅国家投资创办大学院、大学、专门学校和高等师范学校，还允许私人设立大学和专门学校。1924年起因各种原因的共同推动，国内出现了前所未有的"大学潮"。详见表15。③

表15　1912～1934年中国高等学校发展情况表

类别 年份	大学校数			类别 年份	大学校数		
	公立	私立	合计		公立	私立	合计
1912	2	2	4	1924	30	11	41
1913	3	2	5	1925	34	13	47
1914	3	4	7	1926	37	14	51
1915	3	7	10	1927	34	18	52
1916	3	7	10	1928	28	21	49

① 谢长法. 借鉴与融合：留美学生抗战前教育活动研究. 石家庄：河北教育出版社，2001：170
② 许为民. 杨杏佛年谱. 中国科技史料，1991 (2)：41
③ 民国教育部编. 第一次中国教育年鉴（丙篇教育概况第一学校教育概况）. 开明书店，1934：22～23

类别 年份	大学校数			类别 年份	大学校数		
	公立	私立	合计		公立	私立	合计
1917	3	7	10	1929	29	21	50
1918	3	6	9	1930	32	27	59
1919	3	7	10	1931	36	37	73
1920	3	7	10	1932	38	38	76
1921	5	8	13	1933	37	42	79
1922	10	9	19	1934	37	42	79
1923	19	10	29				

高等教育的急剧发展需要大量的师资。当时，因国内大学毕业生不敷使用，于是各高校纷纷向留学生发出邀请，以解师资匮乏。在所有的留学生中，最受青睐的是留美学生。这是因为民国成立后"共和"观念深入人心，而当时以民主、共和相标榜的美国被认为是世界上最先进的民主国家；加之美国带头将"庚子赔款"退回中国，用以发展中国的科学教育文化事业，深得中国上至政府首脑下及普通百姓的好感。而中国科学社中有留美归国经历的理事社员中，大多拥有硕士博士头衔，在美国高校受过系统扎实的专业训练。他们师出名门，成绩优异，其中一些优秀成员在国外留学时就为国内所熟知。如胡适、胡明复和赵元任因才学优异，同时被推选为负有盛名的美国大学生联谊会会员；胡明复和赵元任在毕业前夕又被推选为美国科学学术联谊会会员。[1] 对这些留学生中的佼佼者，国内大学自然另眼相待、盛情相邀。正是由于上述多种原因的推动，中国科学社的理事社员都不约而同地走进了高校，演绎了其个人事业和近代高等教育发展的精彩。

（三）中国科学社对近代大学教育的贡献

中国科学社社员到大学任职以后，从教学到科研，从实验室建设到学科设置，从教师到校长，在各方面都做出了富有成效的努力，给近代高校带来了勃勃的发展生机。

1. 大学教学和科研的主力军

自1862年设立京师同文馆开始，在相当长一段时间里，中国的大学，尤其是大学自然科学课程的教学始终依赖和受制于外国人。这既是我国近代高等教育蹒跚起步的必经阶段，也是制约我国近代高等教育发展的最大障碍。1918年后，众多留学生陆续回国并进入大学工作后，高校迅速汇聚了众多人

---

[1]　美国科学学术联谊会是理科方面的荣誉团体，被接纳为会员很不容易。

才，国内一些著名高校开始出现名师荟萃、俊彦云集的局面，上述情况才有了根本性的改变。

作为大学教师，其首要任务是承担各学科的教学工作。中国科学社理事社员。任职大学以后，首先将国外大学最前沿的内容引进中国大学，使大学很快增设了许多新专业，并开设了诸多新课程。如，张子高在南京高等师范学校教授现代化学；张洪沅在南开大学讲授化工原理、化工计算；钱天鹤在金陵大学讲授作物学、育种学、园艺学等课程；萨本栋在清华大学向本科生讲授普通物理学、电磁学、无线电物理，在研究院讲授向量与电路论。吴有训在国内首先讲授近代物理课程，并将当时西方一些重要的物理实验，如密立根油滴法测量电子电荷实验、汤姆孙抛物线离子谱实验、汤森气体放电实验等介绍给中国学生；竺可桢在武昌高等师范学校首次开设博物地理、天文气象等课程，并创立了一门新学科——物候学，后到东南大学任教，为了培养学生的地学综合素质，又开设了地学通论、气象学、世界地理、世界气候等课程；胡刚复在浙江大学任教时，为了加深理科各系及外系学生对物理学的认识，特意开设了一门高等物理学课程；钱崇澍在国内最早开设植物学、植物分类学、树木学、植物生理学等科目，并亲自编写讲义……可以说，几乎每一个在大学任教的中国科学社社员都有一份开设新课程、创办新专业、引进新学说的记录。这不仅大大开阔了学生的视野，更迅速丰富了大学教学的内容，提高了大学课程的学术水准。正是由于他们的贡献，许多学校校业日宏、声名鹊起，开始成为名副其实的大学，真正承担起培养高等人才的任务。

中国科学社理事社员不仅在新专业、新科目、新课程的建设方面筚路蓝缕、殚精竭虑；同时，在教学上也是尽心尽力、认真负责。如胡刚复刚到南京高等师范学校任教时，物理系只有他一位教授，物理课的讲授和实验全由他一人担任。而1925～1928年期间，清华大学物理系仅有梅贻琦、叶企孙两位教授。梅贻琦因忙于教务长工作无法兼任物理系的教学，叶企孙就独自承担起了所有物理学理论课程的教授工作。这里特别值得一说的是萨本栋。在担任厦门大学校长期间，因某些课程师资不足，他常常亲临第一线"救急"。他代课最多时一周达20课时，甚至超过专任教授的任课时数。因所代的基础课涉及各种专业，他还被誉为"O型"代课者。一位行政事务极其繁忙的大学校长能兼任如此多课时的教学工作，实属罕见。另一方面，作为教师，中国科学社的理事社员对教学工作不仅非常胜任，而且特别认真和投入，极富责任心。如王琎在讲授物理化学期间，为了使讲授的内容能起到事半功倍的教育效果，他总是事先将布置给学生的每一道习题亲自演算一遍。丁文江在北京大学任教期间，虽然学识渊博，教学内容烂熟于心，但每次上课前他都一丝不苟，常以讲课时间的 3 倍时间认真备课；每次带学生野外实习前，为了保证安全和取得预期的效果，凡预定实习的地点，他总是先去实地踩点，然后再带学生去。胡刚复在东南大学任教期间，某日校内理化楼失火，楼中实验仪器付之一炬。为不耽误学生第二天做实验，他当天乘火车赶赴上海向大同大学借理化仪器，然后连夜乘车返回南京。类似的例子不胜枚举。可见，中国科学社理事社员不仅为所在学校开设了丰富的专业和完善的课程，而且用这种认真负责、一丝不苟的科学精神，用对学生的热爱和对事业的投入，赋予了大学真正的灵魂和生命。

在承担繁重的教学工作的同时，中国科学社理事社员还积极投入科学研究，以严谨的科学态度探讨学理、研究问题、开拓新领域、攀登新高峰，在各自的领域里大显身手，施展抱负。

如叶企孙在任清华大学物理系主任期间，本着"高等学校除造就致用人才外，尚得树立一研究之中心，以求国家学术之独立"[1] 的目标，积极带领全系教师从事科学研究。经过努力，到 1930 年时该系已建成 5 个实验室，即普通物理实验室、热学实验室、光学实验室、电学实验室和近代物理实验室。1930 年以后，物理系着重发展研究部，在叶企孙的领导下，短期内又先后建成了 X 射线、无线电、光学和磁性等研究室。X 射线研究室备有水银抽气器、布拉格分光器仪器；磁性研究室则备有强度为 2 万高斯的电磁铁等仪器，后又购置镭源 50 毫克，能产生阿尔法、贝塔、伽马、X 等射线。与此同时，叶企孙还想方设法减轻骨干教师的教学工作量，使吴有训、萨本栋等人能够专心做研究。据著名科学家严济慈统计，从 1930 年至 1933 年，当时国内在国外一流科学刊物发表的论文共 16 篇，吴有训一人就占了 8 篇![2] 1931 年，吴有训在英国《自然》杂志上发表题为《X 射线经单原子气体之全散射的强度》的文章后，就开始了关于 X 射线的气体散射问题的一系列理论研究，他在这一领域的开创性工作获得了国内外同行的好评。严济慈在 1935 年回顾中国物理学的发展历程时指出：吴有训的这些工作在我国"实开物理学研究之先河"。德国哈莱（Halle）自然科学院则为此推举他为该院院士，并向其颁发荣誉证书[3]。

萨本栋不仅编写了我国第一本中文版大学物理学教材《普通物理学》，而且在研究电路、电机工程以及真空管性能方面取得了丰硕的成果。他创造性

---

① 叶企孙. 见：中国科学技术专家传略. http://www.cpst.net.cn/kxj/zgkxjszj/cx/lxb/pe/wl05023001.htm

② 虞昊，黄延复. 中国科技的基石——叶企孙和科学大师们. 上海：复旦大学出版社，2000：147

③ 中国现代科学家传记（第一集）. 北京：科学出版社，1991：115～116、127

地将并矢方法和数学中的复矢量应用于解决三相电路问题，在美国《电气工程师学会学报》上发表论文《应用于三相电路的并矢代数》。该文引起科技界强烈反响，被认为是开拓了电机工程的一个新研究领域，并获美国"1937 年度理论和研究最佳文章荣誉奖"。在此基础上，他将此类问题的心得进行系统整理后，于 1937 年又用英文写出了经典著作《并矢电路分析》。这是一本新理论的杰作，是"数学、物理、电机三角地带"的新著，其理论在电机工程研究中属于新开拓的前沿。该书一出版，立即被选入国际电工丛书，他本人也被美国电气工程师学会接纳为外籍会员。

竺可桢在东南大学除担任多门新课程的教学外，平均每年写 7 篇文章。他的《南京之气候》一文，是我国最早的地方性气候志；他著有研究台风的多篇论文，其中许多观点被认为最具权威性；他的研究方法，至今仍为学者所采用；他被誉为"中国气象学之父"。

钱天鹤在金陵大学任教期间，潜心于防治蚕病与选育蚕种的研究；张洪沅在四川大学和重庆大学创办了应用化学研究室，努力使其科研成果为生产服务；邹秉文在东南大学推行教学、科研、推广相结合的办学模式，规定农科的教授除教授专业课程外，还应从事科学实验和研究，并在取得成果后向农民推广；秉志在东南大学任教期间，创建中国科学社生物研究所，所撰著作、教材达十多部……

总之，中国科学社的各位理事社员在大学工作期间敬业潜修，独树一帜，硕果累累，著述颇丰。他们在科研方面的丰硕成果，所创造的浓浓的科研氛围，不仅提升了所在学校的课程质量和学术地位，使大学开始成为国家科学研究的重镇，承担起国家社会经济文化发展的各项科研任务，而且培养了一批基础扎实、知识广博、能成大器的学生，改变了 20 世纪 20 年代以后国内学生的求学路径，使其选择在国内完成高等教育然后再去国外留学，同时也奠定了他们自己在学术界的"大师"地位。

2. 大学自然科学系科建设的奠基人

据统计①，中国科学社 48 位理事社员中，在大学当过系主任的有 28 人，做过学院院长的有 17 人。作为大学系、院两级行政管理的负责人，他们从无到有，白手起家，开创了许多新的学科和专业，为中国现代高等教育体制的建设与改进作出了重大贡献。

由于"学而优则仕"和"劳心者制人，劳力者制于人"等传统观念的影响，同时也由于师资、设备、经费等现实原因，从清末兴学到国民党统治时期的数十年中，中国高等教育的发展多偏重文法科，而忽视农、工、医等实

① 详见"中国科学社 48 位理事社员在大学任职简况表"。

科，致使高等学校学科和专业的文史比例严重失调，很多科技类专业和学科在中国都是空白。直到 1931 年，全国 51 所大学中：设法科的，占 49%；设文科的，占 70%；设农科的，占 22%；设工科的，占 27%；设医科的，占 12%。大学的文科学生为 23230 人，理科学生仅 9928 人，理科学生仅占大学生总数的 29.9%[①]。这种现状不仅造成了人才结构的缺陷，而且非常不利于高等教育的健康发展和国家经济建设的需要。

中国科学社的理事社员任职大学后，为发展自然科学系科建设作出了很大贡献。他们在努力创办新学科、新专业，筹建新的实验室。在这些开创性的工作中，创造了诸多中国近代高等教育史上的"第一"：竺可桢创建了中国第一个地学系——东南大学地学系；秉志创建中国第一个生物学系——东南大学生物学系和第一个生物学研究机构——中国科学社生物研究所；王琎创建了我国第一个化学工程系——浙江高等工业学校化学工程系；曾昭抡在北京大学化学系首开大学毕业生做毕业论文的制度；吴有训在北京大学创建了国内的第一所近代物理实验室；钱崇澍在南京江苏省立第一农业学校最早建立植物标本室……

至于开创其所在学校校史上"第一"的则更多：张其昀在浙江大学文学创办哲学和人类学两系；裘维裕创办上海交通大学物理系；郑宗海创办浙江大学教育系；叶企孙创办清华大学物理系；丁绪宝创建贵州大学第一个物理实验室；张洪沅创办四川大学和重庆大学第一个应用化学研究室……

新学科和新专业设立以后，作为院系领导，各位理事社员又率领所在院系的教师齐心协力加以建设，努力使之成为高质量人才培养的摇篮。下面笔者根据所掌握的资料，选择两位做详细论述。

邹秉文（1893～1985），原籍苏州。1910 年入美国柯克和威里斯顿中学，1912 年入康奈尔大学，1915 年获农学学士学位。毕业后继续在该校研究院攻读植物病理学一年。1916 年回国，曾在南京金陵大学短期任教，1917 年入南京高等师范学校任农科主任，直到 1927 年卸任离开东南大学。

在主持东南大学农科期间，邹秉文通过一系列措施，努力把它办成了当时国内最好的农科。

（1）延长修业年限，实行选科制：邹秉文在南高农科工作时，中国农科的学生修业年限只有 3 年，但所习课程却非常多。除了 19 门农科课程，还有

[①]　第一次中国教育年鉴（丙编教育概况第一教育概况）. 开明书店，1934：24

英文、数学等基础课程。其结果是学生在课堂之间疲于奔波，"无一门能有充分时间使学生得充分之研究而成为一门专家"。邹秉文率先将农科的修业时间由 3 年改为 4 年，并开设大量的新课程让学生按兴趣选择，实行选科制。

（2）增加学生实习的钟点：当时的农科学生不仅实验课程少，实验时间更少。邹秉文主政之后，认为农科是实践性很强的学科，学生不能纸上谈种地，用嘴杀虫害。他极力主张增加学生实习的钟点，规定凡东南大学农科学生不仅在平时要做大量的实验，而且暑期一般还要安排两个实习：一是通识性实习，一是专业性实习，让学生到实践中历练，增长才干。

（3）积极延聘教师，实行科内分系：邹秉文深知办学校的关键在师资。他就任东大农科主任以后，利用自己在中国科学社的关系，将秉志、胡先骕、钱崇澍、陈焕庸、胡经甫、戴芳澜、张景钺等一大批农学方面的专家聘进农科。到 1922 年，东南大学农科已有教授 26 人，师资力量空前强大。在此基础上，邹秉文根据社会需要，积极拓展新的学术触角，先后在农科成立了植物系、动物系、农艺系、园艺系、畜牧系、蚕桑系和病虫害系 7 个系，使东南大学农科一跃而为全国该领域的第一学科。

（4）推行教学、科研和推广相结合的教学模式：这是邹秉文最具特色的办学措施，也是最为人称道的教育成就。民国初年农科因师资较少，教师一人往往要担任七八门课程的教学，根本无暇顾及科研。邹秉文认为大学不能仅满足于教学，没有科研就没有高质量的教学，"教务与推广均无从进行"。在大批名师延聘到位后，他积极实行教学、科研和推广相结合的教学模式，规定每位教师只担任自己专业课程的教学，教师的精力应"十之八耗于研究试验推广之事，十之二耗于教务"。①

在教学、科研和推广三项事业中，邹秉文最重视科研。为了能给教师创造良好的科研条件，他想尽办法，努力增加试验场地和科研经费。东南大学农科初创时只有位于成贤街农场 40 余亩农业实验基地。为鼓励开展科研，邹秉文先后两次在成贤街农场毗邻处购地 80 亩，专供园艺和畜牧系试验之用，后成为东南大学农事试验厂第一分场。以后，东南大学农科在邹秉文的领导下，又陆续建立第二分场直至扩展到拥有第九分场。在扩建农场的同时，邹秉文还大力筹措科研经费。当时学校给农科的预算经费非常少，东南大学农科一半以上的费用得靠邹秉文自己去筹集。邹秉文一方面凭借自己的人际关系，向有关机构申请补助金，如向中华教育文化基金会申请到年补助额为 35000 元的常年补助费（以 3 年为限），东南大学农科因此成为获得该基金会首届补助最多的单位之一；另一方面向社会上的有关机构募捐，如从上海华

---

① 邹秉文.民国十五年之东大农科.国立东南大学农科，民国十六年一月（1927.1）刊行

南纱厂联合会处获得年补助农科经费2万元。良好的科研环境激发起教师投入科研的积极性。据统计，仅1926年，东大农科就有研究课题34项，几乎是所有的教师都参加了科研课题的研究。

依靠坚实的科研基础，推广部的成绩也蒸蒸日上。以棉种与麦种的推广为例，因为使用东南大学的优良棉种每亩地可增加价值5元的农产品，1926年有805家农户向东南大学农科索要优良棉种，总量达51925.50斤，施种面积达9769.50亩。改良的麦种经1925年的实验，每亩可多收一斗八升二合，比原来增产近15倍，因此第二年农科共发出麦种百石左右，创历史纪录。

在邹秉文的领导下，东南大学的农科飞速发展，不仅科研硕果累累，而且培养的学生基础扎实、知识广博，多成大器。其中许多人日后都成了我国著名的农学家和生物学家，如金善宝、冯泽芳、周拾禄、吴福桢、沈文辅、邹钟琳、王家楫、伍献文、寿振黄、严楚江等①。东南大学农科成了国内名副其实的顶尖学科。在成就农科的同时，邹秉文也为自己赢得了"东南三杰"（另外两位是杨铨和茅以升）之一的美誉。

裘维裕（1891～1950），字次丰，江苏无锡人。1916年赴美留学，入麻省理工学院学习；1919年获电机工程硕士学位。毕业后在母校研究院工作一年，后转到纽约爱迪生电厂工作。1923～1927年，任交通部南洋大学电机系教授；1928～1946年，任上海交通大学物理系主任；1930～1950年，任上海交通大学科学学院（1937年更名为理学院）院长。

上海交通大学是所工科院校，以培养工程技术人才为主，学校对数学、物理、化学等基础课程缺乏足够的重视。裘维裕认为数理化知识是工程技术人员开展工作的重要学识基础，于是联合周铭教授，参考麻省理工学院的有益经验，结合当时我国的实际情况，对基础课程作了重大改革和调整。他们把数学、物理学、化学3门课程延长为两学年的课程，并将物理学的理论讲授和实验部分分开设课。鉴于当时基础课教学的师资力量比较薄弱，他们两位都转而从事基础物理课的教学，裘维裕自己亲自主持大学一、二年级的全部物理学讲授。由于当时所用教材比较陈旧、内容过于简单，裘维裕自编了英文的《大学物理纲要》（An outline of college Physics）。该"纲要"内容丰富、结构新颖，涵盖了一个工程技术人员应当掌握的所有物理知识，从出版一直到1945年，每年都会被修改和更新，是一本在国内很有影响的大学物理教材。

---

① 恽宝润.农学家邹秉文.文史资料选辑（第88辑）.文史资料出版社，1983

　　1928 年交通大学成立了物理系，裘维裕担任系主任后，更加注重学生在基础知识和基本技能的训练。当时"普通物理学"的讲授安排在大学一、二年级，共修 4 个学期，每学期约 16 周，每周讲授 3 学时，后改为 4 学时，由裘维裕和周铭等亲自上课。每学期学生平均约做习题 100 道，每月考试两次：一次考核理论概念，常称作 Lecture test；另一次考习题，常称作 Problem test。每学期末还有一次大考。由于物理课两年中大小考试高达 28 次，因此被学生戏称为"霸王课"。而实验课单独设立，约占全部课程的 20%，由周铭教授亲自授课。每学期每个学生约做 14 ~ 15 个实验，两年一共要做 55 个实验；实验报告一律用英文书写，是学生评价的重要内容。正是这些严格的训练，为交通大学形成"基础厚"、"要求严"的学风奠定了基础。

　　1930 年，交通大学成立了科学学院，裘维裕任院长兼物理系主任。在他看来，"大学的使命，并不是教授学生一种吃饭的本领或者解决学生的出路问题。大学的使命，是要养成学生一种健全的人格，训练一种相当的科学思想。有了这种训练，毕业以后，无论什么工作，就都可以担负，都可以胜任"、"大学里所读的各种科学，是给学生一种科学思想的训练"①。秉持此种认识，在担任交通科学学院院长期间，他非常强调要培养学生独立研究问题的能力。当时科学学院各系在他的领导下均设立了一些研究课程，如数学系有"数学问题"，物理系有"实验研究"和"问题讨论"，化学系有"特殊试验法"和"研究技能"等课程。此外，各系均开设"研究论文"一科。这些课程的开设开阔了学生的学术视野，活跃了学生的思想，极大了提高了他们研究问题和动手实践的能力。

　　除了担任科学学院院长与物理系主任外，1934 年 7 月到 1935 年 7 月，裘维裕还兼任交通大学教务长；1936 年，他又同时担任学校课程委员会、训育委员会、图书委员会、设备委员会、法规委员会、招生委员会、暑校委员会、奖励委员会、设置委员会等常设委员会委员及考试委员会主席等职务。1945 年日本宣布无条件投降后，因担心学校的财产会受到损失，正在上海的裘维裕不顾个人安危，挺身而出第一个赶到学校，组织员工对实验仪器设备等进行保护。在他的带动下，在沪的交通大学师生员工纷纷回校投入护校和复课的工作，仅用两个月时间，学校就因陋就简地在上海复课了。抗战胜利后，裘维裕仍担任理学院院长兼物理系主任，并被选为教授会理事。在此期间，他因多年操劳，身体健康状况下降，虽苦于高血压的折磨，但仍坚持上课。1948 年，因工作需要，他又曾一度兼任化学系主任。上海解放后，裘维裕出任交通大学校务委员兼理学院院长，继续为交大的发展贡献力量，直到 1950

---

① 裘维裕.科学思想的训练应是大学的一种使命.交大季刊，1932（10）

年突发脑溢血逝世。从 1923 年到 1950 年，裘维裕在上海交通大学工作了整整 27 年，创办并且常年主政物理系和理学院。他把自己的生命融进了交通大学的发展，为该校成为一所以理工科见长的国内著名高等学府作出了非常重要的贡献。

5. 大学办学的掌舵人

校长是学校的灵魂，对一所学校的发展至关重要。大学是最高学府，能够担任大学校长者，首先必须是大师，是某一学科的著名专家，同时还需要有战略眼光，是行政管理方面的能手，另外还要有教育思想和办学主张，并能够将其付诸实践。大学校长非一般的行政管理人员。整理中国科学社的资料，我们欣喜地发现 48 位中国科学社理事社员中，先后当过高等学校校长的有 17 人，共 28 人次（见表 16），其中有的还是著名高校的校长。他们在旧中国大学校长群中占一定比例，并有相当的影响。

表 16　中国科学社理事社员担任大学校长表

姓　名	任职学校
任鸿隽	1935～1937 年，四川大学校长
竺可桢	1936～1949 年，浙江大学校长
钱天鹤	1925～1927 年，浙江公立农业专门学校（浙江农业大学的前身）校长
过探先	1915～1919 年，江苏省立第一农业学校校长
胡刚复	1945～1949 年，私立大同大学校长
胡先骕	1940～1944 年，江西泰和中正大学校长
胡庶华	1932～1935 年、1940～1943 年、1945～1949 年湖南大学校长 1935～1938 年，四川省立重庆大学校长 1939～1940 年，西北大学校长
伍连德	1926 年，哈尔滨医学专门学校校长（第一任）
胡　适	1928～1930 年，中国公学校长； 1945 年，北京大学校长
马君武	1925 年，北京工业大学校长； 1928～1929 年、1931～1936 年、1939～1940 年，广西大学校长； 1930 年，中国公学校长
吴有训	1945～1948 年，中央大学校长
顾毓琇	1940 年，兼任国立音乐学院首任院长 1944 年 8 月～1945 年 8 月，国立中央大学校长 1947 年，国立政治大学首任校长
萨本栋	1937～1945 年，国立厦门大学首任校长

姓　名	任职学校
茅以升	1924 年，河海工科大学校长 1926 年，交通部唐山大学校长
张洪沅	1942 ~ 1950 年，重庆大学校长
庄长恭	1948 年，台湾大学校长
杨孝述	南京河海工科大学校长

　　作为大学校长，上述 17 位中国科学社理事在任职期间，大多厉行教学改革，重视学科建设，广延各科名师，培育良好学风，扩大学校影响，输送优秀学生，有力地推动了所在学校的发展。他们中的有些人，由于学术界已做的多年研究工作，已经为国人所熟悉；而另有一些人①则在近年始得学术界的关注。这里笔者根据所掌握的资料，介绍两位读者不太熟悉的理事社员，以便大家对中国科学社理事社员在创办大学方面的贡献有更深入的了解。

　　张洪沅（1902 ~ 1992），四川华阳县人，化学工程学家。1924 年，毕业于清华学堂留美预科班，1926 年，毕业于美国加州理工学院化学工程系，获学士学位。继而入美国麻省理工学院化学工程系深造，1928 年获硕士学位，1930 年获博士学位。回国后，历任中央大学化工系教授、南开大学化工系教授、四川大学教授、化工系主任、理学院院长、应用化学研究室主任。1941 年，重庆大学因反对政府任命梁颖文为校长而被解散，年底张洪沅受命担任重庆大学整理委员会主任委员，负责重庆大学的恢复工作。1942 年 3 月 5 日，张洪沅被任命为重庆大学校长，直到 1950 年卸任。

　　1941 年底，张洪沅担任重庆大学校长后采取一系列措施积极恢复重庆大学。一是稳定教师队伍。对原有的教师队伍，除原庶务主任因办理平价面粉有舞弊嫌疑需要处理后再定，其余教师继续聘用和留任。二是迅速确定新的领导班子。三是组织校产整理委员会处理校产地，组织校舍修理委员会修缮被战争破坏的校舍，组织校务改进设计委员会改进校务工作。通过一系列措施和工作，重庆大学一年级新生于该年 12 月 2 日开始上课，两个月后学校得以复校。

---

　　① 王东杰. 国家与学术的地方互动：四川大学国立化进程. 北京：三联书店，2005（书中对任鸿隽在四川大学的贡献作了详细的介绍）

在就任重庆大学校长的 8 年中，张洪沅带领全校师生厉行改革，稳步推进，共同把学校的发展推到一个新的历史高度。他刚接任重庆大学时，该校只有 3 个学院 12 个系及两个专修科；专职教师人数不多，水平有限；教师个人有一些学术研究，但校内没有专门的科学研究机构。1942 年 12 月 29 日国民政府行政院通过决议，将省立重庆大学改为国立重庆大学。这不仅实现了重庆大学师生多年的愿望，更主要的是给学校提供了重要的发展机遇。张洪沅执掌该校之后抓住时机，一方面积极延聘名师，着重提高教师的素质。仅1942 年学校新聘任的专任教授就有 22 人，此外还聘任美籍女教师戴爱士教授英文，体育界名人刘德超和程登科讲授体育课。经过努力，到 1947 年，重庆大学有教授 116 人，副教授 31 人，讲师 40 人，助教 94 人。教授与副教授的人数约占全部教师人数的 52.7%。对此，张洪沅颇感自豪。他说："本校教师之充实，恐不让于国内各大学"。另一方面，张洪沅积极推动学校的科研工作。在他的领导下，重庆大学先后设立了应用化学、数学和电机 3 个研究所，其中应用化学研究所的主任由张洪沅兼任，经过 8 年的努力和发展，到张洪沅卸任时，重庆大学已拥有 6 个学院 20 个系、3 个研究所和 1 个专修科，成为西南地区师资力量雄厚、学科比较齐全、学生质量较好的高等学府。

萨本栋[①] （1902～1949），字亚栋，福建闽侯县人。1921 年，毕业于清华大学。1922 年，赴美入斯坦福大学学习机械工程。1924 年，获学士学位。随后，入麻省伍斯特工学院学习，1925 年获电机工程学士；旋即转习物理，1927 年获理学博士学位。1927～1928年，任伍斯特工学院研究助理、西屋电机制造公司工程师；1928～1937 年，任清华大学物理学教授，1937～1945 年，任国立厦门大学首任校长。他也是我国第一位荣获美国"理论和研究最佳文章荣誉奖"的中国科学家。

1937 年抗日战争爆发后，厦门大学由陈嘉庚交由国民政府教育部接管后改为国立厦门大学，萨本栋被任命为首任校长。考虑到国家和民族的需要，当时在学术上极具发展前途的萨本栋，欣然接受使命承担起繁冗的学校行政事务，并于 1937 年 7 月 26 日上任。受命于危难之际的萨本栋刚走进厦门大学，日本人的炸弹便紧随其后落到了厦门。为了师生的安全，萨本栋决定将厦门大学暂迁鼓浪屿，接着决定再迁长汀县。在路途遥远、困难重重的情况

---

① 厦门大学老校长萨本栋：累死自己办南方清华. http://www.sina.com.cn, 2006 - 03 - 27（见：海峡网—厦门日报）

下，经他的精心筹划和指挥，全校师生员工和部分家属、学校的图书和仪器设备等都有步骤地安全抵达长汀，顺利完成迁校。到了长汀之后，萨本栋主持校舍的建造和旧房的改建工作，使学校在 1938 年 1 月中旬复课。

萨本栋深知名师才能出高徒，因此上任伊始便积极网罗人才。据不完全统计，仅 1939 年学校就新聘教授 13 人，1941 年又增聘教授和讲师 11 人。与此同时，萨本栋还根据现实需要积极设立新的系科。厦门大学原来仅有 3 个院 8 个系，没有工科学系。萨本栋感到国家无论抗战还是搞建设，都十分需要土木建筑、电机、机械、航空等工程技术人才，于是便极力筹办增设工科专业，办起了土木系和电机系。在战火纷飞的年代，在萨本栋的领导下，厦门大学师生凭借着发展祖国学术文化的坚强信念，在异常艰苦的条件下发展壮大。到 1944 年时，学校已拥有 4 个学院 15 个学系；学生人数也从长汀复课时的 239 名增加 800 名。

在课程设置上，萨本栋特别重视基础学科，尤其是语文和英语。当时的厦门大学，规定国文（一）、国文（二）、英文（一）、英文（二）、中国通史、高等混合数学以及一门社会科学（政治学、经济学、社会学任选一门），为各院系学生共同的必修课。国文和英文两门课程，不及格的学生要重修，重修不及格者则令其退学。学生在毕业前还要通过英语特殊考试，毕业时如果没有英文学分，便拿不到毕业证书。

在狠抓教学质量的同时，为营造学术研究的风气，萨本栋带头结合教学搞科研。尽管行政事务繁杂，尽管他经常替一时不能到岗的教师代课，最多时一周代课时数达 20 课时，萨本栋还是忙里偷闲，先后在《电机工程》杂志上发表了 3 篇电路方面的学术论文，并在英国出版了英文版的《线路分析》专著。为了进一步推动师生开展学术研究，萨本栋采取了一系列举措，如恢复《厦门大学学报》的编辑发行，出版英文版的《理工论丛》……从而调动起全校教师的科研热情，使该校的研究成果层出不穷。

萨本栋任职厦门大学校长的 8 年，是抗日烽火在各地燃烧的 8 年，学校办学条件之差可想而知。然而，由于萨本栋的领导，厦门大学得到了长足的发展，在短时间内迅速跻入全国十大名校之列。在重庆教育部举办的第一届和第二届"全国专科以上学校学生学业竞试"中，厦门大学皆名列团体第一。一时间，厦门大学名震四方、载誉海内外，被美国地质地理专家葛德石誉为"加尔各答以东之第一大学"。而这一切与萨本栋的努力是分不开的。

张洪沅与萨本栋都是民国时期中国高等教育革新图强的重要人物，也是中国科学社众多担任校长职务的理事中的一员。回顾近代高等教育发展的历史，可以这样说，作为中国科学社理事的高校校长，他们尽管在学校任职时间长短不一，但都爱科学、爱事业，为学校呕心沥血，鞠躬尽瘁，对学校的发展作出了令人瞩目的贡献。他们的名字和他们任职的学校不可分割地连在一起，如竺可桢与浙江大学，胡刚复与大同大学，胡适与中国公学，茅以升与唐山大学，马君武与广西大学，胡庶华与湖南大学，张洪沅与重庆大学，萨本栋与厦门大学等。正是由于他们的奉献和努力，他们各自领导的学校在炮火连天的战争年代，在颠沛流离的内迁途中，在旧中国风雨如磐的岁月里，才艰难地奇迹般地发展壮大，为高校师生提供了难得的讲学治学的精神家园。

二、中国科学社与近代中小学科学教育

作为一个科学社团，中国科学社虽然以开展科学普及和科学研究为职志，虽然其社员多在大学任职，但因认识到"欲使中国科学发达，必先使青年学子有良好之科学基础。是以谋求我国科学发达必自改良科学教育入手，而以改良中等学校之科学教育为尤要"①，也组织社内的科学家积极参与了中小学科学教育的讨论和建设。

（一）积极组织关于中小学科学教育的讨论

中国科学社参与中小学科学教育讨论的主要方式是依托该社主编的《科学》杂志。《科学》作为中国科学社的机关报，"以传播世界最新科学智识为职志"，不仅是中国科学社研究学术、传播科学的阵地，也是科学家们集中发表关于中小学科学教育各种意见和建议的地方。查阅 1950 年之前的各期《科学》杂志，我们可以看到中国科学社的社员对我国中小学的科学教育长期持续的关注。这份非教育类的科技刊物，从创刊到 1950 年期间共刊载有关中小学科学教育的文章 54 篇，详见表 17。

表 17　《科学》上刊载与中小学科学教育有关的文章

题　　目	作　者	卷　　期
教育的性质与本旨	胡明复译	1915 年第 1 卷第 6 期
科学与教育	任鸿隽	1915 年第 1 卷第 12 期
教育中科学之需要	张嵩年译	1917 年第 3 卷第 6 期
科学教授改进商榷	郑宗海	1918 年第 4 卷第 2 期
童子军与理科教育	郑宗海	1918 年第 4 卷第 3 期
中等教育算学通论	朱文鑫	1920 年第 5 卷第 2 期
班乐卫氏关于中国教育问题之言论	班乐卫	1920 年第 5 卷第 12 期
科学教授的原理	董时译	1921 年第 6 卷第 11 期
中国科学教育进步之状况	社　论	1921 年第 7 卷第 1 期

①　中国科学社概况.1931（1）：25

题　目	作　者	卷　期
科学的教授原理	董时译	1922 年第 7 卷第 3 期
欧洲战后之科学教育状况	社　论	1922 年第 7 卷第 6 期
中学之科学教育	王岫庐	1922 年第 7 卷第 11 期
美国中小学校之科学教育	推　士	1922 年第 7 卷第 11 期
科学之教授	杨肇濂译	1922 年第 7 卷第 11 期
算学教授法	何　鲁	1922 年第 7 卷第 11 期
生物学与女子教育	秉　志	1922 年第 7 卷第 11 期
植物学教学法	胡先骕	1922 年第 7 卷第 11 期
地理学教学法之商榷	竺可桢	1922 年第 7 卷第 11 期
地质学教学法	谢家荣	1922 年第 7 卷第 11 期
中国中等学校算学教授状况	孙步垣	1922 年第 7 卷第 11 期
推士对于中国中小学科学教育改进之意见		1923 年第 8 卷第 7 期
科学教育与科学	社　论	1924 年第 9 卷第 1 期
北京科学教员暑期研究会之发起		1924 年第 9 卷第 1 期
对于初级化学教法之一建议	曾昭抡	1924 年第 9 卷第 5 期
小学教师与科学研究	社　论	1924 年第 9 卷第 6 期
理科教育著作之介绍	吴承洛	1924 年第 9 卷第 6 期
全国科学教育设备概要	吴承洛	1924 年第 9 卷第 8 期
与中小学教员谈中国地质	翁文灏	1926 年第 11 卷第 1 期
科学教员暑期研究会		1926 年第 11 卷第 1 期
初级中学之混合自然科学教学问题	王　琎	1929 年第 13 卷第 8 期
实验课业在科学教学上之地位	佚　名	1930 年第 14 卷第 9 期
实验习题之性质及实验课本	佚　名	1930 年第 15 卷第 1 期
电解整流器	沙玉彦	1931 年第 15 卷第 6 期
化学与教育	朱振钧译	1931 年第 15 卷第 7 期
新式电炉	徐肇和	1931 年第 15 卷第 8 期
从铜与盐酸作用谈到化学教学	萧戟儒	1931 年第 15 卷第 12 期
美国化学教育一瞥	胡昭望	1933 年第 17 卷第 10 期
美国化学教育一瞥（续）	胡昭望	1933 年第 17 卷第 11 期
一个关于理科教科书的调查	任鸿隽	1933 年第 17 卷第 12 期
中等算学新教法	何　鲁	1934 年第 18 卷第 1 期
地理教学法的趋向与地理教学者的当前任务	刘恩兰	1934 年第 18 卷第 2 期

题　目	作　者	卷　　期
科学与女子教育（重庆女子中学讲演）	秉　志	1934 年第 18 卷第 6 期
中学化学设备标准	佚　名	1934 年第 18 卷第 11 期
中学化学设备标准（续本卷第十一期）	佚　名	1934 年第 18 卷第 12 期
初级中学动植物及高中生物学设备标准	佚　名	1935 年第 19 卷第 2 期
广西科学教育之新进展		1935 年第 19 卷第 11 期
初中物理教科书中 Voltaiccell 插图之导线间宜插入 fuse 之商榷	冯　章	1936 年第 20 卷第 3 期
"初中物理教科书中伏打电池（Voltaic cell）插图之导线间宜插入保险丝（fuse）之商榷"商榷	康清桂	1936 年第 20 卷第 6 期
国难教育与科学训练	刘　咸	1936 年第 20 卷第 3 期
中国化学教育之现状	戴安邦	1939 年第 24 卷第 2 期
我国科学教育今后应具之方针	王志稼	1939 年第 24 卷第 5 期
改革我国科学教育之途径	佚　名	1947 年第 29 卷第 10 期
学校中的科学训练	彭光钦	1948 年第 30 卷第 8 期
新时代的科学教育	茅以升	1949 年第 31 卷第 8 期

从表中我们可以看出：中国科学社对中小学科学教育的讨论，从内容上看非常广泛，涉及科学教育观念、教科书、教法、实验、实验设备、科学教员培训和国外科学教育等多方面；从时间上看，这方面的讨论伴随着《科学》创刊一直持续到全国解放，相对集中在抗日战争年爆发之前，抗战爆发至全国解放只有 5 篇；从撰写人员的身份来看，54 篇文章中有 14 篇文章由中国科学社的理事社员撰写，显示了中小学科学教育在中国科学社高层领导心目中的重要位置。这些文章大体反映了不同历史时期中国科学社对中国中小学科学教育问题的认识与建议。下面将其分为科学教育内涵、具体学科的科学教育法、科学教师、科学教育全面改良 4 类加以论述。

第一，中国科学社关于"科学教育内涵"的相关论述，观点新颖、论断精辟，即便是今天读来，依然言旨意丰、精当无失。

在中国科学社社员看来，所谓"科学教育"应该有两个方面的含义：其一是通过教育向学生们传递科学知识（既包括专门的科学知识，也包括科学的生活常识），宣扬科学精神，培养学生的科学态度；其二是采取科学的方法进行科学教育。

关于科学教育的价值，任鸿隽在《科学与教育》中认为："科学于教育上之重要，不在于物质上之智识，而在其研究事物之方法；尤不在研究事物的方法，而在其所与心能之训练……以此心能求学，而学术乃有进步之望，以此心能处世，而社会乃立稳固之基。"① 抗日战争前夕，时任《科学》主编的刘咸在《国难与科学训练》一文中提出，应对国难之计，莫若"加紧科学训练，注重科学精神，广培科学人才，奖励科学技术，一矫过去教育空疏之弊。如此，经过相当时日之后，专门人才渐次养成，用以应付各种问题，建设国家，解除国难，必游刃有余。"②

谈到科学教育的旨趣、原则，郑宗海在《科学教授改进商榷》中提议，改进科学教授当从以下几个方面着手："科学教授当以使学者能得科学精神为鹄"；"教师于教授一问题时宜引学生以见事物之相关，不宜时常局守于科学之一隅"；"宜注重实地研究"；"问题宜为教授之始点，此等问题宜切合于学生之旨趣者"；"推此原理试验物品亦以切合于社会上或儿童所需用者为贵"。③

关于科学教育的方法，《实验课业在科学教学上之地位》一文表达了中国科学社成员的共同看法，即极力主张科学教育一定要立于实验的基础上，"教学是否立于实验室的基础上，实为估量科学学程效值之先决条件。学生经实验室之练习，能发展鼓励与引进其求知之欲望。此种训练能养成学生之可教性为求知过程中之基本。且能资以获得知识之捷径。"④

第二，中国科学社关于"具体学科科学教育法"的论述，充分体现了其成员学科背景的广泛性。这些成员们接受过各个科学学科的系统教育，对于外国科学教育与本国科学教育的得失有切身的体会和深入的了解。

如朱文鑫在《中等教育算学通论》中论述到："中等教育之算学贵在辩明理论，于以镌学生洞察事物之力，固与工业算学之兼尚记诵者不同。盖理论清，用诸他事他业，固可得其相推之益用诸工业算学，亦事半而功倍。否则记诵虽多，吾见其智慧之日消耳，又何取于算学耶？"⑤

刘恩兰在《地理教学法的趋向与地理教学者的当前任务》一文中指出："教地理的时候应当注意教的是读者而不是那个课本。换句话说，课本为学生而设，学生非为课本而设，所以每天的课程不应当以页数为标准，应以学生的需要为目的。于课堂工作之外，应有特种课外作业来增加学生的经验，修养各种的兴味，欣赏最平凡的事务。"⑥

---

① 任鸿隽. 科学与教育. 科学, 1915, 1（12）: 1343
② 刘咸. 国难与科学训练. 科学, 1936, 20（3）: 168
③ 郑宗海. 科学教授改进商榷. 科学, 1918, 4（2）: 115
④ 佚名. 实验课业在科学教学上之地位. 科学, 1930, 14（9）: 1448
⑤ 朱文鑫. 中等教育算学通论. 科学, 1920, 5（2）: 137
⑥ 刘恩兰. 地理教学法的趋向与地理教学者的当前任务. 科学, 1934, 18（2）: 145

第三，中国科学社社员始终认为，当时中小学科学教育存在的问题主要与中国科学教师师资严重匮乏和水平低下有关。因而，如何培养与提高科学教师的科学教育水平，就成了社员们非常关心、至关重要的核心问题。

早在1924年，科学家就提出科学教师应当开展科学研究。在社论《小学教师与科学研究》一文中，他们认为，"吾国人对于科学兴趣本极薄弱，若在幼稚时期，复如是多方窒碍之，则欲冀吾国之为科学国，必不可能也。然欲儿童活泼观察，必为教师者其平日观察颇广，研究有素，方能尽指导之责，否则仍等于空言。由此观察，吾国小学教师，实不可不急为科学研究。我国科学前途或即利赖于此乎。"①

1922年6月，中华教育改进社邀请美国科学教育家、俄亥俄大学推士（G. R. Tuiss）教授来华考察科学教育。在两年时间里，推士先后到达10个省24座城市，考察过190所不同类型的学校，从事讲演、研讨会等不同形式的学术宣讲活动共176次。期间，他对中国各学校科学教育的教学方法、教师训练、课程、教室、仪器等多有批评与建议。最终，他在总结中国科学教育问题时，将中小学科学教育不良的原因归结为缺乏熟知科学教学方法的教师，"今日中国之所需要者，乃多数熟习教学法之教师，若独立研究之人才，于今日中国之教育界非所及也"②。对此结论，中国科学社既赞同又提出不同意见。在他们看来，此言但就"教育上"着想，还未从"科学上"着想。他们认为："问今日之科学教育，何以大部分皆属失败，岂不曰讲演时间过多，依赖书本过甚，使学生虽习过科学课程，而于科学之精神与意义，仍茫未有得乎？则试问今日之科学教师，何以只知照书本讲演，岂不以彼所从学之教师，其教之也，亦如是则已乎？如此递推，至于无穷，然后知无真正科学家以导其源。欲科学教育之适如其分，不可得之数也。换词言之，即有科学乃有所谓科学教育。而国内学者似对于此点，尚未大明了，此一事也。"②也就是说，中国科学教育的落后，表面看是教师教学方法不当的问题，而真正的根源是从事科学教育的教师根本不懂科学！换言之，就像何鲁所说的，"盖教师资格不足，虽与以良好之教法，彼亦无力实施"③。这一批评一针见血，直指中小学科学教育各种弊病的根本。

第四，推士访华引发了国人对中小学科学教育的批评。由此，中国科学社的科学家们更感自身社会责任的重大。他们深入交流、团结协作，对中小学科学教育问题做了集中、全面的阐述，内容涉及"科学教育全面改良"。

① 小学教师与科学研究. 科学, 1924, 9 (6): 612
② 科学与科学教育. 科学, 1924, 9 (1): 3
③ 何鲁. 算学教授法. 科学, 1922, 7 (11): 1153

由于受"读经"教育传统的影响，加之科学教师程度不高、理科设备不善、教材课本不良等原因，当时的中小学科学教育存在很多问题：教师一味地依赖教科书，太注重讲述而无启发或讨论，偶尔做些实验但准确率不高，学生们几乎没有动手做实验的经验，科学教育违背了科学教育的规律和本质，成了单纯的科学定理和课本知识的记诵。推士访华期间针对诸种问题发表的一系列的评论，和另一位美国教育家孟禄关于"中国各级教育之成绩以中学校为最不良，中学校各科目当中，又以科学为最不良"的结论，激起了国人对教育的极大关注，有关教育的文章"亦如春笋怒生，络绎不绝，诚教育界最有生气之现象也"。虽然一时间谈论教育的文章和各种改良建议屡现于报刊书籍，但参与这场讨论的科学家并不多。中国科学社的同仁认为"科学在学术界占紧要之位置，为全世界人所公认。其教授方法之良否，实可以断科学在吾国将来之命运，更不容不急为讨论"①，科学家特有的社会责任，促使他们组织起来，积极参与到改进我国中小学科学教育的讨论和研究中去。

1922年，中国科学社在《科学》第七卷第11期特出"科学教育"专号一份，意在抛砖引玉，以"激起国内学者及教育家之讨论"，使科学教育"变成国内教育讨论之焦点"。

这份"科学教育"专号共刊载相关文章9篇，其中8篇文章集中讨论中小学的科学教育问题。如王岫庐在《中学之科学教育》一文中阐述了他的看法。他指出，中学的科学教育"由来重视形式而不求实用。惟其如是，故于种种教材，只求系统之分明，与定义之完备，而于功能应用上决鲜注意"；而"中国教师程度较低，只知采其形式，不克求实施之精神，故一般学生成绩不良，自在意中，即所谓良好学生，亦仅记若干学名门类或公式而已"。关于中学科学教育的课程设置，他认为："欲定一种课程，当先决必修科与选修科之原则。我国中学校课程，向采必修主义，不问生徒之性质志愿，率强令修习一律之科目，其为失当，自不待言。今其反对趋势，又转而倾于选修方面，几以为无一科目不可随生徒之意者。余则以为此当分别办理。凡关于普通之科学智识，势非升必修不可，其程度较高性质较专者，始可选修。查初级中学生徒于普通之科学智识尚多欠缺，自以为必修为宜，及进至高级中学，科目程度较高，然后参照性质。分别必修选修二项，盖小学校所得之科学智识，至为简单，初中期内不可不将此具体而微之智识扩而充之，俾成一较大之圆周。及高中期内，更由此较大之圆周而发射于各方面。"②

秉志发表的《生物学与女子教育》一文则是近代少见的关于女学生科学

---

① 科学教育与科学.科学，9（1）：3
② 王岫庐.中学之科学教育.科学，1922，7（11）：1121

教育的论文。他在这篇文章中发表了自己的看法:"女子教育所最尚者,系最博洽之知识,首宜求真实科学之训练而已。次宜求通达,则科学教育与美术教育相结合者,次宜求雅致,纯于美术者也。所谓博洽知识者,除文学、哲学、历史、地理、天文、算学,皆宜讲求外,其一大部分则属于生物学……故今言女子教育,首宜注重者,为使女子宜必明悉于生物界各现象,经一种科学上有条理有组织之训练,待其学成,出而任事,其于社会上可有最大之裨益。"①

此外,何鲁、胡先骕、竺可桢和谢家荣则发表了各自对相关学科教学法改良的意见。何鲁在《算学教授法》一文中认为,中国算学教育的问题主要在于没有足够的教师和缺乏书籍,因此改良算学教育当从造就师资和编撰书籍入手,"在大学设高等师范班,以最严格考试法征取学生,一切皆为官费。志在为算学教员者,须读中等算学,每日至少演十五道中等算学题。题目预由教授编成,由浅而深。其练习成绩,均须存录……三年毕业,每年经过一严格考试,考试时特别注重口试。毕业后授以中学算学教授资格凭……其已任中学教员者,而欲继续研究者,可进暑期学校。办法就各大学暑期内,延请算学专家授中等算学及教授法……吾国今年来出版科学书籍甚少,算学更绝佳作者。故非通西文者,则自修及参考甚难。如是则科学尚完全为西人之物,与学校三十余年,果为和哉? 余以为宜和专长人材,编中等算学、分析几何、理论机械等全书若干部。博采群籍斯为总汇,以为学生及教员参考之用。出版界对于此种书籍宜于特别优待。"②

1922 年,中国科学社发起的"科学教育讨论"不仅对中小学科学教育的重要性、科学性等问题做了解答,起了很好的宣传作用,同时由科学教育推进而深入到对一些教育理论问题的讨论。何鲁评论到:"教育是教育者给被教育者以改善其实际生活所必需之知识。教,属于知识方面,育,属于生活方面。整个的教育是不断的要求人类以知识改善其生活,科学教育一方面以纯正科学增进人类的智慧养成人类的科学态度,一方面以科学应用于实际生活方面,以所得之知识使全体人类生活科学化。这总是科学教育终极的目的。"③这种见解,实在是对当时的教育观念的一种贡献。不仅如此,通过讨论,中国科学社同仁也充分认识到,要推进科学教育,必须对长期以来形成的深厚的中国科举文化作一清算。"为求真理而研究学问,与为虚名而求学问,其兴趣至不同也。为造福人群而求学问,与为富贵利达而求学问,其目的至不同

---

① 秉志.生物学与女子教育.科学,1922,7(11):1175
② 何鲁.算学教授法.科学,1922,7(11):1153
③ 何鲁.民族性与科学教育(摘录在中国科学社第十九次年会演讲稿).科学画报,2(8):281

也。兴趣目的之不同，故学人之精神遂分道而驰。一则终身以之，有朝闻道可以夕死之志。一则恃所学者为敲门砖，得其所欲，即中道而废。吾国一般人士以求科举之精神而从事科学者，无乃于后一说相类乎？"① 在科举文化的影响下，学生在校学习，唯知较量每次考试分数之高下，以考分第一名或成绩最优等毕业为莫大之光荣；毕业以后，只求得优越之地位，丰厚之报酬，以便一生吃用不尽。以这种心态和追求，学生怎么可能艰苦奋斗，去为科学之研究披荆斩棘，创造出路？他们明确提出，推行科学教育，一定用求真知的精神来取代以学问为敲门砖的科举作风。惟其如此，科学才兴，教育才兴，而国家民众才可得科学与教育之福。

翌年，中国思想界发生了"科玄论战"。在这场论战中，科学教育虽不是其中的重要论题，但也多有涉及。玄学派作为科学派的对立面，虽然并不否认科学的实用价值，但对科学教育的限度和流弊作了分析。其领军人物张君劢认为科学教育有五大流弊：第一，科学教育有对耳目感官进行过度训练的倾向，导致学生以为非耳闻目见皆不足以凭信；第二，科学专以因果关系解释世间万物，导致"学生脑中装满了此种学说，视己身为因果网所缠绕，几忘人生在宇宙间独往独来之价值"；第三，科学教育导致感官主义、物质主义的人生观，以"求物质之快乐"为人生之意义；第四，科学以分科研究为出发点和基本方法，"致人之心思才力流于细节而不识宇宙之大"；第五，科学教育从"应付社会中之生计"出发，"学一艺而终身于一艺"，而忽略"全人格之发展"。② 中国科学社感到，"五四"之后在知识精英中发生"科玄论战"，至少证明我国有一部分思想家对于科学的真义还有误会，对于科学之价值还有怀疑。如果科学的价值不能为世人所认识，科学就不会受到重视，科学教育在学校也就很难真正实施。自此，他们更加重视中小学的科学教育，并始终予以极大的关注。

从1922年第3次年会起，中国科学社正式将"科学教育"列为每年年会讨论的重要内容。在这次年会上，"社员推士及王岫庐两君分论中美中小学教育之状况及改进方法"，推士"拟有调查中国科学教育计划署，拟提出征求建议"。这次讨论虽因时间仓促未能形成实质性决议，却有了"请本社组织长期科学教育委员会研究此项问题"的提案。1923年第4次年会上，中国科学社再次"开科学教育讨论会。由胡敦复君主席，讨论结果皆觉中国科学教育之不满意，尤以中学为然。"大会采纳了翁咏霓的建议，认为中国科学社可以在

① 骥千.科举与科学.科学画报，6（12）
② 张君劢.再论人生观与科学并答丁在君.见：科学与人生观.齐南：山东人民出版社，1997：105

以下两方面尽义务：第一，确定中学科学教师应有的参考书目；第二，确定中学应有的各科学实验目录及所需之仪器与价目单。会议结束时，代表们再次提议成立"科学教育委员会"，以便将上述讨论结果付诸实施。

1924年10月21日，中国科学社理事会举行第一次大会，任鸿隽、丁文江、胡明复、杨铨、秉志、竺可桢、孙洪芬、胡刚复、王琎等人出席。会议议决通过关于"规定中学科学教员参考书"及"编定科学实验指南与设立实验研究委员会"两项提案，并正式成立"科学教育委员会"，选举翁文灏、王琎、秦汾、秉志、胡刚复、饶毓泰、张准为委员。

中国科学社"科学教育委员会"的成立，意义非凡。科学教育委员会是中国近代科学社团中最早成立的负责中小学科学教育改革事务的机构。它的成立，说明了中小学科学教育在科学家们心目中已占有重要位置，标志着中国的科学家已经把中小学科学教育的改进视为他们的当然责任，要和教育界联手来推进这项工作，并在其中发挥自己的优势和专长。自此，关注和讨论中小学科学教育问题变成了中国科学社日常事务的重要组成部分。1932年11月，中国科学社在上海社所专门招待江苏中小学理科教员，和他们一同讨论当前科学教育中存在的问题及解决的方法。

1937年后，中国科学社的生存举步维艰，关于科学教育的讨论暂时中断。1944年抗战即将胜利前夕，中国科学社在其第24届年会暨中国科学社三十周年纪念会上再次专题讨论中小学科学教育问题。与会代表对大学、中学、小学和民众教育中的科学教育问题进行了广泛的讨论，其中关于中小学科学教育的意见和建议有：中学科学教育应当注意充实理科设备、教学中注重实验与方法训练、师范学校应注重科学课程以培养小学之科学师资；小学科学教育应注意于实验及野外观察，以养成儿童之科学习惯。直到1947年，中国科学社还利用与其他6个科学团体召开联合年会的机会，再一次推出关于科学教育的讨论主题——"改革我国科学教育的途径"[①]，把更多的科学家组织进关于中小学科学教育的讨论之中。与会人员纷纷发表自己看法。如，杨孝述认为，改进科学教育要注意两点，其一是"要养成科学精神"，其二是"要中学、小学、民众教育同时并举，不能偏废"。王琎提出："科学教育应该配合儿童的发展，不使他间断，才有用处……教员同时应该注重室外教育，要注重课外的协调，要养成儿童的观察力。有了观察，才有试验，才有结论。此外在学校里提倡科学俱乐部，也是必要的。"而会议主席曹梁夏在做总结时特别强调了师资对改进科学教育的重要性，"科学教育我们不能忘记师资问题，有许多小学生发问，教员未必完全能回答。师资胜任的问题，也是很重要的。

---

① 科学教育专题讨论.科学，28（1）：13

初步的教育，应当注重其准确性，在训练之外，还要求真理、求事实。真假应该辨别明白，这完全在乎师资上面。"①

可以说，从 1922 年开始中国科学社就一直关注、参与并组织了关于中小学科学教育的讨论。他们虽然不在中小学任职，但却为推进近代中小学科学教育贡献了独到观点和宝贵思想。

（二）切实参与中小学科学教育建设

中国科学社对中小学科学教育的关注并非仅仅停留在讨论层面，还以学术专长切实参与现实中小学科学教育的改进和建设。其所做的工作具体来说，主要有以下两方面。

1. 培训教师②

中国科学社始终认为改革中小学科学教育的核心在教师，教师素质是提高教育质量的关键。针对当时中小学教师科学素质较低的现实，《科学画报》从第九卷第 1 期起③，连续刊载了题为《科学教师所宜注意者》的 7 篇社论，谈及我国科学教师在科学教育上所应注意的各种事宜。在"结论"篇中指出，科学教师应注重启迪学生心智，善于发现喜爱科学的学生，不能以为考试成绩好的就是好学生，对于来求学的考试成绩不佳的学生也当关注；而其自身应善用精力，惜取光阴，研求精进。此外，还重点抨击了我国科学教师的几种病症：惰不自修、中于恶习、驰心外务、疏远学生、漠视社会，提出"国人从事科学教育者，尚其思及其责任之重大，痛矫此五者之病象。"④

此前，美国科学教育家推士在其为期两年的在华考察后，曾得出这样的结论——很多中小学科学教师不能采用科学的教学方法来教授科学。他们中也许有 5% ~ 10% 的科学教师是很好的演讲者，有些甚至很优秀，但总体而言，中等和普通学校的教师们没有给予学生真正的训练，没有能够传授学生对于科学真正的洞察力和解决问题的科学方法。这些教师的失败并不在于缺少能力，而在于他们自身训练的缺陷。⑤ 推士的上述结论，客观上也促使中国科学社将中小学科学教育的师资建设问题列为其工作重点之一，积极组织和参与各种中小学科学教师的培训工作，其中尤以举办科学教员暑期研究会最为典型。

---

① 改革我国科学教育之途径.科学，29（10）：299 ~ 300

② 科学教员暑期研究会.科学，11（2）：242

③ 此前中国科学社主办的《科学》月刊也曾刊载过《科学教授的原理》（第七卷第 3 期）等文章——笔者按.

④ 夷.科学教师所宜注意者·七.科学画报，7（7）

⑤ George Ransom Twiss. Science and Education in China. Shanghai，China：The Commercial Press Limited，1925：12

科学教员暑期研究会最初于1924年7月10日至8月8日在清华学校举办。当时中华教育改进社感到"科学教育之发达，与社会之进化，关系至为深切，在今日之中国，尤有提倡之必要"，"现时学校中各教员，无论有无教育经验，其对于科学之内容与教学之方法，均有自觉有复加训练之必要"。于是，中华教育改进社联合罗氏驻华医社及清华学校发起成立科学教员暑期研究会，并举行了第一届研究会。中国科学社获悉此事后迅速加盟，并和上述单位一起决定在1926年继续举办第二届科学教员暑期研究会。第二届科学教员暑期研究会推举董事7人，其中中国科学社占了两席，由任鸿隽担任董事，由时任中国科学社社长的翁文灏担任会长。这说明中国科学社加盟此会后便很快在中小学科学教师的培训中起了重要作用。

第二届科学教员暑期研究会以中学、师范学校及专门学校科学教员为对象，设物理、化学、生物3学科，每学科招收60名学员，教师根据其专长任选科。每学科分初级和高级两班，培训时间为4周。所有学员除了交20元的食宿费和实验费，无需再交其他费用，对非北京学校的教师还可享有适当津贴。

中国科学社的加盟，使第二届科学教员暑期研究会在整个设计和安排上呈现出新的特色。

第一，培训目标清晰，针对性强。此次培训不是就方法论方法，而是抓住当时中小学科学教师的根本问题——不懂科学教育，缺乏最基本的科学训练，着重从根本上提高他们的科学素养，让他们真正懂得以科学为目的。

第二，指导教师阵容非常强大。此次培训配备了很强的指导力量，物理、化学和生物3学科各配备6名指导教师，学员每10人为一组，每组至少有一名指导教师。担任此次培训的指导教师均来自全国各著名高校，有的是该领域数一数二的专家。如，物理学科的教师有丁燮林，北京大学教授；张贻惠，北京师范大学教授；F. C. martin，福建协和大学教授；叶企孙，清华学校教授；梅贻琦，清华学校教授等。化学学科的教师有杨光弼，清华学校教授；张准，东南大学教授；徐善祥，长沙雅礼大学教授；E. J. Jones，金陵大学教授；W. H. Adolph，齐鲁大学教授；邱宗岳，南开大学教授。生物学学科的教师有李顺卿，北京师范大学教授；Alice. M. Darling，燕京大学教授；胡先骕，东南大学教授；Corad. Reeves，金陵女子大学教授；薛德焴，武昌大学教授等。

第三，内容实用并符合教师需要。此次培训立足于学员的实际需要，内容主要分为三块：新教材研究、教授方法和实验生活（即如何利用我国固有之物料、如何可得国货仪器等）。学员不仅要研究教材和教法，还要学会做实验，学会采集标本和自制实验仪器。所有这些都与学员平时的工作密切相关，是学员们感兴趣、切实需要并希望得到提高的内容。同时，研究会还规定："会员中，平时教学编有讲义或实验教程者，有正在编制教科或实验书预备出版者，如愿与他人有所讨论，深望随带稿件赴会。他如课程计划，教授计划之纲要等，亦然。"此外，为开阔学员学术视野，帮助学员更新知识，研究会还聘请指导教师和其他名人，为接受培训的教师提供各种关于自然科学最新的进展和发明的讲座，并举办科学在社会、经济方面的应用以及对学员教学有特别价值的各种专题的公开演讲。

第四，注意成人教育特点，讲授与讨论相结合。此次培训规定，学员除了聆听指导教师的讲解和做实验外，每天须参加讨论会。讨论的主要内容包括科学教育方法、课本及实验教材改良等问题。"各科均定有一部分时间对于各项，为自由公开之讨论。希望指导教师与会员，对于上项问题，均为努力从事，并将所提出本会讨论之问题，预先列单，以备届时讨论。"[1]

此次培训，是科学家根据他们对科学教育的认识和理解来设计和实施的。它针对性强，抓住了当时中小学科学教员存在问题的症结，强调从提高教师的科学素养入手来改善科学教育，是历史上一次成功的"科教联手"培训中小学教师的活动。令人遗憾的是，这一活动因时局动荡、经费紧张以及其他原因没有能持续下去。但它却开了中国历史上科学和教育联手合作推动科学教育发展的先河，也证明科学家不仅能够而且应该参与中小学科学教师的培训，这对中小学的科学教育的改良将起积极的作用。

2. 调查和改良江苏全省科学教育

1923年，中国科学社科学教育委员会成立后，以"提倡及改进本国科学教育"为职责，随即于1924年推出了改进科学教育的第一个项目——中国科学社推行江苏省科学事业之计划[2]。这是一份关于江苏全省科学教育改革的详细规划，含六项内容，其中三项内容，如《调查科学教育计划》、《改良科学教育计划》和《采习苏省动植矿物标本计划》等则与中小学科学教育有关。

调查江苏全省中小学科学教育的现状是整个规划的第一步。中国科学社决定组织科学家设立"江苏科学教育调查委员会"，与江苏省教育厅合作，共同调查全省中学及师范学校内科学教育的设备（包括建筑、仪器、书籍、标本之类）与人才；科学教学法及课程表的编制法；各科学课程的调剂与联络办法；各学校附近之科学教学资源，如动植矿等标本原料和各种制造工业足供理化学习参观之用者；地方上的科学事业及公共科学机关等。上述调查结束后，调查员将编制报告说明调查情形及结果，并提出推广及改良科学教育的具体意见，在科学教育调查委员会中征求全体委员意见后形成最后的"调查报告书"，分别呈寄江苏教育厅和中国科学社，以作为随后举办科学教育讲

---

① 科学教员暑期研究会.科学，11（2）：242
② 中国科学社推行江苏省科学事业之计划.教育杂志，1924，16（5）

习会的参考材料。

在实地调查的基础上，科学教育委员会提出了江苏省中小学科学教育的"改良计划"。该计划具体内容包括两部分。其一是设"科学教育讲习会"。讲习会的工作有两项，一方面研究教学方法，就学校最主要的科学学科，如物理、化学、博物等分科讲习，目的是让教师们掌握最适当的各科教授法；另一方面，选择一些日常教科书中所没有的各学科最新的发明和前沿内容，挑选一些学生组成模范班，由科学家亲自讲授，组织中小学教师观摩学习。"改良计划"的另一个组成部分是"编写中学科学实验课程"。内容范围包括：中学科学教师教学参考书目录；中学科学实验教科书；中学各科学课程必备实验目录；关于各种仪器和药品的应用、标本的购置，各公司物品优劣和价目的比较及如何决定选择的办法的说明；关于自制各种简单仪器、药品、标本的办法及如何应用与节省经费的办法的说明；关于欧美科学教育新学说的介绍。

根据科学教育的特点，为弥补各学校理科实验室中标本实物的不足，提高科学教师的学识和能力，科学教育委员会还在"规划"中专门制定了《采习苏省动植物矿物标本计划》。该计划决定利用举办讲习会的机会和暑假，由中国科学社委派专家，提供经费，组织教师和学生外出调查江苏及邻近省份矿物和生物的分布情况，并手把手地教会他们采集标本。具体内容请看表18。

表18　采习苏省动植矿物标本计划

生物部采集标本计划

1. 办法　采集团体以一植物专家一动物专家为之指导。起首之日，正讲习会开始调查南京生物之时，是时出外采集，既与讲习不相冲突，而中学教员于演讲完毕后，所得学理尽可徵诸实验也。

2. 地点　先从南京城内着手，如卢龙山左近、清凉山、明故宫、牛山亭左近、韩家庄等处，皆收集其所产之标本，然后于城外之玄武湖、造林场、明孝陵、灵谷寺、雨花台、燕子矶、凄霞山、宝华山、老山、方山、牛首山等处收集。省内如苏州、无锡、镇江、扬州及南通，邻省如浙江之西湖与嘉兴、湖州各处，安徽之滁州、芜湖，及江西之庐山等处，亦往采集。

3. 练习　所到之处，其生物繁盛者，做长期采集，否则，只短期停留而已。而每至一处，教授与学生必作详细之观察，将环境各现象均将明之，以便学生得记实地调查之笔录及地势测量之图绘。至一切采集之手续亦由讲授详细指示。所获标本先就采集地作普通分类，然后送回社中，复由专家审定。

4. 标本　肆习之人皆可得标本一份。由下等之简单动物及较复杂之动物，至高等动物其所得之一份中，均备有焉，以便秋季开课携回校中，可以作课教之用。其余一大部分均有教授存诸社中，命工制作。凡内地各学校乏教材者，均可向社中购求，复与国外各博物馆交换，以为扩充本社标本室之用。

5. 款项　采集连仪器在内，约八百元，由社中供给。凡旅行费、保存标本、转运标本各费，购置器具及药品等费，统归教授分配采集结束后报告社中。至于学生所需，皆由各人自备。

6. 时期　采习生物于暑期行之，时期以三星期为限。

矿物部采集标本计划	1. 办法　中等学校教授矿物、地质、地文等课程，若无标本以资实验，往往极乏趣味。本社拟采集适用于中等学校所需之岩石矿物标本，以为补救之方。苏省火成、水成、变成三种岩石悉备，可即自苏省采集。
	2. 标本　中等学校博物教员，随同往外采集，则一方可得采集标本之经验，而一方亦可以之各种岩石所在之地点、生成之历史及组织之内容。所采集之标本，除稀有之矿石岩石外，其余均归各队所有。本社并拟购磨切机器，能将岩石矿物切为薄片，其内容组织可于显微镜中窥得。每块岩石标本均切有薄片以为参考之用。
	3. 地点　与采集生物之地点大同小异，先从南京入手，以次及于沪宁或津浦路线各地。
	4. 款项　与采集生物标本同。
	5. 时期　采习时期，在采习生物标本之后，亦以三星期为限。

　　此计划有一举三得之效：对中学科学教员来说，将采习安排在讲习之后，"所得学理尽可徵诸实验"，可以丰富和提高他们对教学内容的认识；在采习各种标本的过程中，中学教员不仅开阔视野，增长见识，同时亦积累了辨别和采集标本的经验；除了稀有标本外，每个中学教员可得一份自己采习的标本，这样就使各中学教员所在学校免费增加了许多实验标本。

　　中国科学社的上述 3 个计划，从调查项目到改革措施，从教师培训、教材和教学参考书目的编写到实验标本的采集，内容详尽，思虑周到，很具可行性。它们为江苏省较好地开展中小学科学教育提供了基础性的支持，解决了诸多教育界想改进却无可行策略的实践性问题。中国科学社原先打算将这一计划从江苏开始逐渐扩展到全国，后来苦于经费短缺未能实现。虽不尽善，但是中国科学社的社员在可能的条件下用他们的学术专长已经给当时中小学学校的科学教育提供了实实在在的帮助。它为我们今天思考科技界如何与教育界合作推动中小学科学教育发展的问题提供了极有价值的历史经验。

三、中国科学社与近代科学教科书的编译

　　教科书是学校科学教育得以实施的重要载体和依据。"理科课程的中国化非先有理科的中国教本不为功"。本着这一思想，中国科学社从建社开始就着手编译科学教科书和各类科学教育参考书，以推进科学教育的中国化。从现有的资料来看，中国科学社主要通过三个途径来开展科学教科书的编译工作：社内组织人员编译教科书；通过执掌中基会编译委员会编译教科书；社员自行编译教科书。

　　（一）社内组织编译科学教科书

　　由于近代科学是舶来品，国内缺乏足够的科学教材编辑人员，学校直接

使用国外教科书的现象非常普遍。为改变这种现状，中国科学社在20世纪30年代初首先对全国大学一年级及高中二、三年级使用的科学教材做了一个调查。调查结果发现，各年级使用的科学教本，除中学生物学科外，其他各学科多使用英文原版教材，其中高中约为70%，大学则为93%（见表19和表20）[1]。

表19 高中普通理科教科书统计表

学科	教本总数	英文教本数及百分比		中文教本数及百分比	
物理	167	117	70%	50	30%
化学	166	105	64%	61	36%
生物	90	19	21%	71	79%
代数	80	67	82%	15	18%
平面几何	43	28	65%	15	35%
立体几何	53	39	74%	14	26%
三角法	78	65	83%	13	17%
平面解析几何	61	56	92%	5	8%
共计	752	499	68%	255	32%

表20 大学一年级理科教本统计表

学科	教本总数	英文教本数及百分比		中文教本数及百分比	
普通物理学	20	19	95%	1	5%
普通化学	20	19	95%	1	5%
普通生物学	13	11	84%	2	16%
算学	12	12	100%	0	0%
共计	65	61	93%	4	7%

从上述两表可以看到，原版的英文科学教材在高中及大学一年级的科学教材中占绝对支配的地位。这种状况对中国科学社的触动很大。任鸿隽指出："吾所以反对用外国语讲授之理由，不特因语文隔阂，学者不易了解，即了解矣，亦用力多而成功少。亦且言及科学，学者本有非我族类之感想。设更用外国语授课，则此种学问将始终被歧视而不易融合为中国学术之一部分。"[1]长期使用外文科学教科书，不仅增加了学生学习的困难，事倍功半，而且将使科学将永远游离于中国文化之外而被歧视。因此，是否拥有优质的中文版科学教材，是一个关系中国科学能否更快发展的大问题。基于上述调查，中

---

① 任鸿隽.一个关于理科教科书的调查.1933，17（12）：2029.

国科学社从 20 世纪 30 年代开始在社内组织其社员，加快了编译科学教科书的步伐。

中国科学社的社员主要在大学供职，对大学科学教材亟缺的状况感受最为深切；再则大学科学教材的编写，必须要有学术精湛、造诣高深的科学家承担，因此中国科学社将其组织编译教科书的重点首先放在了大学。二十多年中，中国科学社先后组织人员编译了 4 套大学科学教本：《中国科学社丛书》、《中国科学社科学文库》、《中国科学社工程丛书·实用土木工程学》、《中国科学社工程丛书·电工技术丛书》和其他一些大学教材。具体内容见表 21。①

表 21　中国科学社编纂出版的大学教科书表

书名	编译者	出版社	出版情况
科学概论（上篇）	任鸿隽著	商务印书馆	1926 年 11 月初版 1928 年 9 月第 3 版
物理常数	菜宾牟编	上海：中国图书仪器出版公司	1939 年 10 月初版
彭青氏实用水力学	［德］彭青著，李仪祉译	上海：中国图书仪器出版公司	1936 年 4 月初版
显微镜的动物学实验	鲍鉴清编译	上海：中国图书仪器出版公司	1931 年 6 月初版
地质学	谢家荣编	上海：商务印书馆	1924 年 10 月初版 1926 年 3 月第 3 版
地质力学之基础与方法	李四光著	上海：中华书局	1947 年 1 月初版
植棉学	章之汶著	上海商务印书馆	1924 年版
中国数学大纲	李俨著	上海商务印书馆	1931 年 6 月初版
中国科学二十年	刘咸著		1937 年 5 月初版
老朱梦游物理世界	葛末浮著、王普译		1942 年 5 月初版
造纸	刘咸编		上海：1941 年 7 月初版，桂林：1943 年 7 月初版
数论	吕竹人著		1938 年 6 月初版
静力学及水力学（第 1 册）	［美］毛勒、托奈尔著，沈宝璋、顾世辑译		1940 年 1 月初版

① 各表材料来源：中国近代现代丛书目录.上海图书馆编藏，1979 年 9 月.

书名	编译者	出版社	出版情况
材料力学	［美］毛勒著，沈宝璋译		1940 年 1 月~1941 年 9 月初版 1941 年 4 月再版，1947 年 1 月 6 版
平面测量学（第 3 册）	［美］芬奇著，顾世辑、陈鑫译		1940 年 2 月初版，1941 年 12 月再版， 1947 年 4 月 3 版
道路学（第 4 册）	［美］贝纳尔著，沈宝璋译		1940 年 3 月初版，1941 年 9 月再版， 1946 年 11 月 6 版
铁路工程学（第 5 册）	［美］亚布著，汪胡桢译		1940 年 4 月初版，1941 年 9 月再版， 1947 年 5 月 3 版
土工学（第 6 册）	［美］麦克但尼尔著，汪胡桢译		1940 年 5 月初版，1941 年 9 月再版， 1947 年 5 月 3 版
给水工程学（第 7 册）	［美］托奈尔著，顾世辑译		1940 年 6 月初版
沟渠工程学（第 8 册）	［美］马斯顿、佛来铭著，顾世辑译		1940 年 7 月初版，1941 年 11 月再版
混凝土工程学（第 9 册）	［美］韦布、吉卜生著，萧开瀛译		1940 年 8 月初版，1941 年 11 月再版， 1947 年 1 月 6 版
钢建筑学（第 10 册）	［美］柏脱、利脱著，许止禅译		1940 年 9 月初版，1941 年 12 月再版， 1949 年 10 月 3 版
房屋及桥梁工程学（第 11 册）	［美］杜夫尔、善兹著，萧开瀛、马登云译述		1941 年 9 月初版，1947 年 6 月 3 版
土木工程规范与契约	Richard I. D Ashbridge 著，顾世楫译述		1941 年 7 月初版，1947 年 8 月再版
磁铁与电磁铁的设计	丁舜年编译		1945 年 4 月初版，1947 年 4 月再版

书名	编译者	出版社	出版情况
直流电动机与发电机	毛启爽编译		1945 年 12 月初版，1946 年 12 月再版，1948 年 8 月 3 版
交流发电机与电动机	丁舜年编译		1947 年 3 月初版，1948 年 7 月再版
保护替续器及其应用	丁舜年编译		1945 年 4 月初版
司路机键	寿俊良编译		1946 年 6 月初版，1947 年 4 月再版
实用电工敷线法	庄文标编译		1945 年 10 月初版，1947 年 3 月再版
电照学	赵富鑫编译		1945 年 2 月初版，1947 年 2 月再版
电热	赵富鑫编译		1945 年 8 月初版，1947 年 4 月再版
瓦特小时计	O. J. Bush 著，庄文标、杨肇燫译		1946 年初版
电学与电磁	I. C. S. Staff 著，裘维裕编译		1945 年 6 月初版，1948 年 5 月 3 版
交流电学	I. C. Stall 著，裘维裕编译		1945 年 10 月初版，1946 年 11 月再版
电工仪器及量度	Paul MacGahan D. A. Young 著，杨寄凡译		1945 年 4 月 1 版，1947 年 3 月再版
电压调整器	Fredvon Heimburg 著，寿俊良编译		1946 年 8 月 1 版，1947 年 4 月再版
发电厂与配电站	E. F. Braken 著，毛启爽、吴玉麟编译		1946 年 1 月 1 版，1947 年 4 月再版
科学通论	中国科学社编		1919 年 3 月初版，1934 年 1 月增订再版
中国病菌见闻录（其二）	邹钟琳著		1920 年 4 月
周口店之骨化石堆积	杨钟健著		1930 年 4 月初版

书名	编译者	出版社	出版情况
人类生物学（尼登博士演讲集）	［美］尼登讲，俞德、杜增瑞笔述		1930 年 7 月初版
空气湿度测量指南	顾世辑著		1931 年 6 月初版
袖珍积分式	顾世辑编		1931 年 7 月再版
英汉德法对照化学词典	魏岩寿主编		1933 年 5 月初版，1937 年 7 月增补再版
铁路、公路实用曲线表（附测试法）	毛漱泉编		1934 年 10 月初版，1936 年 9 月增订再版，1947 年 10 月 3 版
电化电容器	倪尚达、张江树、王佐清著		1934 年 8 月初版
动物学（上、下册）	张孟闻、秉志编		1934 年 12 月初版，1946 年 1 月 4 版
洗濯化学	A. Harvey 著，郭仲熙译		1937 年 2 月初版，1940 年 7 月再版
医疗中的奇迹	［德］爱文·李克著，周宗琦译		1936 年 7 月初版，1939 年 12 月再版
宇冰本论	哀伯特著，李仪祉译		1936 年 9 月初版，1939 年 12 月再版
化学方程式（中等程度适用）	魏岩寿编		1936 年 9 月初版
人造丝及其他人造纤维	达尔蕊著，张泽垚译		1936 年 8 月初版，1939 年 12 月再版
中国森林植物志(第1册)	钱崇澍主编		1937 年 12 月出版
科学的故事	［英］大卫·狄兹著，茅于越译		1937 年 7 月初版，1939 年 10 月再版
圆理奇侅（已核对）（周美权先生六十岁纪念刊）	周达（周美权著）		1938 年出版
定性分析化学	［美］葛德孟著，范敬平、赵廷炳译		1938 年 3 月初版，1947 年 4 月 4 版
简单的科学	赫胥黎、安特莱德著，严希纯译		1939 年初版，1947 年 3 月 4 版

续表

书名	编译者	出版社	出版情况
中国药用植物志（第1册）	裴鉴著		1939 年 10 月出版
内插法	裘宗尧译		1941 年出版
工业分析（上下册）	格利芬编著，程瀛章、宋廷恺译		1941 年 5 月初版，1947 年 4 月再版
高等化学计算法	蒋拱辰著		1941 年 6 月初版，1947 年 3 月 3 版
算术演习指导	薛德炯编		1942 年 12 月初版
现代肥皂制造法	刘崇祜编译		1942 年 11 月初版
简单的科学续编——地球和人	赫胥黎、安特莱德著，曹友琴、曹友芳译		1942 年 5 月初版
半微量定性分析	叶治镶著		1943 年 5 月初版，1947 年 10 月 4 版
电工学（上、下编）	陶维斯著，毛启爽、王天一译		1944 年 7 月初版，1947 年 3 月 3 版
英汉化学字典	徐善详、郑兰平编		1944 年 8 月初版
磺酰胺类之研究及制造法	王世椿、吴蔚著		1945 年 4 月初版，1947 年 3 月 3 版
科学的呼声	秉志著		1946 年 11 月初版，1947 年 2 月再版
最新实用化学（增订版）	布赖克、康尼著，薛德炯、薛鸿达译		1946 年 8 月增订初版
最小二乘法	张树森编		1947 年 2 月初版
普通化学（上、下册）	H. G. Demig 著，薛德炯、薛鸿达等译		1947 年 10 月～1948 年 6 月初版
比较无机化学	T. H. Savory 著，袁秀顺译		1948 年 2 月初版
蒽醌（en kun）还原染料	陈彬、王世椿著		1947 年 8 月初版，1948 年 1 月再版
电化学（大学用书）	陈湖、王天一编著		1948 年 6 月初版，1948 年 10 月再版
材料力学（原本第4版汉译增补本）	普尔曼著，薛鸿达编译		1948 年 6 月初版，1949 年 10 月再版
几何学（上册）	吴在渊编		1949 年 5 月 11 版

中国科学社组织人员编译的大学科学教材共72种，其中翻译教材41种。上述教材出版后很受欢迎，不少分册再版、3版，最多者达6版。中文版大学科学教材的大量出版，方便了学生的学习，改变大学中外文教材的比例格局，同时更是一件关系中国高校科学教育学科体系建设的大事。

在中学科学教材的编译方面，中国科学社也做了大量的工作。表22是笔者根据有关材料对中国科学社这方面工作所做的一个梳理[①]。

表22 中国科学社出版的中学科学教科书

书名	编译者	印刷次数	补充说明
中国初中教科书算术	吴在渊编	1932年8月初版；1934年1月第3版	
中国科学教科书初中算术（上、下册）	中等数学研究会主编，余介石等编	1948年9月~1949年2月初版	
中国初中教科书代数学（上、下册）	吴在渊编辑	1932年9月~1933年2月初版。 上册：1934年1月2版；1934年8月3版；1947年5月11版 下册：1943年3月再版；1947年8月12版 1947年5月~12月共11版	教育部审定
S.S.S重编平面几何学	［美］舒尔茨等著，薛德炯、薛鸿陆译	1947年8月初版	
三角学	赵型编辑	1946年9月初版；1949年9月第5版	
中国初中教科书物理学（下册）	杨孝述、胡惠风等编	1937年1月修订第4版	
中国科学教科书初中物理学（上、下册）	杨孝述等编辑	1948年9月~1949年3月初版	
中国科学教科书高中物理学（上、下册）	严济慈等编	1948年7月~12月初版 上册：1948年7月初版、第2版；1948年9月第2版；1949年12月第4版 下册：1948年12月初版；1949年12月第3版	
中国初中教科书化学（上、下册）	孙豫寿编	1937年5月初版 上册：1945年9月第4版；1947年8月第12版；1948年9月第13版 下册：1949年2月第15版	教育部审定

① 此表由笔者根据《民国时期总书目·中小学教材》、《民国时期总书目·自然科学·医药卫生》、《民国时期总书目·历史、传记、考古、地理》、《民国时期总书目·农业科学、工业技术、交通运输》等著作内容整理而成。

续表

书名	编译者	印刷次数	补充说明
中国科学教科书初中化学（上册）	孙豫寿编	1949 年 8 月初版	
最新实用化学（增订本）（上、下编）	［美］布莱克、科南特著，薛德炯、薛鸿达译	1946 年 9 月～1948 年 10 月出版。上编：1946 年 9 月初版，1948 年 10 月增订本第 3 版下编：1947 年 4 月增订本第 2 版	
高中化学复习进修书	张汝训编	1949 年 9 月初版	
动植物学纲要	陆新球编著	1938 年 12 月初版；1947 年 8 月第 3 版	
中国初中教科书动物学（上、下册）	张孟闻、秉志编	1933 年 8 月～1940 年 9 月出版上册：1938 年 8 月初版；1948 年 9 月第 4 版下册：1948 年 9 月第 5 版	
中国科学教科书初中生理卫生学	薛德炯编著	1949 年 8 月初版	
初中本国地理提要	陆人骥编	1945 年初版，1947 年 2 月第 4 版	
葛氏重编平面三角学	W. A. Granville 著，P. F. Smith、J. S. Mikesh 重编周文德编译	1947 年 9 月初版，1948 年 7 月再版	

中国科学社编译的中学科学教材，虽然数量有限，但质量较高。上述 18 种教材，出版后几乎都再版，最多的再版 15 次；有 3 本通过教育部的审定被定为全国通用的教材，另外《S.S.S 重编平面几何学》、《最新实用化学》和《动植物学纲要》① 3 本教材在很长时间被各地广泛使用。

（二）主持中基会编译委员会编译教科书的工作

"中基会"是"中华教育文化基金会"的简称，1924 年 9 月在北京成立，是负责保管、分配和监督使用美国第二次退还的庚子赔款的科学文化机构。其任务是"使用该款于促进中国教育及文化之事业"，范围包括科学研究、科学应用、科学教育和永久性的文化事业。

为进一步促进科学教育的中国化，1928 年 2 月中基会在上海成立了科学教育顾问委员会，负责筹划和主持数学、物理、化学、地学、生物等教科书的编译。中基会从全国聘定 10 位专家为委员，由王琎、秦汾分任正副委员

---

① 《民国时期总书目·中小学教材》的"本册编辑说明"中有这么一句话："有少量教材应用范围较广，已有关分册收录，为全面反映教材情况，本册亦予保留，并在书名右上角加＊号为记"。而这 3 本教材在其书名的右上角是有＊号标记，故得此结论。

长。委员会组成情况见表23。①

表23 科学教育顾问委员会委员名单

学科与姓名	任职单位
数学：秦 汾，姜立夫	北京大学，南开大学
物理：颜任光，饶毓泰	光华大学，南开大学
化学：王 琎，张子高	中央大学，浙江大学
地学：李四光，竺可桢	北京大学，中央大学
生物：胡经甫，胡先骕	燕京大学，中国科学社生物研究所

上述10名委员基本上都是中国科学社成员。其中，胡先骕、王琎、张子高、李四光是科学社的理事社员，而竺可桢是当时科学社的社长。中基会名下的"科学教育顾问委员会"实际上完全被中国科学社掌控。

中基会科学教育顾问委员会成立后，因10名委员教学科研工作繁忙，实在没有时间来全力投入编译教科书的工作，1929年8月曾昭抡提请中基会设立专职编译以取代科学教育顾问委员会的工作。他说：科学教育顾问委员会的委员"皆属海内闻人，未暇编撰，而局外之人，亦以此类工作，事难利小，且恐书不得售，畏不敢为。故希望在此就职下有相当之发展，实属难事，不如直截了当以薪金聘请专门人才任编撰之职，庶几责有所专，成绩不难速现也。"② 1930年7月，中基会接受上述建议，将科学教育顾问委员会改组为编译委员会，由胡适、张子高担任正副委员长，王琎、竺可桢、赵元任、姜立夫、丁文江、陈源、胡先骕、闻一多、丁燮林、陈寅恪、傅斯年、胡经甫、梁实秋13人为委员③，下设历史部、世界名著部和科学教本部，其中科学教本部负责编撰科学教科书的工作。

编译委员会15人中，科学教本部8人都是中国科学社的理事社员，正副委员长也均来自中国科学社。因此，中基会编译科学教材方面的工作也看做是中国科学社参与的工作的一部分。从1930年成立到1942年因经费困难而结束，编译委员会组织人员编译了大量科学教科书（见表24），为中国科学教育的发展做了重大贡献。

---

① 中华教育文化基金会董事会第三次报告. 民国十八年三月刊行
② 杨翠华.中基会对科学的赞助.台北中央研究院近代史研究所，1991：127
③ 编译委员会的成员当中，只有正副委员长为专职，主持及监督委员会的一切事务，其余均为名誉职员。

表24　中基会编译委员会编译的部分科学教科书

书　名	作　者	出版社	出版情况
电学原理（上下册）	［美］裴济、亚丹姆斯著，杨肇燫译述	上海：商务印书馆	1930 年 6 月初版，1947 年 8 月 3 版
整数论	胡浚济著	上海：商务印书馆	1930 年 9 月初版，1933 年 4 月国难后 1 版
数论初步	吴在渊编	上海：商务印书馆	1931 年 2 月初版，1933 年 9 月国难后 1 版
实用最小二乘式	唐艺菁著	上海：商务印书馆	1933 年出版
普通物理学（上、下册）	萨本栋著	上海：商务印书馆	上册：1933 年 4 月初版，1935 年 5 月 4 版 下册：1934 年 1 月初版，1937 年 2 月增订第 5 版
实验普通化学	郑兰华著	上海：商务印书馆	1933 年 12 月初版，1935 年 4 月再版
高等算学分析（教本）	熊庆来著	上海：商务印书馆	1934 年 8 月初版，1935 年 再版
解析几何（上、下卷）	何衍璇、袁武烈编	长沙：商务印书馆	1934 年 7 月初版，1938 年 10 月第 3 版
积分方程式导引	［美］波瑟耳著，胡敦复等译	上海：商务印书馆	1935 年 7 月初版
变分法（教本）	何鲁著	上海：商务印书馆	1935 年 6 月初版
解析几何与代数（2 册）	［德］许来曷·施伯纳著，施樊土畿译	上海：商务印书馆	1935 年 8 月~1946 年 2 月初版
矿床生因论	［日］加藤武夫著，张资平译	上海：商务印书馆	1935 年 4 月初版，1939 年 4 月长沙第 3 版
生物学精义	［日］冈村周谛著，汤尔和译	上海：商务印书馆	1935 年 7 月国难后增订第 1 版
有机化学	［英］拍琴、启平著，许炳熙、孙豫寿译	上海：商务印书馆	1935 年 11 月初版，1936 年 3 月再版，1938 年长沙第 3 版
实用地理学	［英］司梯文司著，余绍忭译	上海：商务印书馆	1935 年 5 月国难后 1 版，1937 年第 2 版
动物学	陈义著	上海：商务印书馆	1936 年 12 月初版，1945 年 9 月渝初版，1949 年 3 月第 3 版
普通物理学实验	萨本栋著	上海：商务印书馆	1936 年 9 月长沙初版，1936 年 11 月初版
双曲线函数	徐玉相著	上海：商务印书馆	1936 年 5 月初版

书名	作者	出版社	出版情况
中国木林学	唐耀著	上海：商务印书馆	1936 年 12 月初版
图解法	［美］麦开著，邹尚熊译	上海：商务印书馆	1937 年 6 月初版
定量分析化学	［美］达尔波著，张泽垚、童永庆译	上海：商务印书馆	1937 年 1 月初版，1938 年 4 月长沙再版，1944 年 5 月蓉 1 版
高等测量学	陈木端著	上海：商务印书馆	1937 年 3 月初版
微积分学	W. M. Baker 著，黄守中、张季信、程纶译	上海：中华书局	1937 年 5 月初版，1941 年 7 月 3 版，1948 年 9 月第 5 版
细菌学实习提要	佐藤秀三编，祖照基译	上海：商务印书馆	1937 年 8 月初版
射影纯正几何学	［美］何尔盖蒂著，黄新铎译	长沙：商务印书馆	1938 年 4 月初版
有机化学（上下）	秦道竖著	上海：商务印书馆	1938 年 3 月初版，1938 年 8 月再版
理论力学纲要	［法］孟特尔著，严济慈、李晓舫译	长沙：商务印书馆	1938 年 7 月初版，1939 年 1 月再版
动物学精义（上、中下册）	［日］惠利惠著，杜亚泉等译	商务印书馆	1939 年 7 月初版
定性分析化学（上、下）	［德］特勒威尔著，［美］荷尔英译，曾广典、陈善晃重译	长沙：商务印书馆	1939 年 1 月初版
非欧平面几何学及三角学	［英］卡士罗著，余介石译	长沙：商务印书馆	1939 年 8 月初版
有机化学实验	［德］加脱满著，［德］亨利希·维兰改编，孟心如译	上海：商务印书馆	1939 年 4 月初版，1944 年 2 月渝再版
高级有机化学	［英］拍琴、启平著，谭勤余、陈善晃译	长沙：商务印书馆	1940 年 10 月初版
函数论（上、下册）	竹内端三著，胡浚济译	长沙：商务印书馆	1940 年 9 月初版
微积分学	孙光远、孙叔平著	长沙：商务印书馆	1940 年 9 月初版，1947 年沪第 3 版
理论物理学导论（第 1 编）	哈斯著，谢厚藩译	上海：商务印书馆 1940 年 2 月初版	
原子物理学概论	三村刚昂、助川已之七著，余潜修译	上海：商务艺术馆	1940 年 1 月初版，1946 年 10 月再版
植物生理学	何家泌著	贵阳：文通书局	1944 年 9 月初版

续表

书名	作者	出版社	出版情况
近代无机化学	[美]摩尔根、帕士泰尔著，吴中框译	上海：商务印书馆	1948年5月初版，1949年6月再版
立体图学	[德]沙爱福、施雷发著，江泽涵译	上海：商务印书馆	1949年7月初版
普通植物学（上、下册）	李物汉编译	上海：商务因书馆	1948年8月初版
初中混合自然科	陈杰夫著	上海：商务印书馆	1933年4月初版，1938年10月再版
初级物理实习讲义	丁燮林编	上海：商务印书馆	1930年10月初版，1938年长沙第5版

（三）社员自行编译教科书

中国科学社社员基本上都是学成归国的留学生，大多拥有硕士或博士学位，是某一学科领域的专家，有能力编译自己专业的教科书。其实，很多社员从进入学校工作开始，一边教学，一边编写讲义，编译教科书既是他们工作的需要，也是他们教学与研究工作的成果。在中国科学社存在的年代里，社员个人自行编译教科书是一种非常普遍的现象。

表25是笔者依据《民国时期总书目·自然科学·医药卫生》、《民国时期总书目·历史、传记、考古、地理》、《民国时期总书目·农业科学、工业技术、交通运输》等著作，对中国科学社部分理事社员个人自行编译的大学教科书所做的一个梳理。

表25　部分社员自行编译的部分大学教科书

书名	作者	出版社	出版情况①	备注
科学概论	卢于道著	重庆：中国文化服务社	1942年11月初版，1944年8月第5版，1945年沪第1版	
科学座谈	任鸿隽、邹秉文著	上海：三通书局	1939年5月初版	
科学概论新编	竺可桢等著	上海：正中书局	1948年2月初版	思想与时代丛刊
科学发达史略	张子高述、周邦道记	上海：中华书局	1923年11月初版，1932年第8版	新文化丛书

---

① 下面有关出版情况和版次的数据均源自《民国时期总书目》。

书名	作者	出版社	出版情况	备注
印度科学	刘咸编著	重庆:正中书局	1944年7月初版,1947年沪第1版	时事月报社丛书
中国科学史举	张孟闻著	上海:中国文化服务社	1947年2月初版	青年文库,卢于道主编
科学与技术	赵曾钰著	上海:中华书局	1948年6月初版	
几何证题法	严济慈编	上海:商务印书馆	1928年1月初版,1932年10月国难后第1版,1957年12月第9版	算术丛书
平面几何学	温特渥斯著、马君武译	上海:商务印书馆	1922年6月初版,1928年2月第7版,1939年长沙再版	
三教学	秦汾编	上海:商务印书馆	1913年12月初版,1924年10月第7版,1932年6月国难后第1版,1932年10月第2版	
实用微积分	萨本栋等编著	国立厦门大学数学系 上海:商务印书馆,	国立厦门大学数学系1942年初版。上海:商务印书馆,1948年9月初版	
画法几何学	萨本栋编译	上海:商务印书馆	1923年6月初版,1933年2月国难后第1版,1934年6月国难后第2版	
最小二乘式	李协著	上海:商务印书馆	1924年6月初版	算术丛书
普通物理学（上、下册）	萨本栋著	上海:商务印书馆	上册:1933年4月初版,1935年5月第4版 下册:1934年1月初版,1937年2月增订第5版	首次用中文正式出版的大学物理教材
普通物理学实验	萨本栋著	上海:商务印书馆	1936年9月长沙初版,1936年11月初版	
物理学名词汇	萨本栋编	上海:商务印书馆	1932年1月初版	
普通物理学（上、下册）	严济慈编著	上海:正中书局	上册:1947年10月初版 下册:1948年7月初版	
原子核论丛	吴有训等著	上海:中华自然科学社	1947年12月初版	

书名	作者	出版社	出版情况	备注
化学原理	曹惠群编译	上海:中华书局	1947 年 10 月初版	
定性分析	陈世璋著	上海:商务印书馆	1924 年 7 月初版,1932 年国难后第 1 版,1941 年 2 月渝国难后第 2 版	
地震	翁文灏著	上海:商务印书馆	①1924 年 1 月初版(百科小丛书,王岫庐主编) ②1939 年 10 月初版(万有文库,王云五主编;百科小丛书)	
气象学	竺可桢	上海:商务印书馆	①1923 年 1 月初版,1925 年 9 月第 3 版,1931 年 5 月第 4 版,(百科小丛书,王岫庐主编) ②1929 年 10 月初版,1933 年 11 月国难后 1 版,1934 年国难后第 2 版,1947 年 2 月第 4 版(百科小丛书,王云五主编)	
地球的年龄	李四光著	上海:商务印书馆	①1927 年 10 月初版(百科小丛书,王岫庐主编) ②1929 年 10 月初版,1937 年 4 月国难后第 1 版(万有文库,第 1 集,王云五主编;百科小丛书)	
中国地势变迁小史	李四光著	上海:商务印书馆	①1923 年 1 月初版,1926 年 11 月第 4 版(百科小丛书,王岫庐主编) ②1930 年 4 月初版,1933 年国难后第 1 版,1947 年 2 月第 3 版(万有文库,第 1 集,王云五主编,百科小丛书)	
种棉法	过探先编著	上海:商务印书馆	①1923 年 1 月初版,1933 年 6 月国难后第 1 版,1937 年 4 月国难后第 5 版(农学小丛书) ②1929 年 10 月初版(万有文库)	

科学家与中国近代科普和科学教育

书名	作者	出版社	出版情况	备注
冶金工程	胡庶华著	上海:商务印书馆	①1933 年 12 月初版(万有文科、工学小丛书)②1934 年 2 月初版,1934 年 7 月再版,1947 年 2 月第 4 版(新中学文库、工学小丛书)	
铁冶金学	胡庶华编	中华学艺社	1926 年 5 月初版,1927 年 5 月再版	学艺丛书
工程名词——电机工程	顾毓琇编订	中国工程师学会	1934 年 4 月增订再版	
交流电学	萨本栋著	上海:国立编译馆	1948 年 3 月初版,1948 年 8 月第 2 版	部定大学用书
化学工程机械	张洪沅、谢明山编	上海:国立编译馆	1936 年 11 月初版,1945 年 6 月 1 版,1949 年 9 月第 4 版	第一本用中文写成的化学工程教材
电镀学	赵曾钰、茅家玉著	上海:中华书局	1938 年 10 月初版,1940 年 4 月再版,1945 年 3 月渝初版,1949 年 4 月第 3 版	化学工业丛书
炸药制备实验法	曾昭抡著	国立编译馆	1934 年 2 月出版	
科学与科学思想发展史(上、下册)	丹丕尔惠商著,任鸿隽、李俨、吴学周译	重庆:商务印书馆	①1946 年 3 月初版,1946 年 6 月沪初版(中基会)②1947 年 3 月初版(新中学文库、王云五主编)	
生理常识	蔡翘著	黄河书局	1945 年 5 月初版	医学丛书
棉	过探先著	上海:商务印书馆	1923 年 1 月初版,1923 年 10 月再版	百科小丛书
工程与工程师	赵曾钰著	南京:中华书局	1937 年 10 月初版,1939 年 10 月再版,1941 年 4 月渝第 3 版,1944 年 4 月渝重排初版	大学用书
钢铁	胡庶华著	重庆:青年出版社	1943 年出版	国防科学丛书
地学通论	竺可桢	讲义		我国最早的近代地理学教科书

书名	作者	出版社	出版情况	备注
人生地理（上、中、下）	张其昀编	上海：商务印书馆	上册：1925 年 1 月初版，1930 年 9 月第 13 版 中册：1925 年 10 月初版，1930 年 9 月第 11 版 下册：1925 年 10 月初版，1930 年 9 月第 6 版	
人生地理学	［法］白吕纳（原题：白菱汉）著，张其昀译	上海：商务印书馆	1930 年 11 月初版	社会科学史丛书
人生地理学史	［法］白吕纳著，张其昀译	上海：商务印书馆	1930 年初版，1935 年国难后第 1 版	社会科学小丛书
社会科学史（第 2 册人生地理学）	［法］白吕纳著		长沙：商务印书馆，1940 年 7 月初版 重庆：商务印书馆，1944 年 8 月第 1 版	
新地学	［法］马东另等 著，竺可桢等译	南京：钟山书局	1933 年 6 月初版	人地学会丛书
本国地理（上、中、下册）	张其昀编	重庆：钟山书局	1939 年初版，1944 年 10 月第 5 版	
中国地理大纲	张其昀著	上海：商务印书馆	①1927 年 7 月初版，1933 年 11 月国难后 1 版，1935 年国难后 2 版（百科小丛书，王云五主编） ②1930 年 4 月初版（万有文库，第 1 集；百科小丛书，王云五主编）	
中国人地关系论	张其昀著	大东书局	1947 年 2 月初版	史地丛刊
人地学论丛（第 1 集）	张其昀著	南京：钟山书局	1932 年 7 月初版	

书名	作者	出版社	出版情况	备注
生理学（上、下册）	蔡翘著	上海：商务印书馆 中基会	1929年7月初版,1935年4月国难后第1版,1937年6月过那后增订第3版,1943年10月国难后增订蓉第1版	我国第一本适合大学生物系学生使用的生理学教科书
动物生理学	蔡翘、徐丰彦著	上海：世界书局	1935年1月初版	
生理学实验	蔡翘、吴襄著	上海：商务印书馆 中基会	1940年11月初版,1941年春蓉版	
细菌	胡先骕 著	上海：商务印书馆	1923年1月初版,1933年4月国难后第1版,1935年国难后第2版	
高等植物学	邹秉文、胡先骕、钱崇澍著	上海：商务印书馆	1923年11月初版,1928年5月第4版	当时的权威著作
植物学小史	胡先骕著	上海：商务印书馆	①1931年8月初版,1933年5月国难后第1版 ②1945年渝1版,1947年2月第3版（百科小丛书,王云五主编;新中学文库）	
世界植物地理	［英］哈地著,胡先骕译	上海：商务印书馆	1933年1月初版,1939年12月长沙简编版	
动物学小史	刘咸著	商务印书馆	①上海:1934年1月初版,1947年2月第3版 ②重庆:1945年	
世界植物地理	［英］哈弟著,胡先骕译	上海：商务印书馆	①1933年1月初版（百科小丛书,王云五主编） ②1933年12月初版（万有文库,第1集,王云五主编;百科小丛书,王云五主编）	
人类原始及类择(1~9册)	［英］达尔文著,马君武译	上海：商务印书馆	1930年4月初版,1939年12月长沙简编版（万有文库,王云五主编;汉译世界名著）	
比较解剖学名词	秉志、伍献文等著	正中书局	1948年5月初版	

　　中国科学社社员个人自行编译的大学教科书数量虽然有限，但多数是社员在自己的教学实践基础上逐步完成的。由于社员中不少人是我国某些学科、某些专业和某些课程的开山鼻祖，因而其所编撰的教科书也具有开创性的意义：如张洪沅和谢明山编著的《化学工程机械》是我国第一本用中文编写的化学工程教材；萨本栋编写的《普通物理学》是我国第一本用中文出版的大学物理教科书；竺可桢编写的《地学通论》是我国第一部地学教材。所有这些著作都为中国人自己编写大学科学教材提供了示范，积累了经验，在中国近代大学科学教材的编写史上留下了浓重的一笔。

　　除了大学教材以外，中国科学社很多社员在中学科学教科书的中国化方面也自发地做了大量卓越的、基础性工作。表26是笔者依据《民国时期总书目·中小学教材》对中国科学社部分社员编写的中学科学教科书所做的一个梳理。

表26　部分中国科学社社员自行编译的部分中学科学教科书①

书名	作者	出版社	出版情况	补充说明
初级中学教科书·初中自然科学（第1、5、6册）	郭任远编著	世界书局	1929年6月~1931年8月初版	
本国地理（上、中、下）	张其昀编	钟山书局	上册：1932年8月初版；1932年9月再版；1933年9月第4版　中册：1935年8月第6版　下册：1934年9月第2版	教育部审定
新学制高级中学教科书·本国地理	张其昀编	商务印书馆	上册：1926年8月初版；1931年1月第24版　下册：1928年6月初版；1930年7月第10版	教育部审定
外国地理（上、中、下）	张其昀、李海晨编	中山书局	1933年7月~1935年8月初版	
建国教科书·初级中学外国地理（上、下册）	胡焕庸编著	正中书局	1942年3月~4月初版　上册：1948年8月沪第8版；1947年沪第70版　下册：1946年12月沪第75版	

---

　　①　根据笔者掌握的资料，社员中尚无人编写过小学科学教科书。因掌握资料有限，对其他社员是否编写过小学科学教科书不好妄下论断，故此处对中国科学社社员编撰小学科学教科书问题暂且不论。

书名	作者	出版社	出版情况	补充说明
外国地理（上、下册）	胡焕庸、张其昀编著	钟山书局	1936 年 8 月初版	
新中学教科书·算术	吴在渊、胡敦复编	中华书局	1922 年 6 月初版；1923 年 12 月第 8 版；1924 年 12 月第 11 版；1926 年第 20 版	
新中学算术	吴在渊、胡敦复编	中华书局	1932 年 4 月第 45 版	教育部审定
现代初中教科书·算术(上、下册)	严济慈编纂	商务印书馆	1936 年 8 月～1937 年 6 月初版 上册：1937 年 6 月国难后订正第 91 版 下册：1936 年 8 月国难后订正第 81 版	民国二十六年二月教育部审定
民国新教科书·代数学	秦沅、秦汾编	商务印书馆	1913 年 10 月初版；1920 年 12 月第 14 版；1921 年第 16 版；1924 年 12 月第 19 版；1929 年 12 月第 27 版	教育部审定
新中学代数学	秦汾编	中华书局	1923 年 1 月初版；1924 年 7 月第 6 版；1926 年 5 月第 14 版；1930 年 7 月第 25 版；1931 年 9 月第 28 版；1932 年 3 月第 30 版	教育部审定
现代初中教科书·代数学(上、下册)	吴在渊编辑	商务印书馆	1923 年 7 月～1935 年 7 月出版 上册：1923 年 7 月初版；1923 年 8 月第 2 版；1932 年 4 月国难后第 1 版；1932 年 5 月国难后第 5 版；1935 年 7 月国难后订正第 50 版 下册：1924 年 1 月初版；1932 年 3 月国难后订正第 1 版；1935 年 7 月国难后订正第 39 版	
新学制高级中学教科书·代数学	何鲁编辑	商务印书馆	1923 年 8 月初版；1924 年 2 月第 2 版；1927 年 8 月第 4 版	
民国新教科书·几何学	秦沅、秦汾编	商务印书馆	1914 年 7 月初版；1927 年 1 月第 21 版；1929 年 8 月第 23 版	教育部审定
新中学教科书·几何学	胡敦复、吴在渊原著，张鹏飞编辑	中华书局	1923 年 7 月初版；1923 年 12 月再版；1924 年 7 月第 3 版；1932 年 1 月第 4 版	教育部审定

书名	作者	出版社	出版情况	补充说明
新中学教科书·初级几何学	吴在渊编辑	中华书局	1924年8月初版；1924年12月第2版；1925年9月第5版；1929年1月第18版；1931年9月第25版；1932年5月第27版	教育部审定
新中学教科书·高级几何学	胡敦复、吴在渊编	中华书局	1925年5月初版；1925年7月第2版；1928年9月第8版	
新中学几何学	胡敦复、吴在渊编	中华书局	1925年7月初版；1931年7月第12版；1937年6月第15版；1932年10月第17版；1933年10月第20版；1934年6月第21版	教育部审定
高级中学几何学教科书（上、下册）	吴在渊、胡敦复编	中华书局	1934年8月~10月初版 上册：1935年8月第4版；1935年9月第5版 下册：1935年9月第2版；1935年8月第3版①	教育部审定，新课程标准适用
高中平面几何学（上、下册）	吴在渊、张鹏飞编	中华书局	1940年初版 上册：1941年2月第7版；1946年11月第9版 下册：1946年8月第9版	教育部审定，修正课程便准适用
高中立体几何学	吴在渊陆鸿翔编	中华书局	1940年初版；1941年6月第7版；1946年7月第8版	教育部审定，修正课程标准适用
复兴高级中学教科书·平面几何学	胡敦复、荣方舟编著	商务印书馆	1936年7月初版，1947年12月第93版，1948年12月第109版	
复兴高级中学教科书·立体几何学	胡敦复、荣方舟编著	商务印书馆	1936年7月初版，1936年7月第2版，1936年8月第3版，1947年3月第38版	
最新初级中学教科书·混合编制初中理化(第1、2册)	严济慈编著	中国文化服务社	1948年9月初版	
初中物理学（上、下册）	胡乾风、胡刚复编	北新书局	1933年8月~1934年2月初版	

---

① 此处时间有疑，经核对查原文，确实如此。

续表

书名	作者	出版社	出版情况	补充说明
初级中学物理实验	丁燮林、王书庄著	开明书店	1947 年 7 月初版；1948 年 7 月再版	
高级中学物理实验	丁燮林、王书庄编		南京：国立中央研究院物理研究所，1935 年 8 月初版 上海：开明书店，1945 年 2 月初版；1947 年 9 月第 4 版	
复兴高级中学教科书·生物学	陈帧编著	商务印书馆	1933 年 11 月初版；1934 年 10 月出版；1945 年出版；1946 年 1 月第 77 版；1947 年 12 月第 136 版；1949 年 5 月第 158 版	教育部审定
现代初中教科书·植物学	凌昌焕编纂，胡先骕校订	商务印书馆	1923 年 7 月初版；1926 年 4 月第 57 版；1929 年 7 月第 94 版；1930 年 2 月第 117 版 初版至 57 版为教育部审定，1928 年 8 月经大学院审定	
民国新教科书·动物学	丁文江编纂	商务印书馆	1914 年 4 月初版；1917 年 7 月第 5 版；1922 年 5 月第 10 版；1930 年 8 月第 13 版	教育部审定，中学师范兼用

　　这里特别要提到数学家胡敦复在编写中学数学教材方面所作的贡献。胡敦复（1886～1978），江苏无锡人，中国现代著名的教育家、数学家，私立大同大学的创始人、中国科学社永久社员、中国科学社董事会成员（1922～1946）。

　　作为一位著名的教育家和数学家，胡敦复深知编写适合我国中小学教育实际的科学教材的迫切和重要。"鄙意今尚宜从中学之教科书入手，渐及参考之书，层累而上，以致高深之学。材料不妨浅近而说理务宜精详，结构不必宏大而见地须有独到。务使中学之士，先得观摩之益；至盈科而进，而后引之入百宝之林。此则诸先觉者之天职也。"①

　　大同学院成立后不久，胡敦复就成立了以他为首的《大同学院丛书丛刊》编辑部，开始有组织地编译中学科学教科书。20 世纪 20 年代，他先后与吴在

---

① 中国现代科学家传记（第 6 集）.北京：科学出版社，1994：17

渊合编《新中学教科书算术》（1922年）、《新中学教科书几何》（1923年）、《新中学教科书高级几何学》（1925年）、《新中学几何学》（1925年）；20世纪30年代他又与吴在渊合编了《新中学算学》（1932年）、《高级中学几何学教科书》（上、下册）（1934年）。这些教科书均由中华书局出版，其中《新中学教科书几何学》、《新中学几何学》、《新中学算学》、《高级中学几何学教科书》通过了教育部审定，被定为全国通用教科书。20世纪30年代，商务印书馆出版了他和荣方舟合编的《复兴高级中学平面几何学》和《复兴高级中学立体几何学》。20世纪40年代，他还编写了《英文宝库》第1～5册，经教育部审定后为中国初中教科书。此外，他还为友人多部著作作序或校订。可以这样说，20世纪20年代以来的中学生很少有人没有使用过胡敦复编写的数学教科书，胡敦复为我国早期中学数学教材建设作出了卓越的贡献。

限于笔者检索的范围，上述梳理只限于一小部分社员，可以肯定中国科学社社员个人编著中学科学教科书的数量在上表中远未得到全面反映。即便如此，从出版情况及补充说明一栏可以看出，中国科学社社员自行编写的中学教科书的质量非常之高。上述30本教科书中有16本通过了教育部的审定，被定为全国通用教材。很多教科书一版再版，使用了很长时间，成为近代中学某些学科的"经典教材"、"权威教材"。如凌昌焕编纂，胡先骕校订的《现代初中教科书·植物学》，自1923年7月初版，1926年4月为第57版，1929年7月为第94版，至1930年短短7年中再版117版。陈桢编著的《高中生物教科书》，初版于1933年11月，到1949年5月已出了158版，使用时间长达了16年。由此我们可以想象，这些教科书在当时的受欢迎程度和使用范围与科学家们在这方面的努力及贡献。

第三编

卓越的组织者——任鸿隽

谈到科学家与中国近代科学教育的关系，谈到中国科学社，就不能不提及任鸿隽。他是中国科学社和《科学》杂志的创始人之一，长期担任主要领导职务，并以其能力、资历和人格魅力，成为这个群体的核心和灵魂。有学者指出："中国近代真正意义上的科学教育思潮的形成与任鸿隽及其主持的科学社有密切关系。"[①]

作为中国科学社的掌门人，和秉志、周仁、竺可桢、翁文灏、胡先骕等不同，任鸿隽最终没有成为在试验室埋头从事科学研究的科学家，而是作为带领和组织近代广大科学家积极参与推进科学研究、科学普及和科学教育等事业的旗手，成了一位卓越的组织者和领袖。关于任鸿隽的研究，除了一些基础资料的整理和汇编外，目前已有不少成果问世[②]，它们主要侧重探讨任鸿隽的科学思想及其对中国近代科学事业的贡献。这里我们将从教育的视角，重点研究任鸿隽如何借助中国科学社、中基会等机构，团结和组织科学家致力于推进中国近代的科学教育事业。

一、"科学救国"理想的形成

1905 年，中国发生了一件影响深远的大事——集文化、教育、政治、

---

① 田正平主编.中国教育思想通史（第六卷）.长沙：湖南教育出版社，1994：259
② 关于任鸿隽的最新研究主要有：李醒民的《中国现代科学思潮》；张剑的《从科学宣传到科学研究——中国科学社科学救国方略的转变》；卢立建的《近代科学与任鸿隽科学思想》；施展旦的《任鸿隽论科学精神及其意义》；杨翠华的《中基会对科学的赞助》、冒荣的《科学的播火者——中科学社述评》、范铁权的《体制与观念的现代转型》以及张剑的《民国科学社团与社会变迁——中国科学社科学社会学个案研究》等。详见书后"参考书目"。

社会等多方面功能的科举制被废除①。从科举中解脱出来的大批学生转而选择出国留学，到国外接受教育和寻求新知。学成归国的他们在辛亥革命和"五四运动"中发挥了十分重要的推进作用，而任鸿隽则是其中的一个代表。

（一）秀才造反

任鸿隽（1886～1961），字叔永，祖籍浙江省归安县（今吴兴县）菱湖镇，1886年12月20日生于四川省垫江县。他14岁时读完四书五经后又读朱子集注。1904年，18岁的任鸿隽冒籍巴县参加考试，在1万多名童生中名列第三，成为清末最后一代秀才。

1904年时的中国，科举和学堂并行。任鸿隽所进的重庆府中学堂，虽名为学堂，实际上科举气息很浓。1905年9月2日科举被废除后，重庆府中学堂才开始真正转轨成为具有现代意义的学堂。在这里，任鸿隽深受梅黍雨、孔保之和杨沧白3位教习的影响。梅教习教授外国史、世界政治、世界地理等科目。任鸿隽认为："梅先生所授诸科，仅及导言，然上下古今，清辩娓娓，实有以启发智慧、开拓心胸之效。"受其启发，任鸿隽开始了解世界之大势。孔教习所讲授的严复翻译的《群己权界论》等，使任鸿隽"于西方文字思想之大概，已略有所得"。杨教习慷慨好谈国事，含蓄地以革命思想引导学生。任鸿隽"尤好从杨先生游"，他的革命思想也"于此植其根矣"。②

当时，《新民丛报》开始传入重庆。因该报为清政府所禁，任鸿隽和同学们常常深夜闭户阅读。当读到梁启超写的《灭国新法论》时，任鸿隽激动不已。因为种种感触，他和同学们不满足学校所设的课程，要求学校进行改革，为此学校增设了短期师范班，1905年任鸿隽从该班毕业，翌年到

---

① 美国学者罗兹曼认为废除科举产生的深远影响为：（1）它把中国人探索社会问题答案的方向转到向外国寻求知识，致使大批学生出国留学，这批人对辛亥革命和五四运动的发生十分重要；（2）它割断了已经被削弱的地方与中央政权之间的联系（通过在官和在野的精英），从而使国家行政管理进一步腐败，军阀随之蜂起；（3）它导致了地方资源的再分配。原来掌握地方资源的是具有责任感和公益心的人士，他们有切身利害去寻求外来帮助以造福乡里，现在掌握资源的是一批只有个人和局部利益之徒。科举的废除还鼓励许多人去寻求与国家利益无关的职业；（4）它摧毁了现存社会等级制度，使城市和乡村之间的界线更加巩固，这对城市和乡村的整合能力造成了长期的消极影响；（5）它大大改变了教育在中国发展中的地位，形成了明显的文化中断，引起了人们就究竟哪种教育形式更适合新时代需要这一问题进行了长期的争论。究其现实和象征的意义而言，科举制度的改革代表着中国已与过去一刀两断。这大致相当于1861年沙俄废奴和1868年明治维新后的废藩。废奴和废藩标志着俄国和日本走向转换的开始。（［美］吉尔伯特·罗兹曼等编著，国家社会科学基金"比较现代化"课题组译. 中国的现代化. 南京：江苏人民出版社，2003：433～434.）

② 樊洪业，张久春选编. 任鸿隽文存——科学救国之梦. 上海：上海科技教育出版社、上海科学技术出版社，2002：678

重庆开智小学和私立重庆中学任教，历时一年，以便储备资金供出洋求学之用。后来，任鸿隽在回忆当时出洋求学的决心时曾说："然无论如何困难，终不放弃求学计划。最后以教读所蓄，决然出游，吾所依赖者，特百折不回之志气与患难相助之朋友而已。"① 可见，出国求学是任鸿隽心中早已有的计划。

1907年，任鸿隽到达上海，随后进入中国公学。中国公学当时是"革命党的大本营"。在这里，他结交了大批朋友，如胡适、杨铨、张奚若、朱经农等。任鸿隽虽然满意中国公学的革命氛围，但不满足该校中等程度的课程，而且如果继续呆在上海，他的经费也没有了。于是，在朋友的帮助下，任鸿隽于1908初东渡日本留学。当时，章太炎正在日本举办"国学讲习会"，任鸿隽从其学习国学深受其革命思想影响。1909年秋天，任鸿隽考入东京高等工业学校应用化学预科，成为晚清政府的"官费生"。他选择学习应用化学的动机是想为革命制造炸弹。同年，任鸿隽在东京加入同盟会。之后，他积极组织盟友参加反清活动，还经常与日本人宫崎寅藏联系，帮助国内革命力量购买军火。在日期间，任鸿隽先后担任了同盟会四川分会书记、会长，并曾参与总会事务。他为支持国内的革命斗争，赶印过大量传单，发表了不少革命宣传文章，较有代表性的如《川人告哀文》、《为铁路国有告国人书》等。后来，任鸿隽回忆在日本这一段经历时说："吾此时之思想行事，一切以革命二字所支配，其入校而有所学习，不能谓其于学术者所企图，即谓其意在兴工业，图近利，仍无当也。"①

1911年10月辛亥革命爆发后，他立即弃学回国，投身革命。

（二）弃政求学

1911年12月底，任鸿隽随孙中山一行由上海到南京。1912年1月1日，中华民国临时政府成立，他担任临时大总统秘书，与吴玉章、萧友梅、张季鸾、杨铨、谭熙鸿、冯自由、李书城等人共事。任鸿隽在秘书处承担起草文告等工作，孙中山就任时的《告前方将士文》、《咨参议院文》、《祭明孝陵文》等都出自他的手笔。临时政府成立3个月后，因南北和议告成而解散，凡在临时政府任职的人员，可以北上继续从政。然而，任鸿隽和几个在秘书处的同事选择了另外的发展道路，即到国外去继续求学，将来再以所学报效国家。他以"学业未成，应继续留学，为将来国家储才备用"

---

① 樊洪业，张久春选编. 任鸿隽文存——科学救国之梦. 上海：上海科技教育出版社、上海科学技术出版社，2002：678～679

为由，带头拟具呈文向总统提出申请，要求政府能资助自己西渡美国留学，① 但起初名列榜首的他竟然未获批准。他询问胡汉民，胡说希望他不要出洋，留下干工作，并说这是蔡元培的意思。任鸿隽转而与蔡元培商量，蔡元培说民国初建，希望他多贡献力量，不必急于求学。参议院方面也推荐他担任秘书长的职务，但任鸿隽留学志愿非常坚决。他后来回忆："吾等当日向往西洋，千折百回，有不到黄河心不甘之概，故不在博士硕士头衔资格间也。"①经过一番周折，任鸿隽终于获准作为民国政府的第一批"稽勋生"② 远赴美国留学。

当时的中国，政体变更，设立了议会制度，这让刚刚被迫与科举割断了联系的知识分子重新燃起了强烈的做官希望。许多人热衷宦海浮沉，醉心于利禄仕途。有见于此，梁启超在《作官与谋生》一文中说："居京师稍久，试以冷眼观察社会情状，则有一事最足令人瞿然惊者，曰：求官之人之多是也。以余所闻，居城厢内外旅馆者恒十余万，其什之八九，皆为求官来也。……大抵以全国计之，其现在日费精神以谋得官者，恐不下数百万人。……盖学而优则仕之思想，千年来深入人心，凡学者皆以求仕也。……迨民国成立，仅仅二三年间，一面缘客观的时势之逼迫诱引，一面缘主观的心理之畔援歆羡，几于趋全国稍稍读书识字略有艺能之辈，而悉集于作官之一途。"③ 这一时期法政学校的兴起与蓬勃发展，正是这一潮流在教育上的表现。黄炎培在《教育前途危险之现象》一文说到："光复以来，教育事业，凡百废弛，而独有一日千里，足令人瞿然惊者，厥惟法政专门教育。……戚邻友朋，驰书为子弟觅学校，觅何校？则法政学校也。旧尝授业之生徒，求为介绍入学校，入何校？则法政学校也。报章募集生徒之广告，则十七八法政学校也。行政

---

① 樊洪业，张久春选编.任鸿隽文存——科学救国之梦.上海：上海科技教育出版社、上海科学技术出版社，2002：681~682

② "稽勋"是对参加辛亥革命者的一种奖励，对象主要有革命殉难者、功勋卓著的革命参与者和革命资助者等，最初没有资助革命者留学的动议，民国政府专门成立了稽勋局办理此事。任鸿隽等人的申请，得到孙中山的支持，后来袁世凯、黎元洪也援引成例派出大批人物。袁世凯政府专门责成教育部和稽勋局办理此事，据不完全查证，共派出 3 批稽勋留学生，第一批 25 人，第二批 53 人，第三批 66 人，名单中包括蒋介石、汪精卫、朱家骅、戴传贤、李四光、王世杰等人。当然有些人没有成行或者成行后没有真正向学，而走上了继续革命的道路，自然也有人努力求学后来成为学术界之领军人物。（参阅《政府公报》1912 年 5 月 22 日、7 月 27 日，1913 年 7 月 2 日、7 月 18 日）对于"革命功勋"这块大蛋糕，一些非革命人物也是可以"近水楼台先得月"的。当时像宋子文、冯自由的弟弟和胡汉民的两个妹妹，根本未在政府任过事，对革命毫无贡献，有的还是学堂学生，也名列"稽勋"留学名单。因此，任鸿隽说"此次各以私人的关系，得到出洋留学的机会，不知何以对其他学生"。（张剑.从"革命救国"到"科学救国".学术界（双月刊），2003（6）.）

③ 丁守和主编.辛亥革命时期期刊介绍（第4辑）.北京：人民出版社，1986：114

机关呈请立案之公文，则十七八法政学校也。"①

那么，已经在政府身居要职的任鸿隽等人为何放弃从政，而选择留学去学习科学呢？这难道只是他们个人的兴趣爱好吗？当然不是。任鸿隽之所以弃政求学，主要是受到了科学救国思潮的影响。

自洋务运动以来，科学救国思潮就一直叩响着古老的中国。而辛亥革命，无论从其正面效果或从其不足来说，都对这股思潮起了推波助澜的作用。一方面，由于封建帝制被推翻，随着"皇帝倒了、辫子剪了"，带来了一场社会思想的大解放和社会生活的大变革，一切"旧染污俗"、陈规陋习，都受到了疾风骤雨式的冲击和涤荡。换纪元、变官制、禁缠足、废跪拜、改称谓、易服饰、倡人权、破迷信，社会面貌曾焕然一新。在一派"揖欧追美，旧邦新造"的方新之气中，很多人怀着"破坏告成，建设伊始"之心，希望"此后社会当以工商企业为竞点，为新中国开一新局面"②。科学技术是实业的基础，兴办实业的热情相应的刺激了科学救国和教育救国的热情。另一方面，辛亥革命虽然推翻了封建帝制，但人民的苦难和许多社会痼疾依旧如故，贫穷、愚昧、落后的社会面貌并没有根本改变，一切远没有人们所曾期望的那样美好。从帝制被推翻后的兴奋，到兴奋后的失望，再到失望后的反思，许多人认识到，中国的贫穷落后在很大程度上归结于社会的愚昧和民众科学文化知识的缺乏。这些感受和认识促使他们把目光再次转向科学救国。

其次，任鸿隽对当时国民政府的失望也是促使他弃政求学的一大原因。赴美之前，任鸿隽应邀到北京唐绍仪为总理的国务院任临时秘书。在此期间，他看到许多担任国务重任的官员开会时，除了闲谈一阵无关紧要的话外，很难看到有关国计民生的认真讨论和议案。例如作为外交部长的陆征祥从俄国回来（他原是驻俄国公使），第一次出席国务会议，大讲了一通外国女人的长裙是如何优美，上海外国女子所穿的都是爬山的服装等等的话，却没报告一点国际外交形势。任鸿隽当时就想："这样的国务员，即送与我，我也不做了。"③

为此，任鸿隽离开了政界。但是，在政界的工作经历帮助他结交了当时许多重要人物，如政界的胡汉民、熊希龄等，教育界的章太炎、蔡元培，同辈学友杨铨、何鲁、胡适、吴玉章等，这些社会关系成为他后来创建并维系中国科学社发展，实现其科学救国和教育救国理想的重要资源。

---

① 丁守和主编. 辛亥革命时期期刊介绍（第4辑）. 北京：人民出版社，1986：113
② 陈旭麓. 近代中国社会的新陈代谢. 上海：上海人民出版社，1992：334～335
③ 樊洪业、张久春选编. 任鸿隽文存——科学救国之梦. 上海：上海科技教育出版社、上海科学技术出版社，2002：713

1912 年冬，任鸿隽与杨铨等 11 人登上"蒙古"号轮船，驶向大洋彼岸。他的人生开始了一个新的阶段。

（三）参与创立中国科学社

1912 年 12 月 1 日，任鸿隽到达美国纽约，随后入康乃尔大学文理学院主修化学和物理学专业。任鸿隽在回忆他选择康乃尔大学的缘由时说："以同行诸人志习政治经济及社会科学者为多，独吾与杨君志在科学，康校在美国，固以擅长科学著称，且是时胡君适之已先在此校，时时绳康校风景之美以相劝诱，吾等遂决计就之。及今缅想前事，吾固甚幸决策之未谬也。盖吾人出外游学，于所学功课外，尤应注意两事：一为彼邦之风俗人情，一为朋友之声应气求。是二者皆于每人之学成致用有绝大关系，康校于此二者皆曾与我们以难得机会。"[①]

当时，胡适等 13 名"庚款留学生"已经在康乃尔大学学习了两年。这些人学业基础较好，有浓重的书卷气，比较专心学务。但是，他们大部分受过庚子国难的刺激，所以都抱有"科学救国"的志愿。任鸿隽的夫人陈衡哲女士曾对他们的女儿说："我们那一代人出去留学，都有一个理想，就是学成归国，要为国家、人民尽点心力，做点事。你们这一代却根本对公众的事没什么理想，只顾念个学位，找份好差事，这算什么？"[②]

20 世纪初美国在经济发展上已经位居世界前茅，号称当时世界上科学最发达的国家。到达美国之后，中国留学生切身体会到科学技术对国家和社会发展的重要作用，从而对祖国科学技术的落后状况有更强烈的感触和担忧。任鸿隽在《科学与实业之关系》一文中曾提到："记得在美国的时候，有一天到纽约图书馆的发明注册室，不觉惊讶不置。满室中所藏的，皆是美国专利特许，就美国一国而论，每年以新发明得专利权的，已不下数万。有许多的发明，实业焉得不进步呢？"[③] 他认识到，现今世界假如没有科学，几乎无以立国。

任鸿隽一面身在美国努力学习，把握科学的本质，研究科学发展的功能和规律；一面却密切关注着中国，苦苦思索如何将科学搬回中国以解决国内的问题。任鸿隽感到："现今观察一国的文明程度的高低，不是拿广土众民、坚甲利兵作标准，而是用人民知识的高明、社会组织的完备和一般生活的进化来作衡量标准的。现代科学的发达与应用，已经将人类的生活、思想、行

---

① 樊洪业，张久春选编. 任鸿隽文存——科学救国之梦. 上海：上海科技教育出版社、上海科学技术出版社，2002：682
② 张朋园，杨翠华，沈松侨. 任以都先生访问纪录. 台北：中央研究院近代研究所，1993：120
③ 任鸿隽. 科学与实业之关系. 科学，1920，5（6）

为、愿望，开了一个新局面。一国之内，若无科学研究，可算是知识不完全；若无科学组织，可算是社会组织不完备。"① 他清楚地意识到，现代化不仅仅是一个国家通过技术革命和发展工业提升自身经济实力的过程，还应该是其社会生活和人民精神世界发生根本变化的过程。除了经济增长以外，社会组织的健全、公民的科学素养、文化水平、政治进步、心理适应、价值观念和生活方式等更应成为衡量一个国家现代化程度的标尺。对比中西，他以为科学是建国、富国和救国的工具，而将科学界同行团结起来则是发展科学的首要条件。

到美国不久，任鸿隽便在留学生界发起"科学救国运动"。其夫人在纪念他的一篇文章中写道："那时在留学界中，正激荡着两件文化革新运动。其一，是白话文学运动②，提倡人是胡适之先生；其二，是科学救国运动，提倡人便是任叔永先生。"③ 1914 年 6 月，他在《留美学生季报》上发表《建立学界论》一文，首次阐述了关于建立学术团体的想法。任鸿隽指出，知识分子在社会政治、经济和文化生活中有独特的作用："是人也，平日既独居深造，精研有得。临事则溯本穷源，为之辨其理之所由始，究其效之所终极，历然如陈家珍于案而数之也。其言既腾载于报章，听者遂昭然若发蒙。其事而属于政治也，将有力之舆论，由之产出，而政府之措施，因以寡过。其事而属于学问也，将普通之兴昧，因以唤起，而真理之发舒，乃益有期。"不过知识分子要想对社会产生较大的影响，必须建立学术团体。"是群也，是吾所谓学界也。"他认为是否有这样的学术团体，事关一个国家的强弱："学界者，暗夜之烛，而众瞽之相也。国无学界，其行事不豫定，其为猷不远大。唐突呼号，茫昧以求前进，其不陷于坎阱者几希。且夫学界之关系一国，岂特其未来之运命而已，实则当前之盛衰强弱，皆将于学界之有无为正比例焉。"④ 因此，任鸿隽大声疾呼中国应建立科学的学界，而且很快将这种想法付诸行动。

1914 年 6 月 10 日，在美国康乃尔大学的一群中国留学生，会聚到学校大

① 任鸿隽.中国科学社社史简述.文史资料选辑（第 15 辑）.北京：中华书局，1961

② 1915 年夏，胡适与任鸿隽等经常讨论中国文学问题，并第一次提出了"文学革命"的口号。1916 年 2 月 20 日，任鸿隽致信胡适说，我国文学不振的最大原因在于文人无学。仅从文字形式上着手"文学革命"并不适当。胡适终于认识到"文字形式是文学革命的工具"，进而提出"中国今日需要的文学革命是用白话替代古文的革命"。1916 年夏，任鸿隽又批判胡适的白话诗不可谓之诗，认为白话自有白话的用处（例如作小说，演讲等），不能用之于作诗。他认为"白话诗无体无韵，决不能称之为诗"（赵慧芝.任鸿隽年谱.中国科技史料，1998，9（2））。然而，胡适打定主意，就是用全力去试作白话诗。由此看来，胡适所酝酿的文学革命之转折前前后后也与任鸿隽的影响有一定的关系。

③ 樊洪业，张久春选编.任鸿隽文存——科学救国之梦.上海：上海科技教育出版社、上海科学技术出版社，2002：747

④ 任鸿隽.建立学界论.留美学生季报，1914（夏季第二号）

同俱乐部纵论天下大事。他们一方面深感于现代科学技术的重要作用,"百年以来,欧美两洲声明文物之盛,震铄前古。翔厥来原,受科学之赐为多";另一方面更为当时祖国的积贫积弱和科学技术的落后而忧虑不安,他们认为:"世界强国,其民权国力之发展,必与其学术思想之进步为平行线,而学术荒芜之国无幸焉,历史俱在,其例固俯拾皆是也。"① 因而只有依靠现代科学技术,才能救亡图存,振兴中华民族。他们希望从实做起,寻找一条为国家和民族振兴贡献个人绵薄之力的实际途径,最后决定协同合作,共同创办一份科学刊物在国内发行。

后来,任鸿隽遥想当年,有这样一段回忆文字:"1914 年的夏天,当欧洲大战正要爆发的时候,在美国康乃尔留学的几个中国学生某日晚餐后聚集在大同俱乐部廊檐上闲谈。谈到世界形势正在风云变色,我们在国外的同学们能够做一点什么为祖国效力呢?于是有人提出,中国所缺乏的莫过于科学,我们为什么不能刊行一种杂志来向中国介绍科学呢?这个提议立刻得到谈话诸人的赞同。"②

据赵元任日记记载,1914 年 6 月 10 日晚去任鸿隽房间商讨组织科学社出版月刊事,大家公推由胡明复、杨杏佛和任鸿隽负责起草工作。当时在"科学月刊缘起"上签名的有胡达(胡明复)、赵元任、周仁、秉志、章元善、过探先、金邦正、杨铨、任鸿隽 9 人。他们作为《科学》月刊的发起人,一般也被认为是科学社的发起人。

关于成立科学社的目的,任鸿隽在关于"科学月刊缘起"中有这么一段话:"今试执途人而问以欧、美各邦声名文物之盛何由致乎?答者不待再思,必曰此食科学之赐也。……同人等负笈此邦,于今世所谓科学者庶几日知所亡,不敢自谓有获。愿尝退而自思,吾人所朝夕育习以为庸常而无奇者,有为吾国学子所未尝见者乎?其科学发明之效用于寻常事物而影响于国计民生者,有为吾父老昆季所欲闻之者乎?……试不知其力之不副,则相约为科学杂志之作,月刊一册以饷国人。专以阐发科学精义及其效用为主,而一切政治玄谈之作勿得阑入内焉……"② 另外,胡适在日记中也有记载,"本社发起《科学》(Science)月刊,以提倡科学,鼓吹实业,审定名词,传播知识为宗旨。"③ 可见,任鸿隽等人创办《科学》杂志,其目的就是要传播西方科学,以启蒙国人。自此中国科学社都一直恪守着这一目的。

为出版发行《科学》月刊而成立的"科学社",于 1915 年 10 月 25 日改

---

① 《科学》发刊词. 科学, 1915, 1 (1)
② 任鸿隽. 中国科学社社史简述. 文史资料选辑(第 15 辑), 北京:中华书局, 1961
③ 胡适. 胡适留学日记(上). 合肥:安徽教育出版社, 1999:219

组为"中国科学社",成为真正意义上的学术团体,以"联络同志,共图中国科学之发达"为宗旨,社务大为扩张。1922年8月18日中国科学社生物所正式宣告成立后,中国科学社又进行了第二次改组,其宗旨改为"联络同志,研究学术,共图中国科学之发达",明确打出科学研究旗号,从一个以传播科学为主要目的的学术团体逐步向一个以科学研究、学术交流为主要目的的学术组织过渡。到20世纪30年代中期,中国科学社再次进行角色调整,将社务重心转向科学研究与科学普及并重,创刊《科学画报》、改版《科学》。在这一过程中,经过不断改组和建设,中国科学社的组织机构也逐步趋于完善。

中国科学社的最终目标是想办成像英国皇家学会那样的学术团体。但是与西方科学社团相比,中国科学社团无论是创建的社会环境、组织形式,还是组织程序、社会功能、与政府的关系等,都有其自身的特征。从西方科技社团产生的历史来看,欧美科学社的出现是其学术自身发展的需要。[①] 以英国的皇家学会为例,其创立者们"看见当时的学者守旧太甚,无可如何,才出来创立这个'无形的学校'"。该"皇家学会第一个目的,是用实验的方法,以谋自然科学的进步。所以此会成立之始,其重要的事业,就是实行试验。……第二件事,是辅助政府,改良国内的学术上事业。……第三件事,是收集各国图书标本。"而"第四件事,是出版物,"[②] 以传播科学。与欧美国家的科学社团相比,中国科学社是在"科学救国"思潮的影响下成立的,它更关注的是科学的社会功能。因此中国科学社首先、大量和长期做的工作是向国人传播科学,进行科学文化启蒙,然后才是开展科学研究和学术交流。

因受"科学救国"思潮的影响而离开官场留学美国,继而在留学生界发起"科学救国运动",创办《科学》杂志,创立中国科学社;回国之后,又以中国科学社为阵地掀起了更为强劲"科学救国"巨澜……对任鸿隽来说,"科学救国"是他的理想,他的梦,是贯穿他一生的主线。

---

① 任鸿隽在《外国科学社及本社之历史》一文中分析道:"第一,科学的境界愈造愈深,其科目越分越细,一人的聪明财力断断不能博通诸科。而且诸科又非孑然独立,漠不相关的。有人设了一个比喻,说世界上的智识,譬如一座屋宇,各种科学,譬如起屋筑墙,四面八方,一尺一寸的,增高起来。但若是不合拢,终不成屋宇。一人的力量有限,只好造一方的墙壁,不能四方同时并进。今要墙壁成为屋宇,除非大家合在一处,分途并进,却是共力合作。此现今的科学社,必须合众多人组织而成的理由一。其二,现今的实验科学,不是空口白话可以学得来的。凡百研究,皆须实验。实验必需有种种设备。此种器具药品,购买制造,皆非巨款不办。研究学问的人,大半都是穷酸寒畯,哪里有力量置办得来。所以要学问进步,不为物质所限制,非有一种公共团体,替研究学问的人供给物质上的设备不可。此现今的科学社不得不合群力以组织的理由二。第一理由,是科学的性质上不得不然。第二理由,是科学情形上不得不然。"(科学,3(1).)

② 任鸿隽. 外国科学社及本社之历史. 科学, 1917, 3 (1)

二、科学文化观和科学观

任鸿隽虽然先后在哈佛大学、麻省理工学院和哥伦比亚大学的化学工程系就读，获化学硕士学位，但其志向并不在钻研化学一科，而是要向中国介绍整个科学。因此，除了化学，他更多是从文化的角度研究科学，进而形成了完整的科学文化观。

（一）科学文化观

在西方，经过几个世纪的科学革命、技术革命和产业革命，作为一种文化形式的科学到19世纪已经有了快速发展，学科体系等已经基本建立。任鸿隽经过考察认为："夫当十五世纪时代，科学曾一度战胜神学而为学术界开一新纪元。当十八世纪时代，科学又一度战胜古典文学而为教育界开辟一新领土。"[1] 因而，可以说科学已经融入了西方现代社会生活的各个方面，成为现代文明与人类文化的不可或缺的重要组成部分。任鸿隽充分认识到科学的文化价值。"任何一种文化发展到比较充分的阶段，都会形成一套自身的价值观念体系和技术、器物的体系，即文化的'形而上'和'形而下'部分。科学文化也是如此。科学知识、科学方法、科学手段、科学组织、物化的科学成果等，都属于科学文化的'形而下'；而科学思想、科学信念、科学精神、科学审美、科学伦理等组成的价值观念体系，则属于科学文化的'形而上'，或称为科学的文化底蕴。"[2]

文化是什么？任鸿隽认为，文化和文明少许有点不同。他很欣赏梁漱溟说的"文化是人类生活的样子，文明是人类生活的成绩"[3]。但是，任鸿隽认为这还没有把文化的含义描述完整。他提出，文化一方面是"人类生活的样子"，另一方面还是"人类生活的态度"。换言之，文化两字只有包举了思想方面的内容，其意思才更加完整。任鸿隽正是从人类生活的形态和生活的态度两个角度来考察科学文化的。

1. 科学是近世西方文化的本源

在论及科学在近世文化中的重要位置时，任鸿隽说："科学是近世和古代不同的起点。"[4] 尤其在讲到近世欧洲文化时，他把科学的出世看作"一个新纪元"[5]。他进一步指出："自科学发明以来，世界上人的思想、习惯、行为、

---

① 任鸿隽.科学教育与科学.科学，1924，9（1）
② 冯向东.对科学文化和科学教育的思考.高等教育研究，2003（2）
③ 任鸿隽.科学与近世文化.科学，1922，7（7）
④ 任鸿隽.中国科学社第六次年会开会词.科学，1921，6（9）
⑤ 任鸿隽.科学与实业之关系.科学，1920，5（6）

动作，皆起了一个大革命，生了一个大进步。"① 而且，在任鸿隽看来"科学是东西两方学术思想分界的根源"，② 自从有了科学之后，西方的学术思想，才另辟了一条与东方学术思想不同的新路。

早在 1916 年，他就提出了"科学为近世西方文化之本源"的观点："吾闻今之谈学术者有言：'古之为学者于文字，今之为学者于事实。二十世纪之文明无他，即事实之学战胜文字之事实结果而已。'斯言也，何其深切著明，而足代表科学之特殊与特质也。自十七世纪培根、笛卡儿、加里雷倭、牛顿降世以后，实验之学盛，而科学之基立。承学之士，奋其慧智，旁搜博讨，继长而增高，遂令繁衍之事物，蔚为有条理之学术。其施于实用，则为近世工商业上之发明。及于行事，则为晚近社会改革之原动。影响于人心，则思想为之易其趋。变化乎物质，则生命为之以其趣。故谓科学为近世西方文化之本源，非过语也。"③

任鸿隽指出，文艺复兴以来，文学、美术、宗教、政治都先后起了一个大变革，开了一个新面貌。科学的复兴，也是文艺复兴的一个组成及结果。他接着强调："别的改革和开创，自然也影响近世人的生活，并且为生活的一部分，可是终没有科学的影响和关系于近世人生的那么大。这有个原故。这个原故，就是科学的影响，完全在思想上；科学的根据，完全在事实上；科学的方法，可以应用到无穷尽上④。有了这几层原因，我们说近世文化都是科学的，都是科学造成的，大约也不是过甚之言。"⑤

为了进一步说明自己的观点，任鸿隽把西方中世纪与近代的思想和研究学问的方法加以比较。在思想上，他认为，中世纪的人们相信上帝创世和天命有定，当时的人心都归向宗教。哥白尼的地动说打破了这种宇宙观，使当时的人心趋于开放与自由。在研究学问的方法上，中世纪的学术界将《圣经》和亚里士多德的哲学崇奉为宗主，其研究学问时根据的是书本而非实物。在任鸿隽看来，罗吉尔·培根（Roger Bacon，1214～1294）是最先反对这种研究方法的人。培根提倡"研究一天的天然物，胜读十年的希腊文"，还说"我们不可尽信所闻所读的。反之，我们的义务，在以最仔细的心思，来考察古

---

①　任鸿隽.科学方法讲义.科学，1919，4（11）

②　任鸿隽.中国科学社第六次年会开会词.科学，1921，6（9）

③　任鸿隽.科学精神论.科学，1916，2（1）

④　任鸿隽在 1923 年发表的《人生观的科学或科学的人生观》（《努力周报》53 号）一文中强调："我们晓得科学的方法虽是无所不能（读者注意，我说的是科学方法，不是科学万能），但是它应用起来，却有一定的限度。我们所说的限度，就是指那经过分析而确实清楚的事实。张君所说的人生观，既然是一个混沌囫囵的东西，科学方法自然用不上。"

⑤　任鸿隽.科学与近世文化.科学，1922，7（7）

人的意见，庶几于其缺者补之，误者正之，但不必粗心傲慢就好了"。① 后来，正是弗兰西斯·培根（Francis Bacon, 1561–1626）倡导和发展了这种研究自然和观察试验方法，从而使学术面目焕然一新。由此，任鸿隽得出的结论是"近世文化都是科学的，都是科学造成的"。

时处第一次世界大战期间，有人阐言近代西方文化是权力的文化、竞争的文化，因而引发了世界大战。科学既然是近代文化的根源，那么它也应该负这个责任。对于这个非难，任鸿隽引用法国医学家巴斯德（Pasteur）在他的巴斯德研究所开幕式上的一段演讲来解释：

"眼前有两个律令在那里争为雄长，一个是血和死的律令，他（它）的破坏方法，层出不穷，使多少国家常常预备着在战场上相见；其他一个是和平、工作、健康的律令，他（它）那救苦去痛的方法，也层出不穷。一个所求的是强力的征服，一个所求的是人类的拯救。后者看见一个人的生命，比什么战胜还重大，前者牺牲了千万人的性命，去满足一个人的野心。我们奉行的律令，是后一个。就在这杀人如麻的时代，还希望对于前一个律令的罪恶，略加补救。我们用了防腐的药，不晓得救活了多少受伤的人。这两个律令中哪一个能最后胜利，除了上帝无人知道；但是我们可以说，法国的科学是服从人道的律令、要推广生命的领域的。"①

深信于此，任鸿隽强调科学要"服从人道的律令、要推广生命的领域"，不只法国科学是这样，在世界各国存在的真正的科学无不是这样的。

2. 科学最大的贡献在增进理性

科学怎样对整个近代西方文化产生影响？在论述这个问题时，任鸿隽用最能代表近代西方社会进步的"知识"、"权力"和"组织"来举例说明。

关于知识，他认为，近代的知识，不但范围较广，其性质也比较精确些。这是因为有了科学，知识才得到了两个试金石：一个是根据事实，一个是明白关系。而科学的贡献，就在于用事实代替理想，用理性代替迷信，知识的进步正是由此而来。

谈到权力②，任鸿隽指出，权力是人们所能驾驭的力量和力量所及的远近。近代人的权力比以前的大得多了，例如交通的进步、人类寿命的延长等。而这些权力，都是由知识的组织和应用得来，自然是科学的产物。

讲到社会组织，任鸿隽分析说，近代的社会组织有3个特点：第一个特点是民主，包括社会机会的均等。而导致民主产生的原因，主要有两个方面，

---

① 任鸿隽. 科学与近世文化. 科学，1922, 7 (7)
② 任鸿隽所谈的"权力"即英文里的 power 一词，译成中文是能力或权力。就任鸿隽所谈，实际上此处应是指人类改造自然的能力。

一是从社会条件来说，因机器的发明引起了工业革命，导致了物产的增加，一般人有了产业和劳力，自然产生了对权利的要求；二是从近代人的心理来说，对于客观世界不肯贸然服从而竭力征服的人们，对于人为的组织自然更希望有合理的解决办法，于是"天赋君权"的说法只能让路。富兰克林的墓志铭："一只手由自然界抢来了电力，一只手由君主抢来了威权"，最能表明这种意思。可见民主与科学有直接和间接的关系。第二个特点是组织范围的扩大。以前的社会组织仅限一地一域或少数人。而近代的组织，不但是一地一域，就是国界，也不能限制了。交通的进步、各地生活趋同的倾向和被学术经验证明了的大组织的便利等，正是这种社会组织范围扩大的主要原因。这些原因又大半与科学有关。第三个特点就是讲求效率。近代工业效率的提高与科学的关系毋庸再说，就是其他的组织为提高效率而采用的所谓科学管理法，也是用科学方法研究的结果。

通过分析，可以看见近代西方知识、权力和社会组织的进步都与科学有关，或是直接的产物，或是间接的影响，而且这三种进步都表现得非常明显。那么科学对近世文化的贡献是否就是这些呢？任鸿隽的回答是"我们上面所说的知识、权力、组织，都是生活的样子，我们还有一个生活的态度。生活的态度，是我们对物的主要观念和做事的动机。我们晓得科学的精神是求真理，真理的作用是要引导人类向美善方面行去，我们的人生态度，果然能做到这一步吗？我们现在不必为科学邀过情之誉，也不必对人类前途过抱悲观，我们可以说科学在人生态度的影响，是事事要求一个合理的①。这用理性来发明自然的秘奥，来领导人生的行为，来规定人类的关系，是近世文化的特采，也是科学的最大的贡献与价值。"②

任鸿隽从历史和文化的角度很清楚地看到：近代科学的发展表明，人的理性在科学研究中不断发育成熟，而科学则通过人的理性而不断进步。科学中的理性精神给人类带来了根本的变化，影响到生活的方方面面。因此，他把理性的增进称为"科学的最大贡献与价值"。

有人说"科学能影响人生，变易人生，而不能达人生之意。于此领域，惟文字为有权"。任鸿隽反对这种说法，他从历史的角度反驳道："吾人当知文字之有关于人生者，必自观察实际，抽绎现象而得之，而非钻研故纸与玩

---

① 任鸿隽在《说"合理的"意思》一文中指出：所谓"合理的"，就是合于推理的客观的结果，即事物的因果关系。合理的意思，一是和迷信相对，迷信就是不合理的信仰，由不明原因和结果的关系而生；二是不盲从古说；三是不任用感情。他得出结论说：果然事事要求一个"合理的"，那种侥幸、糊涂、盲从、妄冀的意念，都可一扫而空，岂非思想的进步吗？至于这事物的关系，要如何才能明白，则有科学方法在。（科学，5（1）.）

② 任鸿隽.科学与近世文化.科学，1922，7（7）

弄词章所能为功。吾国周秦之际，学术蔚然。以言文章，亦称极盛，以是时学者皆注意社会事实也。汉唐以后，文主注释。宋明以后，则注释与记事之文而已。不复参以思想，亦不复稽之事实，故日日以文为教，而文乃每况愈下。思想既窒，方法既绝，学术自无由发达。即文学之本域，所谓以解释人生之本意者，亦几几不可复见。独审美性质，尤未全失耳。呜呼！自唐以来，文人学士，日嚣嚣然以古文辞号于众者，皆于审美一方面致力耳。至所谓'道'与'学'者，彼辈不知为何物，亦不藉彼辈以传也。"他进而论道："是故今日于教育上言文学，当以灌以新知识，入以新理想，令文学为今人之注释，而不徒为古人之象胥，而后于教育上乃有价值可言。"①

当时正处于"科学"和"人文"对立的时代。1923 年在中国发生的"科玄之战"，反映了人文学者和科学家之间的文化割裂。在这种文化背景下，任鸿隽能看到科学的最大贡献与价值是增进人的理性，洞察到科学中的人文价值，实在令人佩服。

（二）科学观

任鸿隽的科学教育思想和教育实践来源于他的科学观。科学观是人们在理解科学本质的基础上形成的对科学的基本认识，是实施科学教育的思想基础。

1. 何为科学

任鸿隽曾对科学有如下的定义：

"科学者，缕析以见理，会归以立例，有鱼思理可寻，可应用以正德利用厚生者也。"②

"科学者，知识而有统系者之大名。就广义言之，凡知识之分别部居，以类相从，井然独绎一事物者，皆得谓之科学，自狭义言之，则知识之关于某一现象，其推理重实验，其察物有条贯，而又能分别关联抽举其大例者谓之科学。"③

"所谓科学者，非指——化学——物理学或——生物学，而为西方近三百年来用归纳方法研究天然与人为现象所得结果之总和。"④

"科学者，发明天然之事实，而作有统系之研究，以定其相互间之关系之学也。"⑤

---

① 任鸿隽.科学与教育.科学，1915，1（12）

② 《科学》发刊词.科学，1915，1（1）

③ 任鸿隽.说中国无科学之原因.科学，1915 年，1（1）

④ 樊洪业、张久春选编.任鸿隽文存——科学救国之梦.上海：上海科技教育出版社、上海科学技术出版社，2002：683

⑤ 任鸿隽.科学之应用.科学，1919，4（6）

"对于自然或人为的现象，能用这种归纳的方法去研究出来他的结果，便是科学。"①

"科学是根据自然现象，以论理方法的研究，发现其关系法则的有统系的知识。"②

"所谓科学，系指近代西方用归纳法所建立的实验科学。"②

从上述的定义可以看出，任鸿隽主要从研究对象、科学方法和研究结果3个方面阐述科学的。关于研究对象，任鸿隽认为不管是自然现象，还是人为现象，都可以通过分析而确定明确的事实，但这种事实的获得要靠科学方法来保证。关于科学结果，任鸿隽既强调其系统性，又强调其关系法则，认为这样的科学结果也要靠科学方法取得。总之，在任鸿隽看来，科学不仅呈现为人类认识自然或人为现象的知识体系，更表现为坚持实事求是，不以任何权威为标准，只以实验为法则的实证方法。

在美国的留学经历铸就了任鸿隽的科学观念。他认为科学并不是数学、物理、化学等具体的学科门类，而是"西方近三百年来归纳方法研究天然与人为现象所得结果之总和"。任鸿隽把科学方法视作近代科学的根本特征。他认为，科学之所以是科学，不在它的材料，而在它的研究方法。它的材料无论是自然界的现象也好，还是社会上的现象也好，只要能应用科学的方法，做严密而有系统的研究，都可成为一种新科学。任鸿隽说："非科学容易明白，假科学有时是不容易辩白的"②，但只要掌握科学方法这一特征，就可以很容易地将"科学"、"非科学"和"伪科学"区分开来。

任鸿隽谈到科学方法时指出，人类研究学问的方法主要有演绎法和归纳法两种，此二者对于科学，如车之有两轮，鸟之有两翼。但是他独以归纳法为科学之根本。他认为：

"第一，归纳法者实验的也。论理学上之定义曰，有特例而之通义者曰'归纳'，有通义而得特例曰'演绎'。其应用于科学也，则演绎者先为定例以验事实之合否，归纳者积多数试验以抽统赅之定律，其不同之点，归纳法尚感官，而演绎法尚心思。归纳法置事实于推理之前，演绎法之事实于推理之后是也。夫演绎法执一本以赅万殊，在辩论上常有御人口之便，然非所以经始科学之道，盖以人心之简驭自然事物之繁，欲得一正确不移之前提固甚难也。……欲得正确之前提，必自实验室始。实验积，关系见，而后相应之设论生。设论者，依实验而出，又待实验而定者也。使所设者试之实验而不

---

① 任鸿隽.科学与实业的关系.科学，1920，5（6）

② 樊洪业，张久春选编.任鸿隽文存——科学救国之梦.上海：上海科技教育出版社、上海科学技术出版社，2002：323、576、348

应，弃之可也。试之实验而应，而定例乃立。是故实验之后虽用设论，而其结论仍出于事实之归纳，而非由悬拟之推演，故从事归纳则不得不重实验，有实验而后有事实，而后科学上公例乃有发明之一日。"

"第二，归纳法者进步的也。科学为有统系之智识。唯其为有统系之智识，亦能为有统系之发达。即合众事实而得一公例，而此公例又生新事实，合诸新事实又发见新公例。循环递引，以迄无穷。……不特如此，一科学之进步常足以影响他科，而协以俱进……故无进步之术者，必无进步之学，此可质万世者也。"

任鸿隽最后总结道："要之科学之本质不在材料，而在方法。今之物质与数千年之物质无异也，而今有科学，数千年前无科学，则方法之有无为之耳。诚得其方法，则所见之事实无非科学者"①

2. 科学目的

一般说来，认知出于人类的实际需要和好奇心。任鸿隽认为，就知识的起源来说，"好奇心比实际需要尤为重要"②。他说："科学当然之目的，则在发挥人生之本能，以阐明世界之真理，为天然界之主，而勿为之奴。故科学者，智理上之事，物质以外之事也。专以应用言科学，小科学矣。"③ 西方科学"其大共唯在致知，其远旨唯在求真，初非有功利之心而后为学。"④ 他提醒大家弄明白："我们所谓形下的技艺，都是科学的应用，并非科学的本体；科学的本体，还是和那形上的学同出一源的。"⑤ 由此，他把科学这一有目的有系统的认知活动看做是以求真或追求真理⑥为宗旨的事业。

任鸿隽认为，科学的目的在于研究自然，创造新知，追求真理。他曾经研读过彭加勒⑦的科学哲学名著《科学的基础》。彭加勒在其中写道："追求真理应该是我们活动的目标，这才是值得活动的唯一目的。"为此，彭加勒希

---

① 任鸿隽.说中国无科学之原因.科学，1915，1（1）
② 樊洪业，张久春选编.任鸿隽文存——科学救国之梦.上海：上海科技教育出版社、上海科学技术出版社，2002：329
③ 任鸿隽.科学与教育.科学，1915，1（12）
④ 任鸿隽.论学.科学，1916，2（5）
⑤ 任鸿隽.何为科学家.新青年，1919，6（3）
⑥ 任鸿隽认为：科学上的真理，不是说实际是这样，而是说大家见得是这样。科学用不着问绝对真理是什么。一件事体能够求出它的真关系，就是一件事的真理；今天的真理，能够经得起各种试验，就有今天存在的资格。任鸿隽用"事物的法则"和"事物关系的叙述"代替"真理"这个笼统的名词。所以他说科学目的也可以说是对事物的法则简单的、完全的叙述。
⑦ 彭加勒，批判学派的重要代表人物之一。批判学派是活跃于19世纪和20世纪之交的科学学派和哲学学派，是现代科学革命和哲学革命的滥觞和嚆矢。此处的《科学的基础》一书指导的是彭加勒所著《科学与假设》、《科学的价值》、《科学与方法》的英译合集本。

望捍卫"为科学而科学"。① 任鸿隽的这种认识显然受到彭加勒的启迪。

针对人们把科学等同于物质文明，任鸿隽进而论述道：

"夫今之科学，其本能在求真，其旁能在致用。"② "说科学是物质文明的，好像科学就是饱食美衣、骄奢淫逸的代名词，同中世纪的欧洲人以研究科学就是与恶魔结了同盟一样的见解。其实科学虽以物质为对象，但是纯粹的科学研究乃在发明自然物象的条理和关系。这种研究，虽然有应用起来以改善衣食住的可能，但在研究的时候，是绝不以这个目的放在眼前的……法拉第研究的目的，并不在物质的享受，而在精神上的满足。换一句话说，科学研究，只是要扩充知识的范围，而得到精神上的愉快。这种精神，可以说是物质的吗？至于利用科学的发明，而得到衣食住的改善和物质的享受，乃是科学的副产品，而非科学的本身了。科学不过是人类知识范围的扩充，天然奥窍的发展，当然与任何主义都不发生关系。我的意思，是说大凡真正的学术，都有离开社会关系而保持真正独立的性质……所以我说以科学为衣食住的文明，和骂科学为帝国主义的，都是不明白科学本身的说法。"③

同样，任鸿隽还强调："夫奇制、实业者，科学之产物。奇制、实业之不得为科学，犹鸮炙不得为弹也。故于奇制、实业求科学者，其去科学也千里。"④ 他提醒人们，科学不等于器械，不是船坚炮利；科学不是语言空谈，科学应该脚踏实地，做一分算一分。任鸿隽进而总结道："今之所谓物质文明者，皆科学之枝叶，而非科学之本根。"⑤ 在这种思想主导下，他极力反对以工业代表科学，力图将科学归于学术思想之域。

3. 科学方法

任鸿隽十分强调科学方法的重要性。他说："科学之本质不在材料，而在方法。"⑥ 科学方法是"科学的种子"，具有"生长的生机与潜能"。⑦ 在他看来，近代科学之所以与古代科学泾渭分明，区别就在有无科学方法。比如，试验方法于近代科学有两大贡献：一是避去一切玄理空想，在宇宙间的自然现象上寻求研究的材料；二是这种探讨的路径可以脚踏实地，一步步走向高深。特别是，现代科学已与它的方法合而为一，无法分开，故不能说结果是科学而过程不是科学，所有的科学都是在过程中的。更进一步说，"重归纳尚

① 李醒民. 中国现代科学思潮. 北京：科学出版社，2004：198
② 任鸿隽. 建立学界论. 留美学生季报，1914（6月夏季第2号）
③ 任鸿隽. 科学研究——如何才能使他实现. 现代评论，1927，5（129）
④ 任鸿隽. 科学精神论. 科学，1916，2（1）
⑤ 任鸿隽. 科学基本概念之应用. 建设，1920，2（1）
⑥ 任鸿隽. 说中国无科学之原因. 科学，1915，1（1）
⑦ 任鸿隽. 再答闵仁先生. 独立评论，1934（68）

事实"的科学方法是"西方为学之本",而好文之弊乃我国学界之痼疾,国内学者"不悟为学本旨",遂使我国学术发达无望。

任鸿隽从科学与逻辑的关系入手来论证分析科学方法。他认为,理性派和实验派对于知识起源的认识不同,它们所用的方法自然也不相同。换言之,就是他们的逻辑不同。理性派用的是演绎逻辑,又可称之为形式逻辑;实验派用的是归纳逻辑。演绎逻辑是先立一个通论,然后由通论推到特殊;归纳逻辑是由特殊到通论。但演绎逻辑的通论的可靠性还是需要归纳逻辑的方法来验证。两者主要区分是:第一,归纳逻辑是由事实的研究,演绎逻辑是形式的推理;第二,归纳逻辑是由特例进而发现通则,演绎逻辑是由通则来判断特例;第三,归纳逻辑是步步脚踏实地,演绎逻辑是一面任凭虚构;第四,归纳逻辑是随时改良进步,演绎逻辑是一误到底。

所以,归纳逻辑虽不能包括所有的科学方法,但却是科学方法的根本所在。归纳法的步骤大概为见(见表27):

(1)通过对事实的观察而确定一个假说。

(2)由假说演绎其结果。

(3)通过实验考察其结果之现象以验证假说。

(4)假说经实验被确认为合乎事实,则可认定其为代表天然事实的科学律。①

表27 归纳法的具体分析

步骤		方法	目的或意义
第一步	收集事实	观察	获得正确事实
		实验	观察的一种预备
第二步	假设	分类	找出事实异同,以形成统系
		分析	把复杂现象分成简单的观念
		归纳	由特殊到普通,已知到未知
第三步	验证	演绎推理	由假说产生问题
			与已证明的学说定律是否抵触
		实验	与已观察事实相符
第四步	学说与定律		可用以证明,而假设却不能

就以上各步骤来说,任鸿隽特别强调假设在科学方法中的地位。他说:"因为有了假设,然后能生出更多的试验,然后能使现象的意思越发明白,事

---

① 任鸿隽.科学方法讲义.科学,1919,4(11)

实的搜集越发完备。所以假设这一步骤，倒是科学上最紧要的。现在的科学方法，所以略强于极端的实验主义的地方，也就因为有假设这一步，可以用点演绎逻辑。"① 任鸿隽有时甚至把科学方法称作"假设、实验"的方法或"归纳、实验"的方法。

与科学方法密切相关的就是科学研究②。任鸿隽认为："研究的表征，亦有二事如下：一、研究必用观察，其结果必有新事实之搜集；二、研究必于搜集之事实与观察所得之现象，加以考验，使归于一定之形式，而成为新智识。……研究之事，经纬百端，极其作用不过两事：一曰观察，二曰实验。"③而"科学的进步，不是做几篇文章，说几句空话，可以求来，是要在实习场中苦工做出。"④ 可见，在他看来科学研究就是科学方法的具体应用。

那么，科学方法除了应用于科学研究外，还有什么价值呢？

任鸿隽在1931年讲过一段很有意思的话，表明科学方法有革故鼎新的功能："现在讲马克思主义是最时髦的了，但是我们要晓得马克思的唯物史观论，是用科学方法得到的一个结果。我们若是也用科学的方法去研究中国的社会问题，那么得到的结果，是不是与马克思主义一致便不可知了。这种研究的结果，若是与马克思主义一致，我们方才不是盲从，若是不一致，便是我们新创的文明了。"⑤

他还曾引用哈佛大学校长利奥特（Eliot）的一段演讲，说明科学方法还有培养人的理性和想象力的价值："你们要说这是把（用）物质的或机械的眼光来看人类的进步么？不然，不然。因为经过这许多观察、记录、概括的法则，那人类思想上发明的及先知的力量才能够发生。你们以为爱迪生（Edison）平生的事业，单单的是由手或眼作成的，或是由不出可见可捉的事实的推想造出的么？其实皆不然。爱迪生君的最高本领，及其最高的特质，就是他的发明及创造的想象力。此不独于爱迪生为然，大凡于纯粹或应用的科学的进步上有所贡献的，亦莫不然。有许多人只会做那刻板一定的事，但要的确做点有进步的事体，其人必定要有很亲切、自由、活泼的想象力，并且要有确实逻辑的与有秩序的思想，及笃实应用的本然。所以我们在这里赞赏归纳哲学的美果，叹异归纳方法于物质世界的非常成功的时候，不要想我们把

① 任鸿隽.科学方法讲义.科学，1919，4（11）
② 任鸿隽强调了"研究"与"发明"的关系。他说，发明有待于研究，而研究又有待于历史之积力。研究的继续不辍靠研究组织作保证。外国的学术研究组织可分为四类：一、学校的研究所；二、政府建立的局所；三、私人研究所；四、制造家的试验场。（发明与研究.科学，1918，4（1）.）
③ 任鸿隽.发明与研究（二）.科学，1918，4（2）
④ 任鸿隽.外国科学社及本社历史.科学，1917，3（1）
⑤ 任鸿隽.赴川考察团在成都大学演说录.科学，1931，15（7）

那理智及精神的一方面抛弃了。我们正要从这最大而最有益的地方的门口找人的理性及想象呢。"①

4. 科学精神

任鸿隽认为,科学缘附于物质,而物质非即科学;科学受成于方法,而方法非即科学。他在《科学精神论》②中进而指出:"于斯二者之外,科学别有发生之源泉。此源泉也,不可学而不可不学。不可学者,以其为学人性理中事,非摹拟仿效所能为功;而不可不学者,舍此而言科学,是拔本而求木之茂,塞源而冀泉之流,不可得之数也。其物唯何,则科学精神是。"

在任鸿隽看来,科学精神是科学的本质和精髓。

他指出:"古今学术之范围,可分为行、知、觉三科。属于行者,道德之事,以陶淑身心为归者也。属于觉者,情感之事,以审美适性为能者也。科学在三者中,属知之事。以自然现象为研究之材料,以增进知识为旨归,故其学为理性所要求,而为向学者所当有事,初非豫知其应用之宏与收效之巨而后为之也。夫非豫去其应用之宏与收效之巨,而终能发挥光大以成经纬世界之大学术,其必有物焉为之亭毒而酝酿,使之一发而不可遏,盖可断言。其物为何,则科学精神是。于学术思想上求科学而遗其精神,犹非能知科学之本者也。"

接着他针对"科学者,取材于天地自然之现象,成科于事实参验之归纳,本无人心感情参与其间,今言科学而首精神何故?"的疑问做了回答:"吾所谓精神,自科学未始之前言之也。今夫宇宙之间,凡事业之出于人为者,莫不以人志为之先导。科学者,望之似神奇,极之尽造化,而实则生人理性之蕴积而发越者也……科学精神者何?任鸿隽一言以蔽之曰'求真理是已'……真理之为物,无不在也。科学家之所知者,以事实为基,以试验为稽,以推用为表,以证验为决,而无所容心于已成之教,前人之言。又不特无容心已也,苟已成之教,前人之言,有与吾所见之真理相背者,则虽艰难其身,赴汤蹈火以与之战,至死而不悔,若是者,吾谓之科学精神。"

既然科学精神在求真理,而真理之特征在有多数事实为之佐证,任鸿隽因此认为,言及科学精神,有必须具备的两个要素:"一曰崇实:所谓实者,凡立一说,当根据事实,归纳群像,而不以称诵陈言,凭虚构造为能……近人有谓科学之异于它学者,一则为事实之学,一则为言说之学,此可谓片言居要矣。故真具科学精神者,未有不崇尚事实者也……二曰贵确:所谓确,凡事当尽其详细底蕴,而不以模棱无畔岸之言自了是也……人欲得真确之知

---

① 任鸿隽.科学方法讲义.科学,1919,4(11)
② 任鸿隽.科学精神论.科学,1916,2(1)

识者，不可无真确之观察。然非其人精明睿虑，好学不倦，即真确之观察无由得。"

任鸿隽曾多次论及科学精神的意义、内涵和养成途径。他说，科学精神是"科学的出发点"，是"科学真诠"，"研究科学者常先精神，次方法，次分类"①。他一再强调："科学之事，以试验为重。……试验者，不敢自信归倚于事实，是即科学之精神。"② 1926 年，任鸿隽在他的著作《科学概论》中专列一节讨论科学精神。他把科学精神的内涵或特征，由崇实和贵确这两者发展为崇实、贵确、察微、慎断、存疑五个方面。他指出，科学家的崇实，是以事实为研究的基础，当然以崇实为第一重要。科学家对于感官的错误，固然要用推理来纠正；而推理有错误，又不可不用官觉来纠正。把推理的结果当事实，是科学精神所不许的。"实"是指事实，"确"是指精确。但仅有事实而无精确的了解，是不中用的。科学始于度量，科学异于常识之处在于它是定量的。精确与科学是不可分离的，科学家在工作中处处实行贵确精神。而察微之"微"有两个意思：一是微小的事物，常人所不注意的；一是微渺的地方，常人所忽略的。科学家对于这些地方，都要明辨密察，不肯以轻心掉过。慎断，则是不轻易下结论。科学上的论断要是有根据的和准确的，这就是从不轻易下结论的原因。科学家的态度，是事实不完备，决不轻下断语，迅率得到的结论，无论它如何妥协可爱，决不轻易信奉。任鸿隽引用英国人博鲁克的话说："能悬而不断，乃智能训练的最大胜利。"慎断的消极方面——或者可以说积极方面——就是存疑。慎断是把最后的判断暂时留着以待证据的充足，存疑是把所有不可解决的问题，搁置起来，不去曲为解释，或妄费研究。科学的职任，在把不可知的范围逐渐缩小，把可知的逐渐扩大。要把不可知的完全消灭，恐怕知识再进化亿万年也未必能达到。所以严谨的科学精神，决不肯说无所不知，无所不能，而是对于不可知的问题，抱一个存疑的态度。任鸿隽表示，以上五种科学精神虽不是科学家所独有，但缺少这五种精神，决不能成为科学家。

任鸿隽指出，科学精神发源于古希腊，磅礴于文艺复兴，光大于 17 世纪的科学革命。而他本人赞同赫胥黎关于"科学是有组织的常识，科学家也不过是有常识训练的普通人"的论断，并强调科学精神就是常识训练。这即是说，这种训练不专属于某种科学，而为一切科学所应有。而且，平常人平常处事，就最妥当的办法而言，也应该具有这种精神。

---

① 樊洪业，张久春选编.任鸿隽文存——科学救国之梦.上海：上海科技教育出版社、上海科学技术出版社，2002：320、497

② "《科学》年会号弁言".科学，1917，3（1）

任鸿隽不独把科学精神限制在科学家群体之内，而是更进一步地扩大到普通人之中，扩大到所有的人之中。从科学传播角度来看，尤其在民众科学素质严重低下的近代中国，这是非常重要和有普遍意义的。任鸿隽回溯鸦片战争以来国人学习西方的进程，指出："我们中国人，自来以文明古国自尊自大，只说自己有学问，简直不承认他人还有学问。最初和外国打仗，吃了他们船坚炮利的亏，才晓得他们的'奇技淫巧'是不可及的了。后来渐渐晓得他们有所谓'声光电化'等学。无如翻译这种书的人，大半不懂此种学问，对于西方学问的全体，更是茫然，无怪乎读了此种书的人，还仅仅愿意给西方学术一个'形而下之艺'的尊号。其实这种学问的起源，和在西方学术界的位置，他们何晓得一点呢？现在可不同了。现在西方各国的情势，既以大明，讲求西方学术工艺的，也日多一日，把从前鄙弃不屑的意思，已变成推崇不迭了。但是我们想想，设如学工程的只知道工程学，不知道此外还有其他科学；学化学学物理的，只知道化学物理学，不知道这种学问还有什么意思；那么，我们尽管有许多工程学家、化学家、物理学家，于学术思想的发达，还是未见得有许多希望。因为外国的科学创造家，是看科学为发现真理的唯一法门，把研究当做学者的天职，所以他们与宗教战，与天然界的困难战，牺牲社会上的荣乐，牺牲生命，去钻研讲求，才有现在的结果。我们若是不从根本上着眼，只是枝枝节节而为之，恐怕还是脱不了从前那种"西学"的见解罢。我从前有个比喻，说我们学了外国学问一样两样，回到中国，就如像看见好花，把它摘了带回家中一般，这花不久就要萎谢，永久无结果的希望。但是我们若能把这花的根子拿来栽在家中，那么我们不但常常有好花看，并且还可以希望结些果子。我们讲求西方学术，要提倡科学、研究科学，就是求花移根的意思了"[1] 这里的"花和果子"指的是科学知识和科学的应用，而"根"则指科学精神。

三、科学教育思想

从科学文化观和科学观出发，任鸿隽提出了他关于科学教育的主要观点。他一方面强调了在科学教育中，科学方法、"科学的心能"[2] 和科学精神远比科学知识重要；另一方面指出科学态度和科学精神要通过科学研究和科学教育的过程养成，不能单靠记忆模仿。

（一）培养事事求"合理的"人生态度

教育是培养人的事业。任鸿隽指出，教育的根本目的首先在培养社会上

---

① 任鸿隽.中国科学社第六次年会开会词.科学，1921，6（9）

② 这里的"科学心能"即为"科学态度"。（参考：孙培青主编.中国教育史.上海：华东师范大学出版社，2000：389）

有健全人格的国民。他说："一个人的人格不健全，就是有了学问，于社会也不见得有什么益处。"他曾举了个例子来表明自己的观点："我晓得一个留学生，在外国之时颇有一些电学上的发明，的确是一个有希望的人才。可是回国之后，稍稍任了一点有财钱关系的职务，他便卷款而逃。这个人固然从此毁了，社会事业也不消说受了很大的损失。"① 任鸿隽强调，教育第一要培养健全的人格。他认为，教育的口号应该是先人格而后技能。

科学教育怎样对健全人格的形成起作用呢？对于这个问题，我们可以从人类理性的角度来加以分析。中国人常说："人为万物之灵。"西方人说："人是有理性的动物。"可见，"理性"是人类与禽兽的根本区别之一，同样也是人格是否完善的标志之一。然而有史以来，"不理性"是人类共有的弱点。美国著名教育家杜威曾尖锐指出"人性的弱点"："我们生来倾向于信仰；轻信是很自然的。未经训练的心灵，不喜欢悬而未决和理智上的犹豫；它倾向于断言。未经训练的心灵，喜欢事物不受干扰，固定不变；并没有适当的根据，就把它们视为已经确定的事物。熟悉、大家称赞与欲望相投，很容易被用作测量真理的标准。"② 杜威对人拙于理智思考而惯于主观臆断的现象作了深刻地分析。尽管自古希腊始，就有"人的本质是理性"的说法，但实际上理性在人性中并不占主导地位。因此"理智的方法命定永远处于软弱无力的地位，因为人们都有习惯和情绪，而有些人有追求权利的冲动，而另一些人有服从的冲动。和这些习惯、情绪及冲动比较起来，理智的方法乃是人性中一个微弱的部分。"② 显然，杜威已深刻认识到人性中这种弱点，并强调教育的目的就是要克服这种弱点。

而任鸿隽对于科学教育与健全人格养成关系的认识正是基于其对人类理性的理解上。在他看来，科学对近代文化的最大贡献就是增进人的理性。他说："我们晓得科学的精神，是求真理。真理的作用，是要引导人类向美善方面行去。我们的人生态度，果然能做到这一步吗？我们现在不必为科学邀过情之誉，也不必对人类前途过抱悲观，我们可以说科学在人生态度的影响，是事事要求一个合理的。这用理性来发明自然的秘奥，来领导人生的行为，来规定人类的关系，是近世文化的特采，也是科学的最大的贡献与价值。"③ 所谓"合理的"，就是合于推理的客观的结果，即事物的因果关系。合理的意思，一是和迷信相对，迷信就是不合理的信仰，由不明原因和结果的关系而生；二是不盲从古说；三是不任用感情。事事求一个"合理的"，是任鸿隽对

---

① 任鸿隽.烦闷与大学教育.独立评论，1933（57）

② 孙有中译.杜威文选·新旧个人主义.上海：上海社会科学院出版社，1997：161、160

③ 任鸿隽.科学与近世文化.科学，1922，7（7）

"理性"二字的通俗解释。简言之，他将"合理的"理解为就是不迷信、不盲从和实事求是，就是理性的态度，就是科学精神。

既然科学精神是科学的根本和精髓，那么就人的培养来说，通过科学教育活动形成人的理性态度与求真意识，应该放在首要的地位，这比获得科学知识更为重要。由此他得出结论，"科学于教育上之重要，不在于物质上之智识而在其研究事物之方法；尤不在研究事物之方法，而在其所与心能之训练。科学方法者，首分别其类，次乃辨明其关系，以发现其通律。习于是者，其心尝注重事实，执因求果而不为感情所蔽、私见所移。所谓科学的心能者，此之谓也。"① 科学教育一在使人心趋于实，二在使思想合乎理②，其最大的价值应该是培养具有科学精神的人。通过科学教育，人们懂得事事都应要求一个"合理的"，从而具备"科学的心能"，使那种侥幸、糊涂、盲从、妄冀等不理性的弱点逐渐被克服，这岂不是人性的进步和人格的完善吗？

任鸿隽的上述认识也是他那个时代许多科学家的共识。在 1932 年中国科学化运动协会发起的科学化运动中，许多科学家们分别从科学精神、科学方法、科学的思维习惯和科学态度等角度，对科学教育价值取向发表了和任鸿隽非常相似的观点。裘家奎说"科学教育最大的使命是教学生有科学精神"③；戴安邦认为科学教育"最大价值，在其能训练科学方法之运用，学生若习惯得此巧妙，则智慧之宝轮在握，升堂入室不难也"④。很多人都认为，科学教育是要养成科学思维的习惯，即培养学生运用科学思想"问难"、"观察"、"真确"、"独立思想与行动"和"耐劳和实行"，它将有助于国民科学素养的养成；科学教育是使国民确立科学态度，不武断、无成见、信证据、不迷信专家权威以及重诚实，不言过其实。这些关于科学教育价值与取向的观点和任鸿隽完全一致。说明科学家虽然不是教育家，但其特定的角色和经历，使他们对科学教育有了同样深刻而透彻的见解。

需要指出的是，任鸿隽在强调科学对培育健全人格的重要性的同时，并没有否认文学在这方面的价值。他认为："文学主情，科学主理"，并借用赫胥黎的话来表明自己的观点："吾决不抹煞真正文学于教育上之价值。或以智育之事，无待文学而已完者，误也。有科学而无文学，其弊也偏，与有文学而无科学，其弊正同。货宝虽贵，若积之至反侧其船，则不足偿其害。若以科学教育造成一曲之士，其害有以异乎。"⑤

---

① 任鸿隽.科学与教育.科学，1915，1（12）
② 任鸿隽.科学基本概念之应用.建设，1920，2（1）
③ 裘家奎.认清科学教育目标.科学教育，1937（1）
④ 戴安邦.今后中国科学教育应注意之数点及问题.科学教育，1934（1）
⑤ 任鸿隽.科学与教育.科学，1915，1（12）

任鸿隽对于科学教育价值的认识，还受到其"科学救国"理想的影响。无论是普及科学，还是发展教育，任鸿隽无一不把它与中国近代社会的现代化联系在一起。"所谓科学教育，其目的是用教育方法直接培养富有科学精神与知识的国民，间接促进中国的科学化。……要中国现代化，首先要科学化。"[①] 任鸿隽认为，中国要实现现代化，科学化是首要条件。一个民族没有科学精神和科学知识，就意味着这个民族不具备生存于现代社会的条件。他反复强调："现今的时势，观察一国的文明程度，不是拿广土众民，坚甲利兵，和其他表面的东西作标准仪，是拿人民的智识程度的高低[②]，和社会组织的完否作测量器的。要增进人民智识和一切生活的程度，唯有注重科学教育。"[③] 而要实现科学化，科学教育则是最重要、最切实的一条途径，因为"科学教育最有利于普及科学精神、方法和知识，最有利于产生新进高等技术人员，最有利于提高科学文化的水准。这是科学化运动的捷径，也是科学化运动的大道。"[④] 现代化——科学化——富有科学精神与知识的国民，任鸿隽关于科学教育价值的认识就是沿着这环环相扣的问题思路而展开的。

作为一个满怀"科学救国"的科学家，任鸿隽的科学教育价值取向明显具有双重指向，即个人人格健全和国家富强图存。这既体现了他对教育及科学本质的理解，也充分反映了他讨论科学教育问题时的立意和高度。在任鸿隽个人身上，"科学救国"的现实功利目的与科学本身的超越精神之间保持了一定的张力。

（二）于"实验"中求科学知识

近代新式教育起源于 19 世纪中叶，民国以后各级学校虽有近代科学课程之设置，但水准相当低。当时的教育家对科学教育的内容和方法有诸多评论，认为教员程度不高、理科设备不善、教材课本不良是中小学科学教育的通病。

1921 年，来华调查中国教育状况的美国教育家孟禄（P. Monroe）指出，中国中等学校之科学教育，其问题最为严重：教师太依赖教科书，太注重讲述而无启发或讨论；学校没有足够的实验设备，以至于学生们全无动手做实验的经验，除了一些名词或定理的记诵以外，很难掌握科学的本质。翌年6

---

① 任鸿隽.科学教育与抗战救国.教育通讯，1939，1（12）

② 关于"智识程度的高低"，19 世纪法国的哲学家孔德从哲学的角度，把"智识的进化"分为三个时代：第一是神学时代，第二是玄学时代，第三是科学时代。与此相对应，任鸿隽把"智识程度"分为三个时期：迷信时期、经验时期和科学时期。任鸿隽认为，科学时期的智识是最高而可贵的。（任鸿隽.智识的进化.见：载樊洪业，张久春选编.任鸿隽文存——科学救国之梦.上海：上海科技教育出版社、上海科学技术出版社，2002：332～333.）

③ 任鸿隽.中国科学社第六次年会开会词.科学，1921，6（9）

④ 任鸿隽.科学教育与抗战救国.教育通讯，1939，2（12）

月美国科学教育家、俄亥俄大学推士（G. R. Tuiss）教授来华考察中国科学教育，时间长达两年。他的结论是中国科学教育的改善，最重要的是必须先从提升科学教员素质做起。就科学教学法的改进问题，推士提出了八点具体建议：①应将讲授时间减少，使占教授时间的 20%～40%；②学生必须有个人实验练习；③学生实验时间须占该学科教授时间的 40%，至少每星期 1 次，每次 2 小时；④教授物理之实验课程，应当使学生有数量概念；即便化学实验课程、亦不可单讲性质，应通过若干实验使学生获得量的概念；⑤教授生物课，必须有学生实验及学生采集的训练。凡实验采集和制造标本，皆应注重本地的出产物；⑥教授科学时间应当有 50% 用于问答或讨论，教师与学生一起加入讨论；⑦请省会及地方教育当局，筹列各校科学实验必需之经费；⑧各学校从本年秋起，即用实验法与问答法之教授……①

　　一时间科学教育方法成为大家非常关注的话题。任鸿隽及其主持的中国科学社不但关注外界关于科学教学法的讨论，而且积极组织科学家积极参与其中。与当时的各种观点相比，任鸿隽的见解既有相似之点，也有独到之处。

　　任鸿隽认为科学教育的最大价值在于培养学生的科学精神，但从哪里入手呢？在他看来，科学方法是"这最大而最有益的地方的门口"，具体地说就在于实验。他说："诸君晓得凡言今世科学的历史，必推英人培根为鼻祖。因为他注重归纳的方法，主张凡学须从试验入手。这实验两个字，就是今世科学的命根。"② 任鸿隽将"实验"看做是科学的命根，可见实验在科学教育中应该拥有的重要地位。

　　任鸿隽比较自己在中国、日本和美国的求学经历，指出："西方大学之教育精神，一言以蔽之曰：重独造、尚实验而已。独造者，温故知新，独立研究，不以前人所已至者为足，而思发明新理新事以增益之。其硕师巨子，穷年累月，孜孜于工厂，兀兀于书室者，凡以此耳。此精神不独于高深研究见之，乃至平常课室之中，以此精神所贯注……而研究政治、攻治文史，亦必统计事实，综核理据，犹是实验精神之贯注耳。作者习普通化学者数矣，初于吾国，继于日本，继于美，唯美有实验。吾国姑弗勿轮，日本专科化学有实验，而普通化学无之。彼盖以为浅近之事实，可于书籍中求之，可于想象中求之，然去科学精神远矣。"③

　　根据任鸿隽科学观，我们很容易理解他对实验在科学教育中重要性的强调。任鸿隽认为以实验为主的科学方法是科学的本质。他反复强调，要编好

---

① 推士对于中国中小学校科学教学法改进之意见. 科学，1923，8（7）
② 任鸿隽. 在中国科学社第一次年会上的开幕辞. 科学，1917，3（1）
③ 任鸿隽. 西方大学杂观. 留美学生季报，1916（第三年秋季第 3 号）

的教材，制作好的标本，购买好的仪器，办好的实验室，没有这几样东西，根本就谈不上科学教育。他批评当时中学及大学的科学教育过于偏重讲演与课本，讲演时间过多，依赖书本太甚，并指出"真正之科学智识，当于学校教科试验室中求之，非读一二杂志中文字，掇拾于口耳分寸之间所能庶几。"①他认为只讲不做的科学课，完全"是与科学精神的方法相反的。"② 日常教学中，如果"教师们相信科学是由大量知识构成，而不懂得科学的本质是一种认识事物的方法，"③ 那么学生即便学了许多科学知识，但他实际上并不知道什么是科学，并不领会科学的真正意义。

（三）科学家应参与改良科学教育

中国科学教师的教学为何失败？美国教育家推士认为，主要是因为中国太缺乏"熟悉教学法之教师"。任鸿隽进而指出中国科学教师教法不当的问题，原因在于科学教师不懂得科学，不了解科学的本质，把科学课仅仅理解为科学知识的传授，而根源于没有真正科学家参与指引。他断言："问今之科学教育，何以大部分皆属失败，岂不曰讲演时间过多，依赖书本过甚，使学生虽习过科学课程，而于科学精神与意义，仍茫然未有得乎？则试问今之科学教师，何以只知照书本讲演，岂不以彼所从学之教师，其教之也，亦如是则已乎？如此递推，至于无穷，然后知无真正科学家以导其源。"④

没有科学家指引的科学教育，是科学教师的教学背离科学，以致中国科学教育失败的重要原因之一。为什么科学教育的改良一定要有科学家参与？此前，任鸿隽曾发表《何为科学家？》一文，对科学家的培养过程作过详细的论述。任鸿隽认为，科学家是讲究事实学问、以发明未知之理为目的的人。要成为科学家，必须经过长期严格而系统的训练。他说："我们晓得学文学的，未做文章以前，须先学文字和文法，因为文字和文法是表示思想的一种器具。学科学的亦何尝不然，他们还未研究科学以前，就要先学观察、试验、和那纪录、计算判断的种种方法，因为这几种方法，也是研究科学的器具。又因现今各科科学，造诣愈加高深，分科愈加细密，一个初入门的学生，要走到那登峰造极的地方，却已不大容易。除非有特别教授，照美国的办法，要造就一个科学家，至少也得十年来。"⑤ 接着，任鸿隽具体分析了科学家的成长步骤和过程。

① 任鸿隽.解惑.科学, 1915, 1（6）
② 任鸿隽.评国联教育考察团报告.独立评论, 1933（39）
③ Senta A Raizen, Arie M Michelsohn. The Future Science in Elementary Schools, Jossey. Publishers, 1994:2
④ 任鸿隽.科学教育与科学.科学, 1924, 9（1）
⑤ 任鸿隽.何为科学家.新青年, 1919, 6（3）

首先，进行观察、试验，和记录、计算判断等种种科学方法的训练。这几种方法是研究科学的工具或器具，是科学教育的基础；

其次，掌握与某科相关的普通学理。所谓普通学理，一是指掌握学科的基本概念，"基本概念不必精深繁巨赜，而科学之基础立于是，科学之条理立于是。质言之，科学之所以成立，即以此基本概念之成立故。"① 二是指懂得研究学问的门径，"大学学生，重在求得研究学问门径，并不定须所学各科，均有深刻研究"。而要这一点，"固有赖于教授之指导；第根本问题，则在关系各科之基本学科，非有相当了解，其道莫由"②。

再次，就某一学科，在前人的基础上，提出自己研究的问题或方向，进行科学探究并取得公认的成就。

总之，科学家是在科学教育和科学研究的训练中逐步成长起来的。科学家在长期的科学研究实践中创造并掌握了大量的科学知识，科学方法的应用成了他们的职业习惯，而科学思想和科学意识同样在科学家那里体现得又是最为充分。

因而，他认为，"言科学教育而不可不先言科学"，"欲科学家言科学教育易，欲一般人知科学难"③。科学家应该对科学教育最有发言权。

事实上，科学教育的内容来自于科学家探究的科学世界。在这个世界里，科学家在求真的历程中，也拓展了一片新的精神天地。这即是科学精神④，一方面在科学家的研究过程中典型地表现出来，一方面也凝结在科学家的研究成果之中。然而，一旦科学成果被肢解而又重组成系统化的知识以便编写进入教科书后，这种非常宝贵的教育资源就容易被消解。而若要使这部分精神资源在教育中体现它的价值，那么我们的科学教育就不能没有真正科学家的参与，或者不能离开科学探究的世界。由此，立志于推进科学教育的任鸿隽积极倡言科学家参与到中学科学教育中去，在增进科学教师对科学本质的了解和改进他们的教学方法方面给教师提供帮助。

任鸿隽不但提出这种主张，而且在实践上努力促使这种主张变成现实。在他的努力下，中国科学社内专门成立科学教育改革委员会；《科学》第七卷第十一期还特辟"科学教育号"，由知名科学家撰文阐述改良科学教育的主张；中国科学社还组织科学家积极参与中学科学教师的培训等活动。⑤ 而且，

---

① 任鸿隽.科学基本概念之应用.建设，1920，2（1）
② 任校长整顿农学院之计划.川大周刊，4（4）
③ 任鸿隽.科学教育与科学.科学，1924，9（1）
④ 这里的"科学精神"泛指科学文化中"形而上"部分，具体包括：科学思想、科学精神、科学审美、科学伦理等等。
⑤ 参见本书乙编"中国科学社与中国近代学校教育"。

在任职中华教育文化基金董事会期间，任鸿隽一直主张在大学设立专门负责科学教师培养和改良中学的科学教法的"科学教席"职位；并着手组织编译科学教科书等。

（四）理科课程必须中国化

中国近代科学是在西学东渐的进程中开始的。西方科学从被引进入中国的第一天起，就面临着一个如何实现中国化或本土化问题。何谓科学的本土化或中国化？"第一，科学上的理论和事实，须用本国的文字语言为适切的说明；第二，科学上的理论和事实须用我国民所习见的现象和固有的经验来说明；第三，还须回转来用科学的理论和事实，来说明我国民所习见的现象和固有的经验。这种工作，我们替他立一个名称，谓之'科学的中国化'。印度的佛教，传到中国，变成中国的佛教，这工作称为'佛教的中国化'。科学的中国化，也是这样的意思。"①

和科学一样，对于以西方科学为主要内容的科学教育也同样有一个如何本土化或中国化的问题。任鸿隽认为："理科课程的中国化，非先有理科的中国教本不为功"；科学教育的中国化，首先要从科学教材的编写入手。

1933年，任鸿隽组织开展了对全国中学及大学一年级理科的教科书调查。调查的最初目的，是想了解"目下的中国理科教育情形，是不是比十五年前有了相当的进步"，但调查的结果却令人吃惊。在任鸿隽发表的《一个关于理科教科书的调查》②的调查报告中可以看到，当时大学一年级的理科教材90%以上使用外国教材，大学一年级的物理、化学、生物、数学等几乎完全采用外国教本；高级中学除生物学一科外，科学教科书采用英文课本者皆在60%以上。由此，任鸿隽得出这样的结论："我们这十几年来，尽管大吹大擂的提倡科学，而学校里面这一点最小程度的科学教育工具，还不曾有相当的努力。"其结果"不特阻碍学生之学习科学，而且防害其充实国语之机会。它是证明我们在大学高中教课的先生们，对于理科教材，只知展转负贩，坐享成功，绝不曾自己打定主意，做几本适合国情的教课书，为各种科学树一个独立的基础。"

他在分析原因时指出："一是教者及学生们还不曾摆脱崇拜西文的心理，以为凡学可能用西文原书教授，便可以显得他的程度特别高深。于是即使在中文里有同样可用的书，他们宁愿舍中而用西。二是中文出版的书实在太差了，而且选择又少，不容易满足各个学校的特别需求，所以不得不取材于异域。"

---

① 发刊旨趣.自然界，1926（1），创刊号
② 任鸿隽.一个关于理科教科书的调查.独立评论，1933（61）

任鸿隽把中学理科教科书的中国化看作"科学教育的中国化"的重要工作。在相当长的时间里，他一直致力于这方面的组织和推动工作，包括统一审定科学名词的译名、用本国的标本作教材、用本国的语言文字表述科学理论、设立改良科学教育委员会、创办科学图书出版发行公司、参与出版社的教材编写等。经过他和众多科学家的努力，1939 年这方面的问题有了很大的改观："近一二十年来经过科学界人士的努力，教材课本已由用外国教本，抄袭外国课本，而至自己编著课本了。如教动植物学，以前用的课本，往往讲外国的动植物，教师讲的时候不能拿本国标本作教材，以至引不起学生的兴趣，现在此种弊端已可以避免了。此外科学名辞已多数有适当译名，亦可以不用外国原本了。"①

任鸿隽认为科学教育的中国化中还有一个值得关注的问题，是科学教育的内容。针对中国的国情，他强调科学教育不仅指学校教育，更应含社会教育，应该包括以下三方面的内容。

第一是普通理科教程，如数学、物理、化学、生物之类，这些都是基本科学知识。每个学生，无论学政治、经济、文学、美术、史地、哲学，都应该学习，尤其中小学的理科课程必须认真教授。任鸿隽批评学校最注重国文、英文、数学三项，而对博物、理化等科，和音乐、体操一样不予重视。以前可能是因为教材不充实和师资缺乏，但两个问题基本解决后，希望学校能有所改变。

第二是技术科目，包括农、工、医、水产、水利、蚕桑、交通、无线电等专门学校，以及医院所附设之护士学校等而言。任鸿隽认为国内当时所设的专科学校数量太少，培植出来的人才不够敷用，应该加强这类学校的建设。

第三是社会教育中之科学宣传。任鸿隽指出，西方各先进国家的国民教育普及程度高于我国，尚有博物馆、科学馆等设施的设立，注重将科学常识灌输给一般市民。我国文盲既多，教育普及程度远在他人之后，科学宣传非常贫乏。社会上一般人迷信过甚，如在许多穷乡僻壤的地方将疾病认为鬼神作祟，甚至社会上许多地位崇高的领袖人物还在相信看相、算命、扶乩等事。这种缺乏知识的国民，在现今的世界里是无法生存的。所以，任鸿隽认为，对于这种面向大众的、似乎很浅显的一般科学常识教育，国家尤其应该加以重视，其需要程度应该更甚于其他两方面。

四、组织和推进科学教育文化事业

在中国科学社和中华教育文化基金董事会工作期间，作为这两个组织的

---

① 任鸿隽.科学教育与抗战救国.教育通讯，1939，2（12）

核心成员，任鸿隽不仅提出了关于科学教育的思想主张，而且还利用这两个舞台，积极组织了各项推进科学教育文化的工作。

（一）主持中国科学社

中国科学社成立后，任鸿隽便借此为其精神生命的舞台，实践着"科学救国"的理想。任鸿隽深知"科学的进步，不是做几篇文章，说几句空话，可以求来，是要在实习场中苦工做出。"① 因此，他经常自勉和勉励同仁要有一种牺牲精神。他在 1918 年的第二次年会上不无动情地说："社友诸君皆能保持其牺牲精神，牺牲精力金钱以为学界谋进步，历数年如一日。但使此精神不失，吾人振兴科学之目的，终有达到之一日。此则鄙人所馨香祷祝与后来诸君者也。"②

秉持此种牺牲精神，作为核心成员之一的任鸿隽规划着中国科学社的整体发展。就其发端来说，中国科学社的成立，不是中国学术发达而促成的自然结果，而是"科学救国"思潮的产物。它最初的目的是向国人传播科学，进行科学文化启蒙。中国科学社成立之后，在促进科学传播和科学教育方面所取得的成就，与同时代的其他科学社团相比，特别令人瞩目。③ 这些历史性贡献离不开任鸿隽的有力领导与认真工作，而任鸿隽正是通过对中国科学社这一科学家团体的领导在实践着自己"科学救国"的理想。

例如，1915 年中国科学社创办了《科学》。此后，该杂志成为中国近代发行时间最长、内容最为丰富的学术期刊。它"以传播世界最新科学知识为旗帜"，开创了近代科学传播的新时代。中国科学社的《科学》，是进行科学宣传的重要载体之一，其内容主要围绕几个方面：传播科学理念、介绍科学知识和科学原理、引进科学技术、发掘整理中国古代的科学成就、讨论科学教育。《科学》杂志对于 20 世纪初人类在数学、物理学、化学、天文学、地理学、生物学、医学、工程学、地质、矿业、农业、卫生、建筑、实业、气象、教育、心理以及其他学科方面的大多数科学发明和发现，均有或详或略的介绍与评述。它的订户主要是国内中等以上的学校、图书馆、学术机关、职业团体。因而，它不仅是宣传科学的重要媒体，也是青年学生学习科学技术的重要参考读物。在《科学》的创办与发展过程中，任鸿隽作为这份杂志的主要创办人之一，起了重要的领导作用。

又如，1933 年 8 月《科学画报》正式发行。在中国科学社同仁的努力下，该刊物成为我国历史最悠久的一本综合性科普期刊。初为普及性半月

---

① 任鸿隽.外国科学社及本社历史.科学，1917，3（1）
② 任鸿隽.在中国科学社第二次年会上的社长报告.科学，1918，4（1）
③ 详细内容参见本书甲编和乙编。

刊，1939 年改月刊，旨在"把普通科学智识和新闻送到民间去……用简单文字和明白有意义的图片或照片，把世界最新科学发明，事实，现象，应用，理论以及科学游戏都介绍给他们，逐渐地把科学变为他们生活的一部分"。《科学画报》不刊登高深的专业论文，而是力求通过最浅显的语言文字阐明高深的科学道理，并随时翻译美国通俗科技期刊的最新科技知识，向国人介绍。为了说理透彻，文中附有大量的插图、图片、照片。其登载的文章种类多样，辟有通论、新闻报道、科学故事、科幻小说等各式栏目，容纳了各式各样的科学知识。在刊物发行 1 周年之际，王琎就欣喜异常地说："一年以内本报每期的销数居然能和社会文艺一类的刊物同样的风行，而最初的数期又再版了几次。被人们认为'苦涩'的科学，向来都不受国人的注意，而本报却受到了读者热烈的欢迎。"① 其销量最高时曾达 20000 份，超过文艺类期刊，这在当时是非常了不起的数字。当时的中小学校教师将《科学画报》视为良好的理科课外读物，要求学生认真阅读。而任鸿隽是特约撰稿人之一，并在其上发表了多篇倡言科学精神与科学教育的社论与科普性文章。

再如，1924 年中国科学社在社内设立了以"提倡及改进本国科学教育"为职责的"科学教育委员会"。这是中国近代科学社团中最早成立的负责中小学科学教育改革事务的机构。它的成立，说明中国科学社已经把关注和讨论中小学科学教育问题变成了自己日常事务的重要组成部分。该委员会成立后，将推进中小学科学教育事业视为科学家的当然责任，利用自己的优势和专长，配合教育界在培训教师、出版实验教材、提供实验室配备目录、开展科学教育调查等实际的中小学科学教育建设方面做了许多有价值的工作。任鸿隽作为理事会成员对这一工作深表赞同和提供了大力的支持。

还有，1926 年中国科学社参与组织了第二届"科学教育暑期研究会"。该研究会董事部由翁文灏（中国科学社社长）、李顺卿（北京师范大学）、陶行知（中华教育改进社主任）、丁燮林（北京大学教授）、任鸿隽（中国科学社理事）、曹运祥（清华学校校长）等人组成。研究会面向国内中等专门师范学校科学教员开展培训。培训科目为物理、化学、生物学 3 学科，侧重试验、教材和教授方法方面的研究，"结果甚好"②。任鸿隽作为董事之一参与了策划，以后此项工作由中基会继续承办，他又是主要的推进者。

再如，在科普书籍的编写和翻译中，任鸿隽既是积极的组织者，也是当然的参与者。中国科学社在这方面做了大量的工作：①先后组织人员编译了 4 套大学用的科学教本：《中国科学社丛书》、《中国科学社科学文库》、《中国

① 王琎.本报一年来之回顾.科学画报，1934，2（1）
② 任鸿隽.中国科学社社史简述.文史资料选辑（第15辑），北京：中华书局，1961

科学社工程丛书·实用土木工程学》、《中国科学社工程丛书·电工技术丛书》；②编辑《科学译丛》，翻译的西方科学书籍有《爱因斯坦与相对论》、《最近百年化学的进展》等十多部著作；③参与出版机构组织的大型文集的编撰活动。如商务印书馆 1924 年组织翻译的英国著名生物学家约翰·阿瑟·汤姆生 1922 年编写的四卷本巨著《科学大纲》(The Outline of Science)。1929 ~ 1930 年推出的《万有文库》第一集（共 1010 种）和 1934 年开始出版的《万有文库》第二集（共 2028 册）中，都有相当分量的"自然科学"内容，设有科学总论、天文气象、物理学、化学、生物学、动物及人类学、植物学、地质矿物及地理学、其他、科学名人传记等类别，覆盖自然科学各个学科，中国科学社的许多社员都是众望所归的撰稿人。

此外，中国科学社的社员们凭着对科学、对社会的高度责任感，筚路蓝缕，披荆斩棘，在传播科学思想、倡导科学教育、用科学的理性之光指引普通大众方面做了大量工作。他们举行科学演讲、设立博物馆、图书馆、科学咨询处、科学名词审查、理科教科书调查、科学仪器设备制造、科学标本的采集和制作……

而任鸿隽一直是中国科学社董事会或理事会的成员，并在 1915 ~ 1921 年、1934 ~ 1936 年和 1944 ~ 1950 年 3 次担任社长。中国科学社的上述成就中包含着任鸿隽的心血和奋斗。他为率领中国科学社社员开创中国近代科学家参与和推动科学教育文化事业的进步做出了杰出贡献。

（二）任职中基会

除了在中国科学社任职以外，任鸿隽归国后，曾先后担任北京大学教授、教育部专门教育司司长、东南大学副校长、中基会干事长、四川大学校长以及中央研究院总干事等职务。"在此各种事业之中，尤以中基会为最能使他发展其对于科学的抱负与贡献。"①

1. 将科学教育纳入中基会资助范围

"中基会"即"中华教育文化基金董事会"的简称，1924 年 9 月成立于北京，由中美两国政界和科教界学者颜惠庆、张伯苓、郭秉文、蒋梦麟、范源濂、黄炎培、顾维钧、周诒春、施肇基、孟禄、杜威、贝克、贝诺德、顾临、丁文江 15 人共同组成，其任务是负责保管、分配和监督使用美国退还的

---

① 陈衡哲.任叔永先生不朽.见：樊洪业，张久春选编.任鸿隽文存——科学救国之梦.上海：上海科技教育出版社、上海科学技术出版社，2002：747

庚子赔款。①

中基会内设有董事会，为最高决策机构。"董事会选举干事长一人为执行长，负责执行董事会决议案及监督指导会中行政事务。"② 干事长由董事会投票选任，是基金会的主要执行领袖，负责中基会的日常事务。凡该会一切书契合同及公文，除董事会另有规定外，均由干事长与秘书或会计或特定的董事一人签署。干事长是中基会的实际主事者，对其工作开展影响较大。

1925年7月，范源濂就任中基会干事长后邀请任鸿隽到中基会工作。任鸿隽先任专门秘书，1926年改任执行秘书，1927年12月改任副干事长，1929年开始担任干事长，直到1935年被任命为四川大学校长离任。③ 任鸿隽在中基会工作前后长达10年，使中基会从一个纯粹保管款项的机关变成为推进科学文化事业的有力组织，对中基会的性质转变起了很大的作用。

中基会成立于1924年9月，实际工作从1926年2月开始，其间一年多的时间主要在讨论会内组织及事业范围。中基会章程最初关于庚款使用范围的规定为"使用该款项于促进中国教育及文化之事业"。但"教育及文化事业"内容很宽泛，必须对其作明确界定。1925年6月中基会举行第一次年会，头一件事便是通过一个决议案，规定"教育及文化事业"的范围："兹决议美国所退还之庚款，委托于中华教育文化基金董事会管理者，应用以（一）发展科学智识及此项智识适于中国情形之应用，其道在增进技术教育、科学之研究、试验与表征，及科学方法之训练；（二）促进有永久性质之文化事业，如图书馆之类。"以后经过进一步限定，中基会的资助事业范围更加明确为主要指自然科学及自然科学的应用方面。任鸿隽把其具体概括为以下三个方面：

（1）关于科学研究的——即所谓科学之研究、试验及表征。

---

① 1900年（庚子年）义和团运动失败后，帝国主义列强，迫使清廷于次年9月7日签订了屈辱的《辛丑条约》。该条约第六款规定："中国皇帝允付诸国偿款海关银四百五十兆两。……"年息4厘，限期39年还清，累计39年利息共532238150两，本息合计982238150两。再加上地方的赔款和"磅亏"，实际赔款总额超过10亿万两。签约的共有14个国家，即俄、德、法、英、日、美、意大利、奥地利、荷兰、葡萄牙、瑞典、挪威、西班牙、比利时。各国所索取的赔款均是实际"损失"的若干倍。"庚子赔款"对当时中国的财政、经济是一次空前的毁灭性打击。

② 中华教育文化基金董事会会务细则".中华教育文化基金董事会档案.总卷宗号四八四，卷宗号68.

③ 任鸿隽后来回忆道："十四年夏，范静生先生出任中华教育文化基金董事会（简称中基会）干事长，复以该会专门秘书见征。……吾自民国七年返国，以发展科学之重要强聒于国人之前，顾响应者寡，尝苦无力以行其志。今得此有力机关，年斥百余万金钱，以谋科学事业之发展，是吾所寤寐以求，且以为责无旁贷者也。于是欣然应招，于十四年八月重至北京。由此时起直至二十四年秋入川任四川大学校长为止，吾皆在北京致力于科学及文化事业。在此期间，吾由专门秘书而执行秘书而副干事长而干事长，中基会之事业，由纯粹保管款项机关进而为推进科学文化事业之有力组织。"（任鸿隽文存——科学救国之梦.687.）

（2）关于科学应用的——即所谓增进技术教育，包括农、工、医等科在内。

（3）关于科学教育的——即所谓科学教法之训练。①

早在中基会成立之初，国内外许多学界人士非常关注这批款项的用途，提出很多建议。如美国的孟禄博士提出建立理工大学的建议；美国的韦棣华女士提出设立民众图书馆的建议；中国有学者提出建立中央博物馆等。1924年6月初，任鸿隽就该项庚款的用途起草了《中国科学社对美庚款用途意见》，先在上海报纸发表，继以单印本印发，认为庚款应该用于"纯粹科学及应用科学之研究……尤以设立科学研究所为最适合需要"。也就是说，从一开始任鸿隽就主张庚款应用于中国科学的研究。其后，在任鸿隽等人的运作下，这个冠名"教育文化"的基金组织事实上真的变成了"自然科学"的基金组织。它不仅包括科学和技术各学科，而且还包括了科学教育。

总之，科学教育文化事业能够进入到中基会的资助范围之内，实在是任鸿隽的功劳。正像台湾学者杨翠华所说："他（任鸿隽）对民国的科学发展，有绝大的影响力；他对中国科学发展的理念也左右了中基会的补助方向"②。

2. 设立科学教授席

造就良好的科学教师和改进中学科学教学的方法，一直是中基会特别注重的事业。1925年第一次年会决议有"发展科学知识……其道在增进科学教学法之训练"等语。1926年中基会第一次常会议决："设科学教授席办法"，正式决定在全国六师范学校区域，即在南京、武昌、北平、沈阳、广州、成都的大学内，设立物理学、化学、动物学、植物学、教育心理学5个学科的30多个"科学教席"（见表28）。

设立科学教席，就是由中基会出资，在大学里设立负责培养优秀科学教师和研究科学教法的专门职位。获得科学教席职位的人，其主要任务是作为指导教师，专门负责培养和培训本学科中学科学教师的工作；同时，通过暑期研究会、讨论会及调查等方式，和中学科学教师一起谋求科学教法的改进。科学教席的任职人选必须符合下述两个条件：一是对本学科有精深之研究；二是对中等学校本学科师资训练有特殊兴趣。而且规定，科学教席为专职，科学家一旦受任不得再兼任任何其他职务，且应在每学年结束时向中基会报告一年的工作。中基会除了给每位科学教席支付薪金外，还分期拨付每人1

---

① 任鸿隽. 十年来中基会事业的回顾. 东方杂志, 1935, 32（7）. 任鸿隽说"因为如此，所以随后中基会再加限制，把科学的范围规定为自然科学及其应用。社会科学事业，虽然偶尔也有阑入，但已不是中基会的重要部分了。"

② 杨翠华. 中基会对科学的赞助. 中央研究院近代史研究所. 1991：40

万元的设备补助费，用以购置充实教学上必须的设备。凡连续服务满 6 年的科学教席，可休假 1 年，薪金仍由中基会支付（见表29）。

表28　1926～1931 年度中基会资助各学科科学教席数目①

年度	物理学	化学	动物学	植物学	教育心理学	每年总数
1926	4	5	2	2	4	17
1927	5	5	3	2	4	19
1928	5	5	2	3	3	18
1929	6	6	3	5	3	24
1930	6	6	5	6	5	28
1931	6	6	4	5	5	26

表29　1926～1935 年度中基会资助科学讲席②的学校

年度	北平师大	中央大学	东北大学	中山大学	川大	武汉大学	小计
1926	4	4	3	3	3		17
1927	5	4	3	4	3		19
1928	3	5	3	4	3		18
1929	4	4	4	4	4	3	24
1930	5	5	5	4	5	4	28
1931	5	5	4	4	4	4	26
1932	2	1		2	3	4	12
1933	1	1		1	2	4	9
1934					2	4	6
1935					1	1	2
合计	29	30	21	26	31	24	161

　　科学教席设立后，对各地中学科学教师的培训工作起了很大的推进作用。如据中华教育文化基金董事会第四次年会报告："本会之暑期教员研究会，前两年度俱以时局关系，未能举办。本届原可南北同时举办，又以北方未能商得适宜地址，故仅与国立浙江大学就该校举办一处。该校自十八年七月十日起，为期凡一个月。加入研究者，颇为踊跃，即由北方前往赴会者，亦不乏其人。计共有中学教师一百三十余人，大学教授十八人，担任指导者有二十

① 任鸿隽. 中基会与中国科学. 科学，1933，17（9）
② 杨翠华. 中基会对科学的赞助. 中央研究院近代史研究所出版，1991：117

人之多。该会分为物理、化学、生物三系，从事研究、实验、演讲之暇，会员复共同讨论中等教学法，及教材与设备诸问题，其研究及讨论所得结果，由该会所推委员会编纂成书，出版后将分赠各方用备参考云"。

为使科学教席能更好地开展工作，中基会对接受科学教席的大学也作出明确的任务规定：①凡接受中基会教席的学校应把腾出的薪金用于添加本学科的仪器及设备；②凡接受中基会教席的学校应谋求校内科学各系与教育系的联络与协作，改良附属实习学校的科学教学；③凡接受中基会教席的学校对于本学区中等学校科学教学应负改进之责任；④凡接受中基会教席的学校应采取中基会科学教学考察团提出的《科学教师训练机关之标准》①，以之为目标，并设法实现之。

这里，我们特别感兴趣的是中基会制定的《科学教师训练机关之标准》。该标准对大学如何培养和培训中学科学教师提出了完整而具体的要求，很值得今天的师范大学借鉴，特全文引用如下。

《科学教师训练机关之标准》

课程

1. 此项训练科学教师之模范学校，专教授科学之基本学程，不旁涉大学各科。

2. 学校内设三部，完全联络。

3. 下列课程位中学科学教师所需最小限之生物、化学、物理学学程。除特别注明者外，各学程均系试验，兼以讲演及问答讨论。

生物学：普通生物学、生物学技术、进化与遗传（讲演）、植物学（植物形态学、植物生理学、植物分类学及环境适应学）、动物学（生理学及卫生学、无脊椎动物学、脊椎动物学、生物学教学法）。

化学：初等化学、普通或无机化学、定性分析、定量分析、物理化学、有机化学、应用化学、化学教学法。

物理：初等物理学、普通物理学、电学及磁学、光学、理论物理学、应用物理学、物力教学法及物理实验训练。

人员

1. 学校人员均应全部时间服务，学校担负其全部薪金。

2. 学校人员应有研究室及研究上之各种便利。

---

① 中华教育文化基金董事会第四次年会报告. 中华教育文化基金董事会档案，总卷宗号四八四，卷宗号34、31

3. 每部设主任一人，以最合格之科学家、而且富于训练教师之兴趣者充任之。

4. 学校人员得于若干时期后领受奖学金，从事精深之研究。

5. （a）调查　各部教授应有调查各种学科学教学之便利，以考察中学教学上之困难，研究其改进之方法。

（b）科学教科书　各部教授应选择或编著最适合于中学学生应用之教科书。

（c）仪器

（1）设置仪器制造厂，尽量制造中学应用之科学仪器。

（2）设置指导委员会，指导中学购置科学仪器之手续。

6. 各部教授之教学负担不应过重。

7. 指定出版经费，发行科学教学专刊。

8. 各部主任负责维持该部教学及训练之标准。

9. 规定参观讲师之办法。

10. 上列最小限课程之教学及指导，需要最小数之人员额数如下：

生物学：主任及教授四人　助理三人

化学：主任及教授四人　助理四人

物理学：主任及教授四人　助理四人

每部学生人数至多约 150 名。

各部经费

包括经常费及增补费，如：学生消耗之物品、教授研究费、各种设置费、补充及修理费。

生物学：学生 200 名，每年 2000 元

化学：依学生 150 至 200 名计算，每年每学生四、五元

物理学：仪器制造厂之经费共 3000 元，增加设备费 2500 元

图书

生物学	新书 500 元	定期刊物 250 元
化　学	新书 500 元	定期刊物 250 元
物理学	新书 500 元	定期刊物 250 元

开办费

生物学 5000 元　　化学 5000 元　　　　物理学 5000 元

建筑

包括家具、取暖及煤气，电器、水管之各种装置设备。

1. 建筑宜求简朴，构造须预免火险。

2. 三部课程需要之房舍如下：

生物学：容学生三十人之大实验室三间；容学生十二人之小实验室一间；教授研究室四间；助理办公室一间；储藏室一间；预备室二间；大陈列室二间；动物饲养室一间；花窖一间。

化学：容学生三十人之大实验室四间；容学生十五人之小实验室一间；教授研究室及自用实验室四间；天平室二间；供给室一间；大储藏室一间。

物理学：容学生三十人之大实验室三间；容学生十二人之小实验室二间；教授研究室及自用实验室五间；储藏室一间；仪器室一间；暗室一间；仪器制造厂一所；蓄电池室一间。

其他：三个公用之图书阅览室一间；容学生 120 人，备有实验室讲桌及预备室之大教室一间；容学生三十人之教室五间。

设备：（教材、仪器等）

开办时最小之标准设备价额约如下：

生物学：25000 元　化学：25000 元　物理学：40000 元（工厂及蓄电池在内）。

教学实习

1. 此项训练机关，应附设中等初等实验学校。

2. 科学教学参观实习之办法如下：

a. 各部至少有教授一人，分一部分时间，在实习教学中，举行范教，指导实习，同时作选择教材及改良教法之研究。

b. 此项教授担任该科学教学法之学程。

c. 学生于受教育上训练以后，应学习志愿教授之科学教法。

d. 科学教学法学程至少占六单位。内分讲演、问答、讨论、参观、实习、共同讨论、报告。

e. 教学之参观及实习，应分配于较长之期间，不应仅限于最后一学期。

f.（1）各级学校之科学课程，应有相当之衔接，以免间断或重复。

（2）低级学校，应有代表出席于高级学校之入学实验委员会。

（3）各校教职员应交互参观科学教学之状况。

（4）中学小学应供给教学实习之机会及便利，该校教员须参加协作，使此项工作得收实效。

3. 组织编译委员会

为编写理科教科书、改良科学教法和提供实验设备，1927 年 6 月中基会第三次年会议决设立科学教育顾问委员会，由委员 10 人组成。其计划开展的事务为：①审查当时国内中等以上学校所用之教科书（于成立会以前已经办理完毕）；②数学组编纂中等数学混合教科书与非混合教科书各一部（成立会时决议，均定于一年之内出书）；③其余各组合编中学六年级之自然科学混合教科书一部（成立会时决议，均定于一年之内出书）；④地学组拟托人编制中国分省及全国地图；⑤生物学、物理学等组拟编大学校用教科书；⑥编订实验教授要目；⑦俟前项要目编定再托相当机关配置所需设备，令其廉价发售。

后为集中精力编纂和翻译大学、中学教科书和参考书，科学教育顾问委员会后来改名为编译委员会。任鸿隽曾致书胡适商谈此事："关于组织编译委员会事，望你早将委员名单提出，以便交执行委员会通过。你所说将委员分甲乙两组的办法甚好，提出时不妨即照此办理。照我们所商定的，乙组委员约有六人（计算学、物理、化学、地学各一人，生物学二人）。甲组委员最好也照此办，加上正副委员长，已是十四人，留下一人为将来随时补充需要人才之用。不知你以为如何。"① 总之，在编译委员会组建及运作的过程中，任鸿隽做了很多的努力。

编译委员会由 13 人组成。成员有丁文江、赵元任、傅斯年、陈寅、梁实秋、陈源、闻一多、姜立夫、丁燮林、王琎、胡先骕、胡经甫、竺可桢，分为文史与自然科学两组。自然科学组继续办理前科学教育顾问委员会计划出版的科学教本及参考书，并筹划翻译科学名著。

编译委员会成立后在推进大学和中学科学教科书的编写方面有很大进展。"自民国十九年至三一年止，凡翻译西方科学、历史、思想文艺重要书籍约一百种，已出版者六十余种。"② 由于资料的限制（例如"中华教育文基金董事会第七次常会干事长报告"中，关于编译委员会工作的部分材料遗失），笔者无法将编写和翻译的书籍全部列出，仅举其中一二。

根据"中华教育文基金董事会第五次常会干事长报告"，到 1931 年 1 月，编译委员会已经出版的科学教本与参考书有：胡濬济的《整数论》、丁燮林的《初级物理实验讲义》；刘正经的《数学基本概念》在出版中；尼登教授和李顺卿合编的《初中自然研究》、陈兆鹏的《初中混合理科》、曹元宇的《高中化学》、张其昀的《高中地理》皆已完稿；张志基和张信鸿合编的《初中混合算数》、王志稼的《高中生物学》已完成大半；其余在商洽中者尚有多数。

根据"中华教育文基金董事会第六次常会干事长报告"，编译委员会决定翻译高等物理课本。各科目担任人为：严济慈翻译《力学》、杨季瑮翻译《电磁学》、饶澍人翻译《力学》、丁燮林翻译《光学》、王守竞翻译《物性》、萨

---

① 樊洪业，张久春选编.任鸿隽文存——科学救国之梦.上海：上海科技教育出版社、上海科学技术出版社，2002：427

② 中华教育文化基金董事会二十年事业简述.中华教育文化基金董事会档案，总卷宗号四八四，卷宗号 68、35～37

本栋翻译《应用电学》、吴正之翻译《近代物理》。在翻译之前，萨本栋根据教育部发出的"名词草案"把物理名词汇编成书，以便大家统一使用；有一本数学教科书已有 3 种译本，经审阅比较，吴大任的译文最佳，被选定出版。在审查中的有 3 种，正在翻译中的有 3 种；其他科学书类已经有接洽试译的有 4 种。

根据"中华教育文基金董事会第七次常会干事长报告"，已付印的有：萨本栋编著的《大学物理教本》、陈兆鹏的《初中混合理科》、张志基和张信鸿合编的《初二算数上册》；编译已完，即可付印者有：曾世英、李庆长合编的《中国分区地图》、胡濬济译《竹内瑞三函数论》、顾澄译《披氏实数函数论》、黄野罗译《郝氏双子叶植物分类》；当时正在翻译的有 8 种。

在开展科学教科书的编译工作的同时，中基会同样关注当时国内学校缺少科学实验仪器设备、教学标本以及化学药品等问题。针对国内学校科学教育所需实验仪器价高难购的状况，中基会决定补助国内科学仪器设备制作机构，使其扩大制作规模，降低发售价格。中央研究院仪器厂成立后，中基会曾定制中学实验仪器多套，分赠给国内最需要的学校。从 1926 年起，中基会开始补助地学院校之理科设备，至抗战前共计补助了 36 所大学院校。①

任鸿隽供职中基会时期，是中基会成绩最为卓著的时期。范源濂在世时，任鸿隽协助范源濂逐步确定了中基会资助事业的范围与拨款原则；范源濂去世后，任鸿隽全面主持中基会事务，使得中基会发展为推进中国科学教育文化事业的有力组织。任鸿隽利用中基会这个机构，通过经费的运作与导向，努力实践发展科学的理念，对民国时期的科学教育事业的进步产生了极大的影响力。在 1937 年庐山消夏时撰写的《五十自述》一书中，任鸿隽对自己任职中基会十余年的工作充满自豪之感："使吾生当承平之世，得尸位一基金会之执行领袖，目击所创办之教育文化事业，继长增高，日就发达，亦可以自慰以终余年。……中基会之事业，每年具有中英文报告公诸世界。其所建树是否合丁该会组织之目的，愿明眼人平心论之。"②

（三）开展科学宣传③

任鸿隽一生勤奋执著，尽管身兼诸多行政职务和社会事务，工作极其繁忙，但是为了宣传科学，还是忙里偷闲挥笔写作。他先后主编或参与了近 20 部著作的写作和翻译，并在各种杂志上发表了 150 篇左右的文章（包括部分

---

① 中基会与民国的科学教育.见：杨翠华等编.近代中国科技史论集.台湾：中央研究院近代史研究所、清华大学研究所，1991.322~325
② 近代史资料（第 105 期）.北京：中国社会科学出版社，2003
③ 科学宣传有五大要素：1. 目的，即为了什么；2. 内容，即讲什么；3. 对象，即让谁听；4. 主体，即谁来干；5. 方法，即怎么做。（卞毓麟.科学宣传六议.科学，47（1）.）

演讲稿）。这些文章大致分为四大类：第一类是科学概论；第二类是科学史和科学哲学；第三类是对科学研究的倡导；第四类主要涉及其所从事的化学专业，集中在新化学元素的介绍与化学名词的审定等方面。关于任鸿隽对我国化学研究事业的贡献，此处不述，这里着重介绍前三类以推进我国科学传播与教育事业为主旨的文章内容。

第一类，"科学概论"，涉及的主要有科学的基本性质、科学的重要概念和科学的应用等方面内容。这些文章大体反映了任鸿隽对科学的理解，而其目的一是要使读者了解科学的意义，二是要使读者产生科学的兴趣。任鸿隽认为，要了解科学，必须先找到科学的出发点，它就是科学的精神和科学方法。至于引起读者的兴趣这个问题，他认为，兴趣的产生在于寻出合适的问题。而通常的教科书中采用的材料，多呈现已经定论的知识，一方面不能引起读者兴趣的问题，另一方面往往使其认为这些问题已经完全解决了。例如，在教科书中只说"能"是不生不灭的，至于"能"的来源、"能"有趋于无用的倾向及"能"的新发现等，便不大会提及。任鸿隽认为这些教科书不叙述和不讨论的问题，在概论中应充分发挥，以引起读者的兴趣，并进而促使他们了解科学的基本概念。这一类性质的文章及主要观点如表30。

表30　任鸿隽科学文章及主要观点（一）：科学概论

题　目	主　要　观　点
科学的起源	实际需要和好奇心是科学起源的动机，好奇心重要于实际需要
知识的进化	1. 知识进化的三个时期：迷信时期、经验时期和科学时期；2. 知识进化的条件：知识的两个要素（事实和观念）协调得当；3. 知识不进的原因及其特征：原因是缺乏求新知与真理的勇气，思想特征主要是尊崇古代、依赖陈言、固执成见、观念混淆
知识的分类及科学的范围	列举了一些科学分类之后，得到两个结论：1. 科学是彼此相互关系的，不是孑然独立的；2. 科学范围在扩大
科学知识与科学精神	1. 知识与常识不同的地方：精确程度、因果关系、系统性。科学就是有组织的常识；2. 科学精神就是常识的训练，主要有：崇实、贵确、察微、慎断、存疑。上述精神虽不是科学家所独有，但缺少这五种精神，决不能成为科学家
科学的目的	科学的目的在求真理
科学方法讲义	科学方法包括归纳法和演绎法，而归纳法是科学方法的根本
科学基本概念之应用	科学之基础立于科学基本概念，科学之条理起于科学基本概念
科学精神论	科学精神为科学之本源
科学之应用	科学必见应用而后其意义价值乃臻完全
科学与教育	科学在教育上的价值在于使人养成科学的心态，具有科学精神

题　目	主　要　观　点
科学与实业之关系	科学是实业之母
科学与近世文化	近世文化是科学的，或者说都是科学造成的
科学与社会	1. 科学在现世界中，是一个决定社会命运的力量；2. 科学的三个时代：科学的个人主义时代、科学的团体运动时代、科学的国家主义时代

第二类，"科学史和科学哲学"。任鸿隽认为，离开历史和哲学，科学就会变得既空洞又盲目。没有对科学史的了解，我们就会觉得知识仿佛是从天上掉下来的一样；没有对科学史的了解，我们很难对科学家在探索过程中出现的挫折和失败给予历史性的理解，相反会进行现代性的诠释，把他们的积极探索视为愚蠢的尝试；没有对科学史的了解，我们的许多"为什么"便得不到合理的解答。

正是这种对"为什么"的追问历程，导致了科学知识的构建，而它也与科学哲学的发展相契合。著名科学史家萨顿（George Sarton，1884~1955）对此有这样的论述："科学教育通常以过分综合的方法进行。对于普通学生，这的确是最好的方法，因为他们顺从地承认大师们的权威。但是这种精神食粮很难满足那些具有更清楚的哲学头脑的人，因为他们不了解这些食粮的准备过程。和谐的秩序和完善的科学不能减轻他们的怀疑和渴望，他们热衷于这样一些问题：'科学巨匠为什么这样教导我们？他们为什么要选择那样的定义？为什么？'他们并不讨厌使用综合方法；正相反，一旦从自己的经验中体会到它的逻辑严密性、普遍性及经济合理性的时候，这些年轻人大概会是首先欣赏这种学说的深刻和优美的人。但他们先知道：'所有这一切是怎样形成的？'"[①] 而当时的任鸿隽已经深刻地意识到，科学哲学实际上着重于对科学及其分支学科进行一个整体的反思和批判。从任鸿隽所著述的一系列与"科学史和科学哲学"有关的文章中可以看出，他是非常有意识地在从事这一方面的宣传工作。这类文章及主要观点如表31。

表31　任鸿隽科学文章及主要观点（二）：科学史和科学哲学

题　目	主　要　观　点
近代科学之发展及其与哲学的关系	此文为丹皮尔·惠商所著的"《科学史》导言"的译稿，简略叙述了近代科学的发展及其与哲学的关系
五十年来之世界科学	总结五十年来世界科学之大概后，得出目下科学的趋势：精微之研究、各科之贯通、应用与学理之分进与互助、科学范围之推广

① ［美］乔治·萨顿著，刘珺珺译. 科学的生命. 北京：商务印书馆，1987：44

题　　目	主　要　观　点
中国科学之前瞻与回顾	指出：科学事业的发展需要培养大量科学人才；科学事业必须有秩序有系统地发展；科学事业不当偏重应用而忽略根本之纯粹科学
五十年来的科学	综观中国五十年（1894～1944）来的科学之发展，提出：1. "我们的"科学几乎由无有以至于尽有；2. 各种科学实际发展的时间，多者不过三十年（如地质学）少者不过十年（如天文学）
评《物理学与哲学——现代科学的革命》	之所以推崇此书，是因为书中所讨论的问题不但在科学及哲学上极其重要，而且就其表达技术而言，作者用了流畅易晓的文笔，表达出高深的科学理论
近世化学家列传（共 10 位）	著述列传，抱持"溯流而不及源，数典而忘其祖，为学者之所耻"之主旨

第三类，"倡导科学研究"。在任鸿隽所撰写的文章中，要数"倡导科学研究"类的文章所产生的社会影响最大。任鸿隽认为，思想只有在生根发芽后才具有真正的作用，科学思想也只有在科学有了相当发展的基础后，才能产生真正的社会影响。[①] 有见于此，他大声疾呼，中国必须发展自己独立的科学研究。他随时关注我国科学研究的现状，曾在《吾国科学研究状况之一斑》[②] 一文中指出："吾国今年以来，渐知欲图科学之发达，必自实行研究始。"为让大家了解国内外的研究状况，任鸿隽撰写了不少倡导科学研究的文章，主要文章及观点如表32。

表32　任鸿隽科学文章及主要观点（三）：倡导科学研究

题　　目	主　要　观　点
外国科学社及本社之历史	科学的进步，不是做几篇文章，说几句空话，可以求来，而是要在实习场中苦工做出
中国科学社之过去及将来	研究精神为科学的种子，而研究组织则是培养此种子的空气与土地，二者缺一不可
发展科学之又一法	1. 欲图科学之发达者，当以设立研究所为第一要义；2. 欲一般人知科学之可贵，必使科学于人类幸福确有贡献；3. 要为科学而研究科学
科学研究——如何才能使它实现	科学研究的进行至少有两个因素：一是研究的人，关键是要有研究的领袖；一是研究科学的地方，主要有学校、学会、研究所

---

① 中国科学院院长路甬祥在 1998 年 10 月 9 日的《中国青年报》曾指出："现代科学精神还没有在中国扎根。"从客观上也说明了这一点。

② 科学，1929，13（8）

题　目	主　要　观　点
前无止境的科学	此文对当时美国最新发表的一本政府报告作了阐释，着重介绍其关于研究类型的观点，认为研究可分为三类：一、纯理的研究。它没有特殊的使用目的，为的是发现自然率与了解自然。它的工作者必须保持心灵的自由，从不熟悉的角度去看熟悉的事物。纯理的研究需要也应该受到特别的保护与支持；二、基素的研究，如正确的地质与地形图的测绘，气象资料的搜集，物理、化学常数的测定，动植矿物种类的叙述，药物、生殖素、X线标准的固定，以及与这些同类的科学工作。这种基素知识，是纯理及应用科学进步的重要条件；三、应用的研究
介绍韦斯特研究所	指出科学必待研究而出
再论大学研究所与留学政策	提出：一个研究所最重要的条件，是勤奋的精神与探讨的兴趣；而研究的风气，大半是靠一二个人造成的

民国时期，经过以中国科学社为主的诸多科技社团与以任鸿隽等诸多才学之士的推进，至 1935 年，我国的科学研究机构，包括政府建立的和私人资助的已有 73 个，其中研究自然科学的 34 个，研究社会科学的 39 个。国内科技和教育领域取得的科学研究成绩令人瞩目。地质学方面，在丁文江、翁文灏、李四光诸人领导之下，一方面注重于野外调查工作，一方面注重于实验室中理论的探讨，所以进步异常迅速。中国地质学，不但成了独立的学问，而且在世界上也能占一位置。生物学方面，自中国科学社生物研究所成立以后，大量采集我国的动植物标本进行研究，在秉志、胡先骕、钱崇澍、童第周、谈家桢等人的努力和带动下，形态学、分类学、胚胎学、发生学分头并进，以及开展生物学在医学和农业上的应用研究，都取得了可观的进步。气象学方面，以竺可桢、涂长望、黄厦千、吕炯等人的研究为代表，使这门学问在我国得以独立发展。而地理学、人类学、语言学、生理心理学、教育心理学等各个学科，都已从文人笔记式的叙述而进入科学的事实的研究。地理学有了经纬度的测定，增加了地图的正确性；人类学注重体质的测量；语言学注重于语音的调查与语系的分析；心理学注重于与生理学的关联及统计的研究等。以上诸种成就皆可以证明当时"我国的新旧学问，皆正向科学途径上发展"。此外，像物理学、化学、天文学以及数学这类并不具有地方特色而具有世界普遍性的研究，在各大学和研究所也有很多值得称道的成就，不少研究论文大都送到国外的专业刊物发表，也可以说，"已直接参与世界竞争，

或已直接对世界科学作贡献"①。任鸿隽，作为那个时代科学研究的积极提倡者，在看到上述科研成就时，他内心的快乐是可以想见的。

*　　　*　　　*

中国科学社的社员们凭着对真理、对社会的高度责任感，团结一致、披荆斩棘，在发展科学事业，传播科学思想和科学知识，用科学的理性之光照耀普通大众方面做了大量工作，开创了中国近代科学家参与科学普及和科学教育的多个"中国之最"。她不但扩大了科学的社会影响，激发了公众对科学的兴趣，奠定了科学在近代社会中的地位，并且促进了中国科学家群体的社会角色的形成。"我们不幸生在现在的中国，只可做点提倡和鼓吹科学研究的劳动。现在的科学社的职员社员不过是开路小工……中国的科学将来果能与西方并驾齐驱、造福人类，便是今日努力科学社的一班无名小工的报酬。"②中国第一位数学博士胡明复的这段话，让后人再一次为他们强烈的爱国情感、默默无闻的奉献精神、披肝沥胆的奋斗精神所感动！

科学家与近代科学普及和科学教育有着不解之缘。科学家们在长期的科学研究实践中创造并掌握了大量的科学知识，他们是科学知识的最初供给者，最了解这些知识的价值。科学家既是科学研究的主体，也是科学教育的结果，他们对科学教育的理解和感受非同常人。科学以其方法论而区别于其他知识形式，归纳法、演绎法、经验加理性、实验加数学等的提出以及被科学家群体的接受，使科学方法的应用成了科学家的职业习惯。科学研究在不少方面是人类崇尚的价值观的系统运用，包括追求真理、客观求实、诚实、怀疑精神、公开、公平、思想自由、团队精神和社会责任感等。科学家并不发明这些价值观，也不是唯一具有这些价值观的人，但其工作却孕育、分享、强调和体现着这种价值观。由于这些得天独厚的天然的职业优势，更由于中国科学家特有的爱国情感、道德自觉和社会责任，使他们最有资格，并且在实际上成为面向青少年和公众开展科学教育和科学普及的主要承担者。

经过广大科学家的努力，中国人在接受西方科学后，确实改变了许多传统的观念和看法，这是一个很大的进步。但是由于中国文化中"实用理性"传统异常深厚，科学要想在中国落户就必须迎合这种传统。于是，科学普及一般被理解为具体科学知识的普及，而较少谈及科学方法和科学精神。科普的结果不仅没能根本改变，反而在某种程度上强化了中国"实用理性"的文化传统。同样，中国有相当悠久的经注式教学历史，这种以人文为主体、以书本为传媒的静态文化传承方式与以自然实体为对象，以观察试验探索等为

---

① 孙小礼.20 世纪我国科学发展的三个黄金时期.学习时报，320
② 任定友主编.北大"赛先生"讲坛.上海：上海科技教育出版社，2005：71

手段的动态生成的近代科学教育格格不入。西方科学教育的内容和教材被引进中国后，马上便消化在原来传统的教育教学文化中。尽管关于科学教育的改革呼吁了几十年，但讲授法在中国学校的课堂上依然涛声依旧。中国人很容易接受培根"知识就是力量"的口号，但对笛卡尔的"我思故我在"却比较冷淡。近代科学那种不计利害只求真理、怀疑、批判、探索和为科学而科学的理性精神远远没有在中国民众和学生内心生根发芽。这一方面让我们理解了中国科学社和广大科学家数十年奋斗的艰难和贡献的局限，另一方面也感到要在中国这块特殊的文化土壤里普及科学、提高国民科学素养，其路途还很漫长，其任务还很艰巨，确实任重而道远！

参考文献

一、史料

1　中国科学社.中国科学社社录.1928

2　中国科学社.中国科学社概况.1924、1927、1931

3　中华教育文化基金会编.中华教育文化基金会董事会报告.1926~1936、1940~1948

4　民国教育部编.第一次中国教育年鉴.开明书店,1934

5　民国教育部编.第二次中国教育年鉴.商务印书馆,1948

6　北京图书馆编.民国时期总书目1911~1949.北京:北京书目文献出版社,1986

7　上海图书馆编藏.中国近代丛书目录.上海图书馆,1979

8　中华书局编辑部编.中华书局图书总目.北京:中华书局,1987

9　商务印书馆编.商务印书馆图书目录（1897~1949）.北京:商务印书馆,1981

10　上海图书馆编.中国近代期刊篇目汇录.上海:上海人民出版社,1979

11　宋恩荣.中华民国教育法规选编（1912~1949）.南京:江苏教育出版社,1990

12　朱有瓛等.中国近代学制史料（第一辑上册）.上海:华东师范大学出版社,1983

13　陶行知.行知书信集.合肥:安徽人民出版社,1981

14　何志平等.中国科学技术团体.上海:上海科学普及出版社,1990

15　任鸿隽.中国科学社社史简述.文史资料选辑（第15辑）.北京:中华书局,1981

16　张孟闻.中国科学社略史.文史资料选辑（第92辑）.北京:文史资料出版社,1984

17　杨小佛.记"中国科学社".中国科技史料（丛刊）,1980,第2辑

18　樊洪业、张九春选编.任鸿隽文存——科学救国之梦.上海:上海科技教育出版社、上海科学技术出版社,2002

19 卢家锡主编.中国现代科学家传记（1～6）.北京：北京科学出版社，1991～1994

20 赵慧芝.任鸿隽年谱.中国科技史料，1988，9（2、4）；1989，10（1、3）

21 潘云唐.翁文灏年谱.中国科技史料，1989，10（4）

22 许为民.杨杏佛年谱.中国科技史料，1991，12（2）

23 张朋园，杨翠华，沈松侨访问，潘光哲记录.任以都先生访谈录.台北：中央研究院近代史研究所，1993

24 竺可桢.竺可桢日记（1～2册）.北京：人民出版社，1984

25 竺可桢.竺可桢日记（3～4册）.北京：科学出版社，1990

26 胡适.胡适口述自传.上海：上海华东师范大学出版社，1995

27 胡适.胡适留学日记.合肥：安徽教育出版社，1999

28 胡颂平.胡适之先生年谱长编初稿（第二册）.台北：联经出版事业公司，1984

29 社会科学院近代史研究所译.顾维钧回忆录（第一分册）.北京：中华书局，1983

30 杨杏佛.杏佛日记.中国科技史料，1980（2）

31 沈宗翰.沈宗翰自述·克难苦学记.台北：传记文学出版社，1984

32 陈武元.萨本栋博士百年诞辰纪念文集.厦门：厦门大学出版社，2004

33 丁守和.辛亥革命时期期刊介绍.北京：北京人民出版社，1986

34 编写组.北京大学校史（1898～1949）.上海：上海教育出版社，1981

35 编写组.东南大学史.东南大学出版社，1991

36 洪永宏编著.厦门大学校史（1921～1949）.厦门：厦门大学出版社，1990

37 编写组.重庆大学校史（1929.10～1949.11）.重庆：重庆大学出版社，1984

38 王德滋主编.南京大学百年史.南京：南京大学出版社，2002

39 南大百年实录.南京：南京大学出版社，2002

40 编写组.交通大学校史：1896～1949.上海：上海教育出版社，1986

41 交通大学校史资料汇编.西安：西安交通大学出版社，1986

42 国立编译馆译，国联教育考察团.中国教育之改进.台北：文星书店，1963

43 科学与人生观.上海亚东图书馆，1923

44 邹秉文.中国农业教育问题.商务印书馆，1923

45　邹秉文.民国十五年之东大农科.国立东南大学农科，1927

46　［美］杜威，孙有中译.杜威文选·新旧个人主义.上海：上海社会科学院出版社，1997

二、杂志

1　《科学》（第 1～31 卷，1915～1949 年）

2　《科学画报》（第 1～18 卷，1933～1952 年）

3　《留美学生季报》

4　《新青年》

5　《教育杂志》

6　《科学教育》

7　《建设》

8　《努力周报》

9　《现代评论》

10　《自然界》

11　《申报》

12　《独立评论》

13　《东方杂志》

14　《教育通讯》

15　《交大季刊》

16　《川大周刊》

17　《中国科技史料》（1999 年后）

三、著作 ·

1　陈旭麓.近代中国社会的新陈代谢.上海：上海人民出版社，1992

2　熊月之.西学东渐与晚清社会.上海：上海人民出版社，1994

3　段治文.中国现代科学文化的兴起（1919～1936）.上海：上海人民出版社，2001

4　张建伟.中国院士.杭州：浙江文艺出版社，1996

5　冒荣.科学的播火者——中国科学社述评.南京：南京大学出版社，2002

6　范铁权.体制与观念的现代转型：中国科学社与中国的科学文化.北京：北京人民出版社，2005

7　李醒民.中国现代科学思潮.北京：科学出版社，2004

8　杨翠华.中基会对科学的赞助.台北：中央研究院近代史研究所，1991

9　虞昊，黄延复.中国科技的基石.上海：复旦大学出版社，2000

10　任定友主编.北大"赛先生"讲坛.上海：上海科技教育出版社，2005

11　刘德华.科学教育的人文价值取向.成都：四川教育出版社，2003

12　曲士培.中国大学教育发展史.太原：山西教育出版社，1993

13　霍益萍.近代中国的高等教育.上海：华东师范大学出版社，1999

14　孙培青主编.中国教育史.上海：华东师范大学出版社，2000

15　田正平.中国教育思想通史（第6卷）.长沙：湖南教育出版社，1994

16　王建军.中国近代教科书发展研究.广州：广东教育出版社，1996

17　田正平.留学生与中国教育近代化.广州：广东教育出版社，1996

18　谢长法.借鉴与融合——留美学生抗战前教育活动研究.石家庄：河北教育出版社，2000

19　竺可桢传编辑组.竺可桢传.北京：科学出版社，1990

20　张彬.倡言求是培育英才：浙江大学校长竺可桢.济南：山东教育出版社，2004

21　朱晓江.书生本色：胡适传.上海：上海书画出版社，2002

22　美国科学促进协会.科学素养的基准.北京：科学普及出版社，2001

23　美国国家研究理事会.美国国家科学教育标准.北京：科学技术文献出版社，1999

24　中国科学技术协会、中国公众科学素养调查课题组编.2003年中国公众科学素养调查报告.北京：科学普及出版社，2004

25　[美]吉尔伯特·罗兹曼等编著，国家社会科学基金"比较现代化"课题组译.中国的现代化.南京：江苏人民出版社，2003

26　[美]乔治·萨顿著，刘珺珺译.科学的生命.北京：商务印书馆，1987

四、论文及其他资料

1　张剑.从"革命救国"到"科学救国".学术界（双月刊），2003（3）

2　冯向东.对科学文化和科学教育的思考.高等教育研究，2003（2）

3　刘新铭.关于"中国科学化运动".中国科技史料，1987，8（2）

4　彭光华.中国科学化运动协会的创建、活动及其历史地位.中国科技史料，1992，13（1）

5　汪子春.中国进现代生物学发展概况.中国科技史料，1988，9（2）

6　薛攀皋.我国大学生物学系的早期发展概况.中国科技史料，1990，11（2）

7　刘学礼.中国近代生物学如何走上独立发展的道路.自然辩证法通讯，1992，14（4）

8　杨小佛.回忆中国科学社二三事.科学，2005，57（1）

9　范铁权.民国科学社团发展变迁——中国科学社社员的时空分布透析.自然辩证法研究，2005（3）

10　薛攀皋.中国科学社生物研究所——中国最早的生物学研究机构.中国科技史料，1992，13（2）

11　许康.对中国科学社一项颁奖的追踪调查.中国科技史料，1997，13（8）

12　范铁权.评中国科学社的西部活动.中州学刊，2004（1）

13　赵慧芝.中基会和中国近现代科学.中国科技史料，1993，14（3）

14　李醒民.论任鸿隽的教育思想.哈尔滨工业大学学报（社会科学版），2003（9）

15　姚立英.任鸿隽高等教育改革的当代启示.西南民族学院学报（哲学社会科学版），2000（1）

16　恽宝润.农学家邹秉文.文史资料选辑（第88辑），北京：文史资料出版社，1983

17　张孟闻.回忆业师秉志先生.中国科技史料，1981，2（2）

18　倪达书.回忆业师秉志.中国科技史料，1986，7（1）

19　刘咸，张孟闻.回忆业师秉志.中国科技史料，1986，7（1）

20　何贻赞.我国植物分类学的奠基者陈焕镛教授.中国科技史料，1990，11（3）

21　徐燕千.缅怀吾师陈焕镛教授.中国科技史料，1997，18（2）

22　范铁权."胡门三俊"与中国科学社.历史教学问题，2004（5）

23　范铁权.试论胡明复与中国科学社.河北大学学报（哲社版），2003（1）

24　张祖贵.中国第一位现代数学博士胡明复.中国科技史料，1991，12（3）

25　苟萃华.著名生物学家陈桢教授.中国科技史料，1994，15（1）

26　周邦任.中国农学界的先驱过探先.中国科技史料，1994，15（2）

27　金涛.严济慈先生访谈录.中国科技史料，1999，20（3）

28　张九辰.竺可桢与东南大学地学系——兼论竺可桢地学思想的形成.中国科技史料，2003，24（2）

29　许为民.杨杏佛：中国现代杰出的科学事业组织者和社会活动家.自然辩证法通讯，1990，12（5）

30 董树屏. 著名机械学家和机械工程师教育家刘仙洲. 中国科技史料，1990，11（3）

31 路甬祥. 中国近现代科学的回顾与展望. 自然辩证法研究，2002（8）

32 叶松庆. 著名物理学家周培源教授. 中国科技史料，1997，18（1）

33 于光. 著名地质学家和地质教育家孙云铸教授. 中国科技史料，1995，16（2）

34 赵宇晓等. 中国西部科学院. 中国科技史料，1991，12（2）

35 王治浩等. 一代学人郑贞文. 中国科技史料，1991，12（3）

36 王伦信. 五四新文化运动时期我国学校科学教育的境况与改革使命——推士《中国之科学与教育》述评. 华东师范大学学报（教科版），2005（1）

37 张剑. 民国科学社团与社会变迁——中国科学社科学社会学个案研究. 华东师大学 2002 年博士学位论文

38 唐颖. 中国近代科技期刊和科技传播. 华东师大 2006 年硕士学位论文

39 陈洪杰. 中国近代科普教育：社团、场馆和技术. 华东师范大学 2006 年硕士学位论文

40 王春秋. 中国近代科普读物（1840－1949）. 华东师大 2007 年硕士学位论文

41 中国科学技术协会主编. 中国科学技术专家传略. http：//www. cpst. net. cn/kxj/zgkxjszj/kxzjzl. htm

42 孙小礼. 20 世纪我国科学发展的三个黄金期. http：//www. investchina. com. cn/Chinese/zhuanti/xxsb/1098546

43 樊洪业. 《科学》杂志的历史功绩. http：//www. kexuemag. com/artdetail. asp？name

44 Lewin K M. *Science education in China：Transformation and change in the 1980s*. Comparative Education Review，1987，31（3）

45 Senta A Raizen，Arie M Michelsohn. *The Future Science in Elementary Schools*. Jossey Publishers，1994

后 记

我开始承担《中国科协青少年科技创新人才培养项目》的研究工作后不久，2003年侯家选、刘伟卫和蒯义峰三人考入华东师范大学教育学系，成为我的硕士研究生。尽管他们的专业培养方向是中国教育史，但我始终认为除了史学的基础训练以外，还应该让他们了解中国的教育现实，在实践中感受和解读中小学教育的各种问题。于是利用2004年和2005年的两个暑假，我带着他们先后到青岛和福州参加了科技界和教育界合作举办的高中科学教师的培训，安排他们担任各班的班主任。走进实践以后，他们懂得了，教育不是空泛的概念和空洞的口号，而是一种非常复杂和充满矛盾的社会现象，是一个需要花大力气、用相当长时间不断改革的领域；他们对自己有了比较清醒的认识，不再以"天之骄子"自居，视野有所拓展，学习也有了更大的动力和更明确的方向。如今这三位研究生已经走上了工作岗位，我相信伴随着项目实施成长的这段经历将给他们留下终身的记忆；我也坚信深入地接触一线教师，实际地参与与教学有关的工作，对研究生的成长是有积极的促进作用的。

由于专业方向的关系，在选择毕业论文的时候，我的三位学生带着参加培训的兴奋和热情，一致选择了"科学家与中国近代科普和科学教育"这一内容，经过四处搜寻资料，反复讨论提纲，数易其稿，终于 ____ 上毕业论文。本书稿就是在他们三篇论文的基础上完成的。其中第一编、第二编和第三编三部分分别由刘伟卫、蒯义峰和侯家选提供初稿；我的博士生沈俊强同学对甲编的内容做了较多的资料核实和内容增删工作；最后由我按照出版要求，对全书做了根本性的修改，撰写了导论部分，并完成了全书最后的统稿和定稿工作。本书稿是我和我的研究生共同的成果。

本书稿的完成，得到中国科协青少年科技中心的支持和资助，得到华东师范大学教育学系主任杜成宪教授和我的同事金忠明教授、黄书光教授和王伦信副教授的关心帮助和指导，在此特别表示衷心的感谢！

由于从科学家这个视角研究中小学科学教育和近代科普的成果很少，大量资料需要发掘和整理，几位研究生确实花了很大的工夫。但由于时间和能力所限，尤其是受我自己的学识和水平的限制，自知本书稿还有很多问题。希望抛砖引玉，得到各位同行的指教！

霍益萍

2007年5月于上海